Heinz-Peter Herbert

dBASE IV
Einsatz in lokalen Netzwerken (LAN)
Dialogabfrage und Programmierung

Aus dem Bereich Computerliteratur

dBASE IV – Schritt für Schritt zum professionellen Anwender
von R. A. Byers und C. N. Prague · Ein Ashton-Tate/Vieweg-Buch

dBASE IV lernen am konkreten Beispiel
von S. Gutschmidt

dBASE IV – Programmierung für betriebswirtschaftliche Anwendungen
von R. A. Byers · Ein Ashton-Tate/Vieweg-Buch

dBASE IV – Strukturiert Programmieren mit praxisgerechten Beispielen
von B. Neffgen und J. Wögerbauer

dBASE IV – Programmieranleitung für die Arbeit mit einem relationalen Datenbanksystem auf dem PC
von W.-M. Kähler

dBASE IV – Einsatz in lokalen Netzwerken (LAN)
Dialogabfrage und Programmierung
von H.-P. Herbert · Ein Ashton-Tate/Vieweg-Buch

dBASE IV – Wegweiser zur Datenbankprogrammierung
von E. Kaier

dBASE IV griffbereit
von E. Kaier

Programmierhandbuch zu dBASE IV
Für Umsteiger von dBASE III Plus auf dBASE IV
von H.-P. Herbert · Ein Ashton-Tate/Vieweg-Buch

Heinz-Peter Herbert

dBASE IV
Einsatz in lokalen Netzwerken (LAN)

Dialogabfrage und Programmierung

Springer Fachmedien Wiesbaden GmbH

Das in diesem Buch enthaltene Programm-Material ist mit keiner Verpflichtung oder Garantie irgendeiner Art verbunden. Der Autor und der Verlag übernehmen infolgedessen keine Verantwortung und werden keine daraus folgende oder sonstige Haftung übernehmen, die auf irgendeine Art aus der Benutzung dieses Programm-Materials oder Teilen davon entsteht.

Der Verlag Vieweg ist ein Unternehmen der Verlagsgruppe Bertelsmann International.

Ursprünglich erschienen bei Friedr. Vieweg & Sohn Verlagsgesellschaft mbH, Braunschweig 1990
Softcover reprint of the hardcover 1st edition 1990

Umschlagentwurf: L. Markgraf, Wiesbaden

Buchbinderische Verarbeitung: Hunke + Schröder, Iserlohn

ISBN 978-3-528-04733-7 ISBN 978-3-322-92884-9 (eBook)
DOI 10.1007/978-3-322-92884-9

Inhaltsverzeichnis

Dank

Der Autor dankt insbesondere den Firmen Novell, Epson und Ashton-Tate für die Überlassung von Hard- und Software. Ohne die Unterstützung dieser Unternehmen wäre dieses Buchprojekt nicht realisierbar gewesen.

Hinweis

Alle in diesem Buch angeführten Beispiele sind der täglichen Praxis beim Einsatz von dBASE IV entnommen und wurden sorgfältig getestet. Trotzdem kann es zu Störungen beim Einsatz der Programme kommen, die auf verschiedene dBASE IV-Releases oder technische Änderungen der zum Zeitpunkt der Manuskripterstellung zur Verfügung stehenden Produkte zurückzuführen sind. Für alle beim Einsatz der Programme und Anwendung der Beispiele entstehenden Schäden kann der Autor deshalb keine Haftung übernehmen.

Vorwort

"Alle Informationen sollten nur einmal gespeichert und für verschiedene Arbeitsgänge nutzbar sein", eine Anforderung, der so lange Rechnung getragen wurde, bis der "persönliche Computer" Einzug in die Unternehmen hielt. Die einerseits zu begrüßende kostengünstige Möglichkeit, Rechnerleistung für jeden Arbeitsplatz verfügbar zu machen, kann jedoch gerade beim Einsatz von Datenbanksystemen zu Problemen führen. Ob Reservierungen, Kredit- oder Lieferzusagen, immer werden aktuelle Daten benötigt. Solange nur ein Benutzer auf einem System die Arbeiten erledigt ist das unproblematisch. Was aber, wenn gleichzeitig mehrere Benutzer sofortige Entscheidungen auf Basis eines gleichen Datenbestandes treffen müssen, ohne daß diese Daten seit der letzten Veränderung auf allen Systemen aktualisiert wurden. Fehlentscheidungen sind hier vorprogrammiert. Hinzu kommt, daß sich die geänderten Dateien der einzelnen Mitarbeiter nachträglich nur mit sehr großem Aufwand zusammenführen lassen. Notwendig ist in diesem Fall eine zentrale Datenbank, auf die von mehreren Arbeitsplätzen gleichzeitig Zugriff besteht.

Seitdem das für den Einzelplatzbetrieb entwickelte Standardbetriebssystem MS-DOS über elementare Funktionen des Mehrbenutzerbetriebes verfügt, nimmt auch die Zahl der netzwerkfähigen PC-Lösungen kontinuierlich zu. Seit 1986 (Version III Plus) kann dBASE in lokalen Netzwerken betrieben werden. Gegenüber seinem Vorgänger besitzt die Version IV zahlreiche Erweiterungen für den Einsatz in lokalen Netzwerken. Allerdings besteht mit der aktuellen Version 1.01 noch kein Zugriff auf die unter dem SQL-Server gespeicherten Daten. Das wird erst mit der zukünftigen dBASE IV Server Edition realisierbar sein.

Ziel dieses Buches ist es den Einsatz eines PC-Datenbanksystems im Allgemeinen und dBASE IV im Besonderen im Mehrbenutzerbetrieb aufzuzeigen. Um mit diesen Ausführungen einem weiten Benutzerkreis hilfreich zur Seite zu stehen, beschreibt es den Einsatz des führenden PC-Datenbanksystems dBASE IV auf der Basis von Novell Netware, dem Industriestandard unter den LAN-Betriebssystemen. Alle Beispiele dieses Buches wurden unter der neuesten Version 2.15 der Novell SFT/Advanced Netware getestet, die erst mit Fertigstellung dieses Manuskriptes in den Handel kommt.

Die Ausführungen dieses Buches gliedern sich im wesentlichen in zwei Bereiche - dem theoretischen und dem praktischen Teil. Der theoretische Teil ist auf das notwendigste begrenzt und ergänzt die offiziellen dBASE IV-Handbücher. Er dient zur Einführung in die Problematik des Netzwerkeinsatzes sowie als Nachschlagewerk für die Anwendung der dBASE IV-LAN-Kommandos zur Entwicklung von LAN-Applikationen.

Im Mittelpunkt des praktischen Teil's steht eine LAN-Applikation zur Verwaltung eines nicht substituierbaren Gutes, der Zeit. Anhand der Programm-Module der Applikation "Termin- und Aufgaben-Management", kurz TEAM genannt, wird die Anwendung der dBASE IV- und dBASE IV-LAN-Kommandos beispielhaft aufgezeigt. Der Source-Code des TEAM-Systems ist auf der beigefügten Diskette gespeichert. Die Applikation läßt sich problemlos sowohl in einer LAN-Umgebung unter Novell, als auch auf einem Einzelplatz sofort ohne individuelle Änderungen einsetzen.

Dieses Buch ist sowohl als Hilfe zur Kaufentscheidung für den Einsatz von dBASE IV in einem lokalen Netzwerk, für Einsteiger die sich über die Anwendung und das Zusammenspiel der dBASE IV-LAN-Kommandos ausführlich informieren wollen, als auch für professionelle Softwareentwickler, die Tips und Tricks für die Entwicklung von dBASE IV-LAN-Applikationen suchen, geeignet. Datenschutzfunktionen wie Protect oder das Transaktionskonzept sind auch in Verbindung mit Einzelplatzlösungen einzusetzen. Dadurch kann auch dieser Anwenderkreis wichtige Informationen über den Nutzen dieser Funktionen dem Buch entnehmen.

Heinz-Peter Herbert

1 Einsatz von dBASE IV in lokalen Netzwerken

Wie bereits dBASE III Plus läßt sich auch dBASE IV, die entsprechende Hard- und Softwareumgebung vorausgesetzt, alternativ sowohl im Einzel- als auch Mehrbenutzerbetrieb einsetzen. Die Benutzeroberfläche, die Generatoren und Hilfsprogramme sowie der Sprachumfang sind in beiden Bereichen identisch. Jeder Anwender, der bereits Erfahrung im Umgang mit der Einzelplatzversion von dBASE IV gesammelt hat, kann sofort mit der Netzwerk-Lösung ohne zusätzliche Schulung arbeiten. Der einzige Unterschied besteht darin, daß er beim Zugriff auf den in einem lokalen Netzwerk (LAN) zentral gespeicherten Datenbestand mit anderen Anwendern konkurriert.

Wesentlich umfangreicher als bei der Vorgängerversion sind die nunmehr in dBASE IV implementierten LAN-Kommandos. Umfaßt der Leistungsumfang von dBASE III Plus lediglich Basisfunktionen für den Datenschutz und die Zugriffsregelung auf Dateien und Feldinhalte, erweitert dBASE IV diese Funktionen unter anderem um automatisches Record- und File-Locking. Dadurch sind mit dBASE III Plus oder dBASE IV erstellte Single User-Applikationen fast ohne Änderungen sowohl im Einzelplatzbetrieb als auch in einem lokalen Netzwerk zu betreiben. Zusätzlich besteht nunmehr Zugriff auf zahlreiche Kommandos für die unterschiedlichsten Statusabfragen. Für mehr Sicherheit bei der Dateiverarbeitung sorgt das aus dem UNIX- und Großrechnerbereich bekannte Transaktionskonzept. Die Anzahl der dBASE IV-LAN-Benutzer wird weiterhin ausschließlich von der eingesetzten Netzwerklösung reglementiert.

1.1 Voraussetzungen

1.1.1 Hardware und Betriebssystem

Jede PC-Netzwerklösung setzt sich aus verschiedenen Hardwarekomponenten sowie der System- und Anwendungssoftware zusammen. Im Mittelpunkt einer LAN-Lösung steht der File Server. Auf ihm sind sämtliche System- und Anwendungsprogramme sowie Daten gespeichert. Dementsprechend übernimmt er die Steuerung der LAN-Zugriffe und Verarbeitungsprozesse. Von der Leistungsfähigkeit des Server-Rechners hängt entscheidend die Verarbeitungsgeschwindigkeit in einem lokalen Netzwerk ab. Unterschieden wird zwischen sogenannten "dedicated" und "non-dedicated" File Servern. Ein "non-dedicated" File Server kann zusätzlich als Arbeitsstation verwendet werden. Was jedoch die Verarbeitungsgeschwindigkeit erheblich senkt und zusätzliche Gefahren (z.B. LAN-Absturz) in sich birgt. Beim Einsatz von dBASE IV in einem lokalen Netzwerk sollte immer mit einem "dedicated" File Server gearbeitet werden, da sich dieser ausschließlich auf die Steuerungsfunktion "konzentriert".

Die Systemdateien der dBASE IV Version 1.01 benötigen nach dem Laden exakt 398,8 KByte internen Speicherplatz. Aus diesem Grund müssen bereits beim Einzelplatzbetrieb von dBASE IV die maximal von MS-DOS unterstützen 640 KByte verfügbar sein. Zum Aktivieren von dBASE IV auf einem File Server reicht dieser Hauptspeicherbereich jedoch nicht aus. Mindestens 640 KByte zuzüglich dem vom LAN-Betriebssystem benötigen internen Speicherplatz sind für den Einsatz des Datenbanksystems erforderlich.

Zum Aufruf der auf dem File Server gespeicherten Applikationen werden Arbeitsstationen benötigt. Im Gegensatz zum File Server-PC reichen als Arbeitsstationen "einfache" 8088/86-PC's mit nur einem Diskettenlaufwerk (z.B. Novell, 3Com3+) in der Regel aus. Die Verbindung zwischen den Arbeitsstationen und dem File Server wird mittels sogenannter Netzwerkadapter hergestellt. Netzwerkadapter sind Karten, die in einen freien Slot der für den Netzwerkeinsatz vorgesehenen PC's gesteckt und über Kabel miteinander verbunden werden. Die Anforderungen an die Netzwerkadapter regelt das für den LAN-Einsatz ausgewählte LAN-Betriebssystem.

Warum ein zusätzliches Betriebssystem?

Das Standard-PC-Betriebssystem MS-DOS wurde als Einzelplatzbetriebssystem entwickelt. Erst seit der Version 3.1 verfügt es über Basis-LAN-Funktionen. Deshalb bedarf es für den Netzwerkbetrieb eines erweiterten Betriebssystems. Das am meisten verbreitete und auch eines der leistungsfähigsten PC-LAN-Betriebssysteme ist Novell SFT/Advanced Netware (Kurz: Netware). Dieses hat eine ähnlich herausragende Bedeutung im PC-LAN-Bereich wie dBASE im PC-Datenbankbereich. In Verbindung mit diesem Betriebssystem lassen sich zudem mehrere Dutzend unterschiedlichster Netzwerkadapter betreiben, wodurch bei der Auswahl der einzusetzenden LAN-Hardware fast keine Beschränkungen bestehen. Durch seine weite Verbreitung bietet dieses Betriebssystem außerdem den Vorteil, daß fast alle PC-LAN-Anwendungslösungen der unterschiedlichsten Arbeitsbereiche darauf zu betreiben sind. Im Gegensatz zu zahlreichen anderen LAN-Betriebssystemen ist Netware keine Ergänzung des PC-Betriebssystems, sondern ein eigenständiges Netzwerkbetriebssystem. Das bedeutet für den Anwender weitere entscheidende Vorteile. Statt nur 640 KByte internem Speicher können unter Novell Netware bis zu 12 MByte Arbeitsspeicher (Extended Memory) adressiert werden. Außerdem lassen sich damit Volumes (= Laufwerke) von bis zu 256 MByte statt 32 MByte unter MS-DOS verwalten. Insgesamt können zur Datenspeicherung bis zu 2 Gbyte mit Novell's Advanced Netware verwaltet werden. Die Installation eines LAN-Betriebssystems wie Netware ist relativ zeitaufwendig, kann aber von jedem qualifizierten Anwender dank der Menüführung und den umfangreichen beigefügten Unterlagen selbst durchgeführt werden.

Die Anzahl der LAN-Teilnehmer wird beim Einsatz von dBASE IV durch das Programm selbst nicht begrenzt, sondern ergibt sich aus der eingesetzten LAN-Hard- und Software. Der Einsatz von Novell SFT/Advanced Netware 2.15 und den entsprechenden Novell Ethernet-Netzwerkadaptern, erlaubt bis zu 100 Benutzern mit dBASE IV in einem lokalen Netzwerk zu arbeiten. Eine solche Netzwerkinstallation würde automatisch beim Arbeiten mit dBASE IV zu Performance-Problemen führen. Die Angabe ist allerdings ein rein theoretischer Wert, denn in der Regel sind es ein halbes Dutzend Benutzer die im PC-Netzwerkverbund arbeiten.

Um dBASE IV in einem lokalen Netzwerk betreiben zu können, werden die dBASE IV-Systemdateien über das LAN-Betriebssystem gelegt. Daraus ergibt sich folgender Aufbau (Ebenen) für eine dBASE IV-LAN-Lösung:

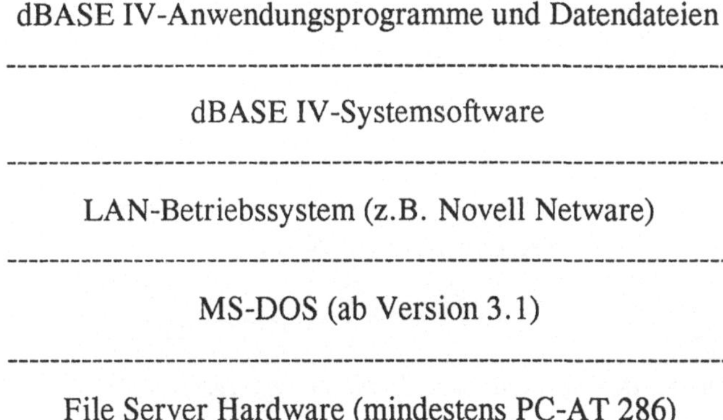

1.1.2 dBASE IV und dBASE IV LAN-Pack

Wie bereits beim Einsatz von dBASE III Plus bedarf es auch beim Arbeiten mit dBASE IV keiner speziellen LAN-Version für den Mehrbenutzerbetrieb. Jede Vollversion des Datenbank- und Entwicklungssystems läßt sich sowohl im Einzelplatzbetrieb als auch in einem lokalen Netzwerk einsetzen. Die Benutzeroberfläche und der Funktionsumfang ist vollkommen identisch zur Einzelplatzversion. Allerdings gibt es auch eine wesentliche Einschränkung. Jede dBASE IV-Vollversion berechtigt nur einen Benutzer, und jede Entwicklerversion wiederum drei LAN-Teilnehmern, auf die Server-Software zuzugreifen. Für die Unterstützung weiterer Benutzer wird ein sogenanntes LAN-Pack benötigt. Dieses LAN-Pack stellt keine zusätzlichen Funktionen zur Verfügung, sondern hat lediglich eine lizenzrechtliche Bedeutung. Bis zu fünf Benutzer können durch den Erwerb eines LAN-Packs auf die Server-Software, also die dBASE IV-Funktionen, zusätzlich gleichzeitig zugreifen.

Die Anzahl der berechtigten Benutzer wird bei der dBASE IV-LAN-Installation automatisch festgelegt. Mit Unterstützung des Hilfsprogramm's ADDUSER4 kann die Anzahl der berechtigten Benutzer jederzeit erfragt werden (Bild 1-1). Ebenfalls läßt sich mit diesem Installations-Hilfsprogramm die Anzahl der Benutzer erhöhen oder verringern. Verwaltet werden die lizenzrechtlichen Informationen im Verzeichnis DBNETCTL.300.

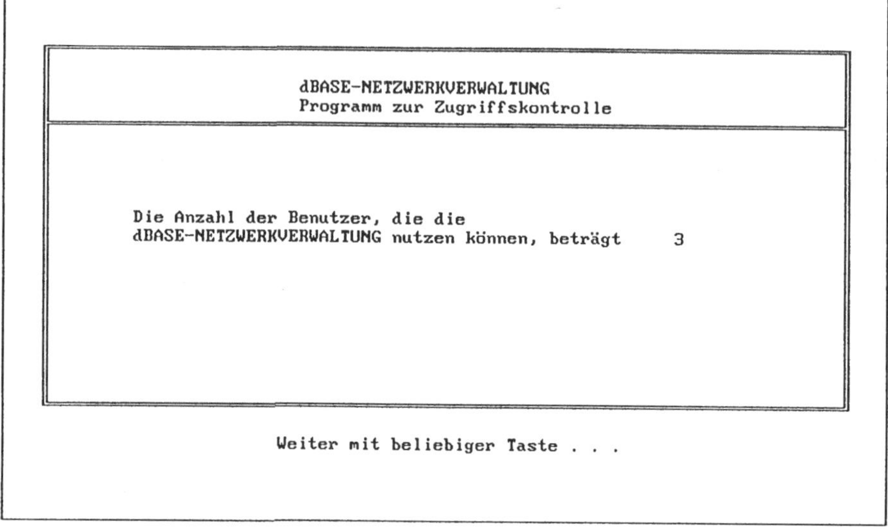

Bild 1-1: Anzahl der berechtigten Benutzer abfragen

Die meisten der heute installierten PC-LAN-Lösungen haben eine Teilnehmerzahl von drei bis sechs Benutzern. Diese Tatsache ist auch dem dBASE-Hersteller bekannt. Die Anzahl der mit einer Version zur Verfügung gestellten LAN-Lizenzen resultiert im wesentlichen aus dieser Erkenntnis. Um beim Erwerb von dBASE IV für den LAN-Einsatz die preisgünstigste Produktkombination aus dBASE IV-Voll- und -Entwicklerversion sowie LAN-Pack zu wählen, sollte vor dem ersten Kauf die minimale und maximale Teilnehmerzahl, die gleichzeitig auf dBASE IV im Netz zugreifen müssen, ermittelt und auf dieser Basis die Kaufentscheidung getroffen werden. Da die dBASE IV-LAN-Lizenzen nicht an einen festen Arbeitsplatz gebunden sind, müssen nicht immer für alle LAN-Teilnehmer Lizenzen vorhanden sein.

1.1.3 Unterstützte LAN-Lösungen

Wie alle anderen PC-Softwarelösungen läßt sich auch dBASE IV grundsätzlich nicht mit jedem LAN-Betriebssystem problemlos betreiben. Allerdings können in der Regel wesentlich mehr LAN-Lösungen, insbesondere in Verbindung mit Novell Netware, eingesetzt werden, als die vom Hersteller offiziell freigegebenen Systeme. Wer jedoch sicher gehen will, daß keine Probleme beim LAN-Einsatz auftreten, der sollte dBASE IV nur mit einer der offiziell unterstützten LAN-Lösungen einsetzen. Diese sind:

- IBM-PC-NET ab Programmversion 1.2
- IBM-Token-Ring mit IBM-PC-LAN-Software ab Version 1.2
- 3Com3+-Netz mit 3+Share 3F-LAN-Software ab Version 1.3.1
- Novell SFT/Advanced Netware ab Version 2.10

Die Anforderung an die Ausstattung des File Servers und die einzelnen Arbeitsstationen sind bei den Netzwerktypen vollkommen unterschiedlich.

IBM PC NET + Token Ring

Beim Einsatz einer Workstation mit 80286 Prozessor ist der Einsatz einer HICARD notwendig, die den für DOS zur Verfügung stehenden Hauptspeicher vergrößert. Besitzt die Workstation einen 80386 Prozessor, ist der Einsatz der Software MAX 368 notwendig, die ebenfalls den für DOS Programme zur Verfügung stehenden Hauptspeicher vergrößern kann.

3COM3+

Auch beim Arbeiten mit der 3COM-Lösung reicht der Hauptspeicher von 640 KB nicht aus. Ebenso wie bei der IBM-LAN-Lösung wird beim Einsatz eines 80286 Prozessor die Software MAX 386 benötigt.

Je nach eingesetzter Art und verwendeter Konfiguration des Netzes ist unter Umständen auch eine Aufrüstung des Servers mit einer HICARD oder MAX 386 notwendig.

Novell SFT/Advanced Netware

Unproblematisch ist der Einsatz von dBASE IV in Verbindung mit einer auf Novell Netware basierenden LAN-Lösung. Wird Netware mit Ethernet- oder RX-Net-Adapterkarten betrieben und ein 80286er- oder 80386er-AT, beziehungsweise PS/2-System Modell 80 als File Server eingesetzt, stellt dBASE IV keine Zusatzanforderungen an den Hauptspeicher. Allerdings hat das einen ganz bestimmten Grund. In der Regel kann davon ausgegangen werden, daß sowohl 80286- als auch 80386-PC's serienmäßig mit mindestens einem Megabyte Hauptspeicher ausgestattet sind. Da Novell Netware diesen Speicherplatz (Extended Memory) problemlos nutzen kann, entfällt der zusätzliche Kauf von speziellen Erweiterungskarten. Auch beim Arbeiten mit Novell Netware werden allerdings wesentlich mehr als 640 KByte auf dem File Server für den Einsatz von dBASE IV benötigt. Da dBASE IV selbst rund 400 KByte verlangt, kann davon ausgegangen werden, daß mindestens 2 MByte adressierbarer Hauptspeicher verfügbar sein müssen. Als Arbeitsplatzstation reicht ein 8088/86-PC mit lediglich einem Diskettenlaufwerk und 640 KByte Hauptspeicher jedoch vollkommen aus.

1.2 Vorteile / Arbeitsorganisation

Eine mit dBASE IV betriebene Netzwerklösung kann Schritt für Schritt um weitere Teilnehmer ausgebaut werden. Das Datenbanksystem schränkt die Anzahl der Teilnehmer nicht ein. Sie ist lediglich durch die von der Hardware vorgegebenen Grenzen beschränkt.

Bereits vorhandene Einzelplatzanwendungen können auch im lokalen PC-Netzwerk betrieben werden. Zur Regelung des Zugriffs mehrerer Benutzer auf eine Datenbankdatei sind entweder die automatischen Sperrfunktionen zu nutzen oder individuelle Datei- und Satzsperren an den entsprechenden Stellen einzufügen.

1.2.1 Arbeiten mit der Datenbank

Zentraler Informationspool

Der entscheidende Vorteil beim Arbeiten in einem lokalen Netzwerk ist der Zugriff auf einen zentralen Informationspool von jedem Arbeitsplatz aus. Durch die Speicherung der allgemein gültigen Daten auf einem zentralen, allen zugängigen Medium (File Server), wird die Datenintegrität und Aktualität der gespeicherten Informationen sichergestellt.

Dezentrale Analysen

Dennoch hat jeder Benutzer die Möglichkeit, unabhängig vom Mehrbenutzerbetrieb, exklusiv auf seinem PC zu arbeiten. Auf diese Weise lassen sich individuelle Auswertungen oder umfangreiche Druckausgaben unabhängig vom Netz realisieren. Dazu sind die in der gemeinsamen LAN-Datenbank enthaltenen Informationen im Mehrbenutzerbetrieb zu filtern und in eine Arbeitsdatei zu speichern.

Um beispielsweise die in einer Vertriebs-Datenbank gespeicherten Umsätze für ein bestimmtes Verkaufsgebiet extern zu analysieren, empfiehlt sich folgende Vorgehensweise:

```
.USE <Datenbank>
.SET FILTER TO <Feldbezeichnung> = "<Wert>"
.COPY TO <Arbeitsdatenbank>
.RUN NCOPY <Arbeitsdatenbank> <Laufwerk>:
.RUN DEL <Arbeitsdatenbank>
```

Größere Dateivolumen

Im Gegensatz zum Arbeiten unter MS-DOS können mit Novell Netware Plattenvolumen von bis zu 256 MByte eingerichtet werden. Das hat für den dBASE IV-Anwender den großen Vorteil, daß die Größe einer Datenbankdatei das 32 MByte-Limit überschreiten kann und sich damit wesentlich komplexere Datenbestände verwalten lassen.

1.2.2 Ressourcen-Nutzung

Ein weiterer großer Vorteil beim Einsatz von dBASE IV in einem lokalen Netzwerk ist die bessere Ausnutzung der vorhandenen Betriebsmittel. Ein Laserdrucker oder ein Backupsystem muß beispielsweise nur einmal vorhanden sein und kann trotzdem von allen Benutzern von jedem beliebigen Ort aus genutzt werden. Außerdem wird nur eine zentrale Festplatte für die Speicherung der Datenbankdateien, Formate und Programme benötigt. Allerdings empfiehlt sich für individuelle Analysen weiterhin eine lokale Festplatte einzusetzen.

Beim Einsatz von dBASE IV unter Novell Netware lassen sich sowohl lokale als auch LAN-Drucker ansteuern. Als lokaler Drucker wird der Drucker bezeichnet, der direkt am PC des einzelnen Benutzers angeschlossen ist. Als LAN-Drucker gelten alle Drucker die über die Schnittstellen des File Servers bedient werden. In Verbindung mit Novell Netware lassen sich drei parallele (LPT1 bis LPT3) und zwei serielle Schnittstellen (COM1 und COM2) ansprechen. Letztere allerdings nur über die "Custom Installation". Zusätzlich erlaubt Novell Netware noch die Einbindung von sogenannten Print-Servern. Die Zuordnung der Drucker geschieht bereits bei der Installation des LAN-Betriebssystems.

Die Benutzung eines lokalen Druckers für die Druckausgabe unterscheidet sich in keiner Weise von der im Einzelplatzbetrieb. Etwas anders ist das bei der Verwendung des LAN-Druckers. Hier wird ein Druckauftrag zuerst in eine Warteschlange (= Print-Queue) aufgenommen, die maximal 300 Druckaufträge verwalten kann. Ist der angesprochene Drucker betriebsbereit, gibt die Warteschlange den Druckauftrag an diesen weiter. Mittels des Novell Netware PCONSOLE-Hilfsprogramms läßt sich die Reihenfolge der Druckausgabe individuell verändern.

dBASE IV sendet in der Regel die Druckaufträge an einen lokalen Drucker. Um mit dBASE IV einen LAN-Drucker ansprechen zu können, ist die Druckausgabe vor dem Aufruf von dBASE IV mit dem Netware-Kommando CAPTURE von den lokalen Schnittstellen zum File Server-Anschluß umzuleiten. Das läßt sich entweder durch direkte Befehlseingabe oder über das Login-Script realisieren. Die Syntax hierfür lautet:

```
CAPTURE L=2 TI=n
```

Über die Parameteroption "L=2" (= Local=LPT2) wird dem Drucker mitgeteilt, daß bei der dBASE IV-Druckanweisung

```
SET PRINTER TO LPT2
```

nicht der lokale, sondern der LAN-Drucker für die Datenausgabe gewünscht wird. Auf diese Weise kann mit

```
SET PRINTER TO LPT1
```

weiterhin auf einen lokalen Drucker zugegriffen werden.

Alternativ lassen sich mit der CAPTURE-Anweisung auch alle drei parallelen Schnittstellen an den File Server-Drucker umleiten. Sind mehrere Drucker am File Server angeschlossen, sind diese wiederum mit dem Parameterzusatz "P=n" (= Printer=n / n=LPT1,2,3) individuell zu spezifizieren. Der Zusatz "TI=n" (= TImeout=n / n = 0-1000) dient dazu, die Zeitspanne in Sekunden anzugeben, nach der ein ENDCAP ausgeführt wird.

Ein ENDCAP hebt die momentane CAPTURE-Einstellung auf. Auf diese Weise verbleibt die Wahl des Ausgabemediums beim dBASE IV-Benutzer. Die Befehle CAPTURE und ENDCAP ersetzen die von Netware 2.0 bekannten Kommandos SPOOL und ENDSPOOL.

1.2.3 Vielfältiger und effizienter Datenaustausch

Der Einsatz von dBASE IV in einem lokalen Netzwerk verkürzt und vereinfacht erheblich den Datenaustausch mit anderen Softwarelösungen. Statt Daten auf einer Diskette zwischenspeichern und weiterreichen zu müssen, lassen sich Daten von einem logischen Verzeichnis in das andere oder von einer Server-Festplatte auf die andere übernehmen.

Die unterschiedlichsten Daten sind mit dBASE IV auf verschiedene Weise zu importieren und exportieren:

Daten übergeben

In einer Datenbankdatei gespeicherte Daten, oder in eine solche zu übernehmende, lassen sich standardmäßig in den unten gezeigten Formaten austauschen:

	IMPORT	EXPORT	APPEND	COPY
RapidFile (.RPD)	X	X	X	X
dBASE II (.DB2)	X	X	X	X
Framework II (.FW2)	X	X	X	X
Lotus 1-2-3 (.WK1)	X			
Lotus 1-2-3 (.WKS)			X	X
PFS:File (.PFS)	X	X		
VisiCalc (.DIF)			X	X
Multiplan SYLK			X	X
ASCII SDF			X	X
ASCII Delimited			X	X

Der Datentransfer läßt sich entweder menügesteuert (Bild 1-2) oder durch direkten Befehlsaufruf von der dBASE IV-Befehlsebene, beziehungsweise einer Applikation realisieren. Zur Verfügung stehen zwei Befehlspaare - APPEND/COPY und IMPORT/EXPORT. Unterschiedlich ist nicht nur die Anzahl der unterstützten Formate, sondern auch die Anwendung.

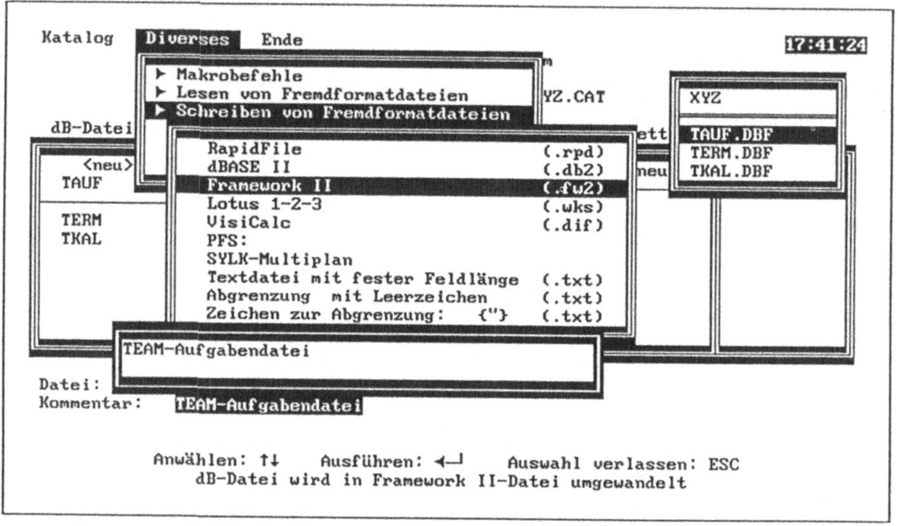

Bild 1-2: Datenaustausch in Fremdformaten

Zu übergeben sind Daten entweder mit EXPORT oder COPY. Die Anwendung des EXPORT-Kommandos zur Datenübergabe hat den Vorteil, daß sich die gespeicherten Informationen bei einer gleichzeitig geöffneten Index-Datei in sortierter Reihenfolge, entsprechend der Indexdefinition, übergeben lassen. Wiederum nur mit dem COPY-Kommando sind dBASE IV-Datenbankdateien zu kopieren.

Der wesentliche Unterschied zwischen APPEND und IMPORT besteht darin, daß IMPORT automatisch eine Datenbankdatei in DBF-Struktur anlegt und für den Einsatz von APPEND bereits diese Struktur zur Datenübernahme vorhanden sein muß. Wiederum nur mit APPEND ist der Austausch von Daten unter dBASE-DBF-Dateien und das Einlesen von Variablewerten in Datenbank-Dateien zu realisieren.

Außer in den offiziell unterstützten Standardformaten lassen sich in einer dBASE IV-Datenbankdatei gespeicherte Informationen noch in weiteren Formaten übergeben. Nachfolgend zwei Beispiele:

Supercalc-Format

Beim Datentransfer nach Supercalc müssen die alphanumerischen und numerischen Felder getrennt übergeben werden. Der Grund dafür ist, daß Supercalc alphanumerische Felder mit Hochkomma und numerische mit Komma trennt. Zur Definition einer Felderliste ist die FIELDS-Option zu verwenden.

```
.USE <Datenbankdatei>
.COPY TO <Dateibezeichnung>.CSV
      FIELDS <Felderliste-Alpha-Felder>
      DELIMITED WITH "
.COPY TO <Dateibezeichnung>.CSV
      FIELDS <Felderliste-Num-Felder>
      DELIMITED WITH ,
```

Wordperfect-Format

Noch etwas aufwendiger ist die Datenübergabe an Wordperfect. Dabei ist zu beachten, daß Wordperfect zur Markierung des Endes eines Feldinhaltes ein ^R und am Ende des Datensatzes ein ^E benötigt. Damit dBASE IV das entsprechende Zeichen hinter den Feldnamen beziehungsweise Satzende setzt, ist dieses in Dezimalcode anzugeben. Der Dezimalcode für ^R ist 18 und für ^E ist er 5. Außerdem dürfen die Felder keine Leerstellen enthalten. Zu umgehen ist das mit Hilfe der TRIM()- oder RTRIM()-Funktion. Diese Steuerinformationen lassen sich weder mit dem COPY- noch mit dem EXPORT-Kommando einem Datensatz hinzufügen. Um den Datentransfer trotzdem realisieren zu können, ist die SET DEVICE TO FILE-Funktion wie folgt zu verwenden:

```
* D W P .prg
* Datentransfer nach Wordperfect
SET TALK OFF
USE <Datenbankdatei>
z = 1
SET DEVICE TO FILE <Dateiname>.TXT
DO WHILE .NOT. EOF()
   @ z,0 SAY TRIM(<Feldname-x>) + CHR(18)
   z = z + 1
   @ z,0 SAY TRIM(<Feldname-y>) + CHR(18)
   z = z + 1
   @ z,0 SAY TRIM(<Feldname-z>) + CHR(18) + CHR(5)
   z = z + 1
   SKIP
```

```
ENDDO
SET DEVICE TO SCREEN
SET TALK ON
RETURN
```

Mit der Anweisung

```
TRIM(<Feldname>) + CHR(18)
```

werden die Leerzeichen entfernt und das Steuerzeichen an das Datenfeld angefügt. Alle Feldnamen sind in jeweils einer Zeile einzutragen und der Zeilenzähler (z = z + 1) hochzusetzen. Das letzte Feld ist zusätzlich mit ^E abzuschließen:

```
TRIM(<Feldbezeichnung>)+CHR(18)+CHR(5)
```

Nach Beendigung der Definition ist die Fremddatei mit

```
.DO DWP
```

zu erstellen.

Beispiel: Serienbrief mit MS-Word

Eine der häufigsten externen Anwendungsbereiche für den Einsatz der unter dBASE IV gespeicherten Daten ist die Ausgabe von Serienbriefen.

Um beispielsweise über MS-Word einen Serienbrief auszugeben, wäre es am einfachsten den Inhalt der Datenbankdatei mit

```
.USE <Datenbankdatei>
.COPY TO <Dateiname> DELIMITED WITH ;
```

in eine .TXT-Datei zu kopieren. Leider fügt dBASE IV jedoch außer dem von MS-Word benötigten Semikolon noch ein Komma als Begrenzer ein. Das hat zur Folge, daß die übertragenen Daten in MS-Word umständlich nachbearbeitet werden müssen. Keiner Nachbearbeitung bedarf es, wenn mittels folgender Prozedur die Daten übergeben werden:

```
* M S W .apprg
* Datentransfer nach MS-Word
SET TALK OFF
USE <Datenbankdatei>
z = 1
SET DEVICE TO FILE <Dateiname>.TXT
@ z,0 SAY "<Feldname-a>;<Feldname-n>;<Feldname-z>"
z = z + 1
DO WHILE .NOT. EOF()
   @ z,0 SAY TRIM(<Feldname-a>) + CHR(59) +
             TRIM(<Feldname-n>) + CHR(59) +
             TRIM(<Feldname-z>)
   z = z + 1
   SKIP
ENDDO
SET DEVICE TO SCREEN
SET TALK ON
RETURN
```

Hinweis:

Die Feldbezeichnung "<Feldname-z>" kennzeichnet das letzte Feld im Datensatz. Hinter diesem Feld darf kein Semikolon mehr eingegeben werden.

In MS-Word ist der Inhalt der TXT-Datei wie folgt in ein Dokument (= Serienbrief) einzubinden:

1. Angabe der Steuerdatei im Text:

«STEUERDATEI <Dateiname>»

2. Übernahme der Daten in den Text:

Sehr geehrt... «<Feldname-x>» ...

Aufgerufen wird der Serienbrief anschließend zum Drucken mit:

[ESC]
[Drucken]
[Serienbrief]

Texte austauschen

Um einen Serienbrief anzufertigen, müssen die Adressdaten jedoch nicht erst an ein Textsystem übergeben werden. Es lassen sich Texte auch in dBASE IV-Dateien einlesen und anschließend mit Daten mischen. Hierzu ist entweder der Weg über den Berichtsgenerator (siehe Kapitel 5) oder das dBASE IV-Memo-Feld alternativ zu wählen. Beim Arbeiten mit dem Berichtsgenerator lassen sich zusätzlich individuelle Rechenfelder oder sonstige Variable in den Text einfügen. Bei der Verwendung des Memo-Feldes kann nur ein zusammenhängender Text mit vor- und nachgeschalteten Daten ausgegeben werden. In beiden Fällen muß der Text im ASCII-Format (= .TXT-Datei) vorliegen. Zu importieren ist der Dateiinhalt menügesteuert (Bild 1-3). Ebenfalls menügesteuert lassen sich in einem Memo-Feld gespeicherte Texte im ASCII-TXT-Format speichern und zur Weiterbearbeitung an ein Textsystem übergeben.

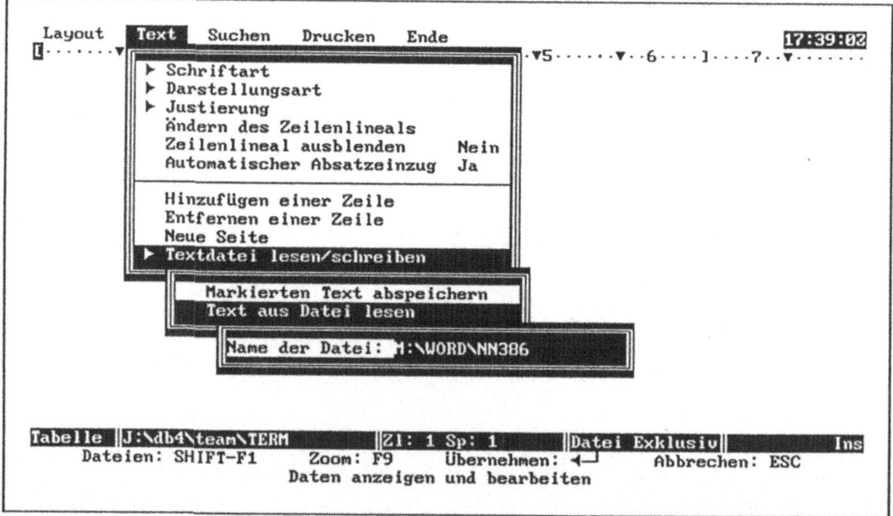

Bild 1-3: Austauschen von Textdateien

Dokumente transferieren

Sowohl Daten als auch Texte lassen sich beim Einsatz von dBASE IV in einer Datei speichern und beispielsweise mit einem Textsystem wie MS-Word weiterverarbeiten. Um die Daten eines Umsatzberichts um ausführliche Erläuterungen nachträglich zu ergänzen, ist das Dokument über den dBASE IV-Berichtsgenerator zu gestalten und anschließend in eine Textdatei auszugeben. Nach dem Dokumentenlayout (siehe Kapitel 5) ist die Datenausgabe statt auf einen Drucker in eine ASCII-Textdatei (.TXT) umzuleiten.

```
.REPORT FORM <Dokument> TO FILE <Dateiname>
```

Anschließend läßt sich die Datei von MS-Word aus laden und weiterverarbeiten.

Brücke zu anderen Netzwerken

Das Arbeiten in einem lokalen Netzwerk muß nicht auf ein Netz begrenzt bleiben. Beim Einsatz von Novell Netware lassen sich sowohl verschiedene lokale Netzwerke als auch entfernte Netze über eine Brücke (= Bridges) miteinander verbinden. Die hierfür benötigte Bridge-Software BRGEN ist im Lieferumfang von Novell Netware bereits enthalten.

Durch die Kopplung mehrerer Netze können die verschiedensten Abteilungen oder Niederlassungen räumlich unabhängig miteinander kommunizieren und Daten austauschen. Beim Arbeiten mit dBASE IV hat das den Vorteil, daß auch auf eine entfernt im dBase-Format gespeicherte Datenbasis zugegriffen werden kann.

1.2.4 On-line- oder Batch-Betrieb

Arbeiten in einem lokalen Netzwerk ist vor allem auch eine zeitkritische Angelegenheit. Mit wachsender Teilnehmerzahl und Aufgaben kann die Performance in einem Netzwerk sehr schnell sinken. Bei genauer Analyse der Tätigkeitsbereiche ergibt sich nicht selten, daß zahlreiche Aufgaben überhaupt keinen echten Mehrbenutzer-on-line-Betrieb erfordern. Hierunter fallen insbesondere Tätigkeiten wie

- Erfassung umfangreicher Datenmengen, mit niedrigem Aktualitätsgrad (z.B. Adressen, Produktdaten)
- Analyse und Aufbereitung von Informationen (z.B. Umsatzdaten)
- Umfangreiche Druckausgaben

Um eine gute Performance für on-line-Aufgaben sicherzustellen, sind deshalb organisatorische Maßnahmen zu treffen und "Stand-alone"-Tätigkeiten eventuell auszulagern. Allerdings muß in diesem Fall sichergestellt sein, daß die Datenintegrität gewahrt bleibt.

Um beispielsweise unabhängig vom LAN-Betrieb Daten zu erfassen, ist die Struktur der zentralen Datenbank in eine Batch-Datei zu übertragen.

```
.USE <Datenbankdatei>
.COPY STRUCTURE TO <Batch-Datei>
.! NCOPY <Batch-Datei> <Dezentrales Laufwerk, z.B. C:>:
```

Anschließend sind die Daten in diese Datei zu erfassen und danach, am besten außerhalb der Hauptzugriffszeiten, in einem Batch-Lauf (= Stapelverarbeitung) der zentralen Datenbank hinzuzufügen.

```
.! NCOPY <Dezentrales Laufwerk>:<Batch-Datei>
.USE <Datenbankdatei>
.APPEND FROM <Batch-Datei>
```

1.3 Beispiel für eine LAN-Konfiguration

Markterhebungen haben ergeben, daß ein Großteil der in Verbindung mit Personal Computern realisierten lokalen Netzwerk-Installationen zwischen vier und sechs Arbeitsstationen umfaßt. Was allerdings nicht bedeutet, daß sich, insbesondere in Verbindung mit Novell Netware, auch wesentlich umfangreichere LAN-Lösungen realisieren lassen.

Bei dem vom Autor eingesetzten lokalen Netzwerk handelt es sich um eine sogenannte kleine LAN-Lösung, die aus einem File-Server und drei Arbeitsstationen (Bild 1-4) besteht. Sie dient im wesentlichen zum Test von netzwerkfähiger Standardsoftware und Entwicklung von Beispielprozeduren unter dBASE IV für Schulungen und Veröffentlichungen. Die Konfiguration gilt jedoch als beispielhaft für eine leistungsfähige LAN-Lösung, wie sie die meisten mittleren und kleinen Unternehmen heute benötigen. Die einzelnen Komponenten sind:

Der File Server

Epson AT (PC AX) mit folgender Konfiguration:

- 80286 Prozessor mit 12 MHz
- Monochrome-Bildschirm

- 1,2 MByte Floppy
- 40 MByte Festplatte
- 640 KByte Hauptspeicher
- 2 MByte Hauptspeicher-Erweiterung (Unter Novell Netware als Extended Memory nutzbar = Gesamt-RAM rund 2,7 MByte)
- MS-DOS 3.3

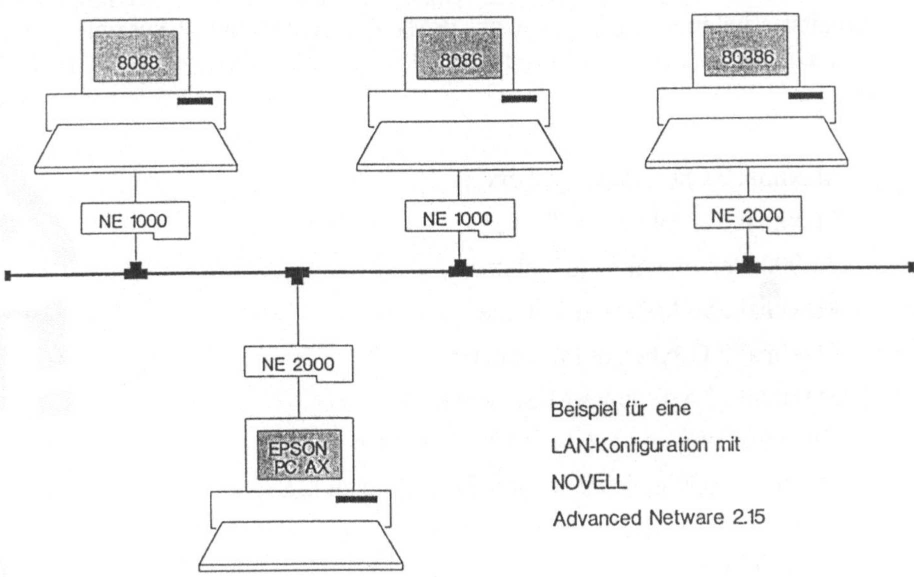

Bild 1-4: Die Netzwerk-Konfiguration

Der Epson PC AX wurde insbesondere wegen des guten Preis-/Leistungsverhältnis sowie seiner standardmäßigen Kompatibilität zu Novell Netware als File Server-PC ausgewählt. Auch dann, wenn alle drei Arbeitsstationen im Netz aktiv sind, bietet der Epson AT ein gutes Leistungsverhalten und reicht vollkommen aus.

Insbesondere die Novell-Kompatibilität ist ein entscheidender Faktor bei der Auswahl des File Server-PC's. Nicht alle Festplatten können in Verbindung mit Novell Netware genutzt werden. Beim Erwerb des File Server-Rechners ist deshalb außer auf die Leistungsdaten, ganz besonders auch hierauf zu achten.

Das LAN-Betriebssystem

Novell SFT/Advanced Netware Version 2.15

Das LAN-Betriebssystem ist kompatibel zu MS-DOS 2.x, 3.x und 4.x sowie Windows/386, PC-MOS/386 und OS/2. Als File Server beziehungsweise Arbeitsstationen lassen sich sowohl IBM-PC's als auch PS/2-Systeme einsetzen. Die wichtigsten Leistungsmerkmale von SFT/Advanced Netware 2.15 sind:

- Maximal 32 Festplatten je Server
- Maximal 32 Volumes je Server
- 32.000 Verzeichnisse je Volume
- Maximal 256 MByte je Volume
- Maximal 2 GByte Gesamtspeicher
- Maximal 12 MByte RAM-Speicher
- Unterstützung von maximal 100 Benutzern je LAN
- Maximal 1000 gleichzeitig geöffnete Dateien je Server

Die Arbeitsstationen

Das Netz wird mit drei Arbeitsstationen betrieben:

- Station 1

    - 8088 PC mit 4,77 MHz
    - Monochrome-Bildschirm
    - 640 KByte Arbeitsspeicher
    - 360 KByte Floppy
    - 20 MByte Festplatte
    - MS-DOS 2.11

- Station 2

  - 8086 PC mit 7,2 MHz
  - Monochrome-Bildschirm
  - 640 KByte Arbeitsspeicher
  - 2 x 360 KByte Floppy
  - 40 MByte Festplatte
  - MS-DOS 3.2

- Station 3

  - 80386 AT mit 16 MHz
  - Color-Bildschirm
  - 896 KByte Arbeitsspeicher
  - 1,2 MByte Floppy
  - 720 KByte 3,5 "-Floppy
  - 40 MByte Festplatte
  - MS-DOS 3.3

Die Netzwerkadapter

- Zwei NE 2000 Novell Ethernet Network Interface Card's for IBM AT-kompatible (10 M/bps)
- Zwei NE 1000 Novell Ethernet Network Interface Card's for IBM PC/XT/AT-kompatible

Das Kabel

Ethernet Kabel

Drucker

- Ein 24-Nadel-Matrixdrucker
- Ein Mannesmann Tally-Laserdrucker

Die Entscheidung für Novell Netware als Betriebssystem hatte folgende Gründe:

Problemlose Installation

Der gesamte Installationsvorgang erfolgt menügesteuert und kann je nach Kenntnisstand, mit mehr oder weniger individuellen Eingaben, vollzogen werden.

Ausgereiftes, fehlerfreies System

Novell Netware wird seit Jahren kontinuierlich weiterentwickelt und ist absolut standfest, schnell und fehlerfrei.

Von fast allen Software-Herstellern unterstützt

Keine andere LAN-Lösung wird auch nur annähernd von so vielen Software-Herstellern wie eben Novell Netware unterstützt. Das macht unabhängig beim Einsatz der Standardsoftware und sichert die Investitionen.

Problemloser Einsatz von dBASE IV

Mit keiner anderen LAN-Lösung läßt sich dBASE IV problemloser ohne Zusatzprodukte installieren und einsetzen.

Nutzung von Plattenvolumes über 32 MByte (= 256 MByte)

Statt wie bei zahlreichen anderen Netzwerken nur die obligatorischen Volumes zu 32 MByte, kann ein Volume unter Novell Netware bis zu 256 MByte groß sein. Das erlaubt mit dBASE IV wesentlich größere Datenbankdateien, als beim Arbeiten mit MS-DOS oder vielen anderen LAN-Lösungen.

Verwendung von Extended Memory

Statt nur zusätzliches "Expanded Memory" kann Novell Netware auch den Speicherbereich zwischen 640 KByte und 1 MByte nutzen, da es mit "Extended Memory" arbeitet. Speichererweiterungskarten lassen sich dadurch direkt dem Speicher der Mutterplatine hinzu addieren.

2 Installation des dBASE IV-Systems

Das dBASE IV-LAN-System setzt sich aus der Server-Software und der LAN-Benutzer-Berechtigung zusammen. Von der eingesetzten dBASE IV-Variante ist die Anzahl der Benutzer (siehe Kapitel 1.1.2), die gleichzeitig mit dem System arbeiten können, abhängig. Diese rein lizenzrechtliche Information wird dem System bei der Installation automatisch über das Programm ADDUSER4 mitgeteilt. Mit Unterstützung dieses Programms läßt sich auch nachträglich die Anzahl der berechtigten dBASE IV-Anwender verändern (Bild 2-1). Verwaltet werden die Zugriffskontroll-Informationen im Verzeichnis DBNETCTL.300.

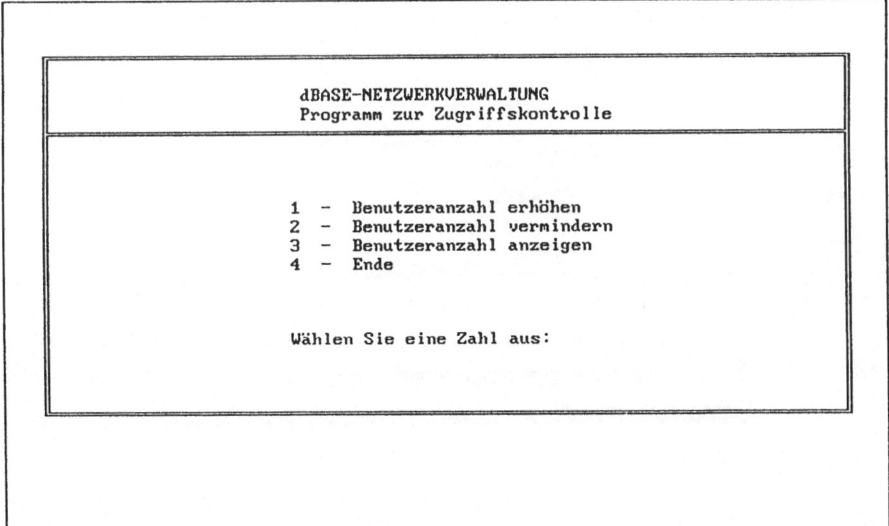

Bild 2-1: Das Programm ADDUSER4

Die Installation von dBASE IV vollzieht sich in den nachfolgenden Etappen, auf die in diesem Kapitel ausführlich eingegangen wird.

- Personalisierung der dBASE IV-Version *)
- Übertragung der dBASE IV-Systemsoftware auf den File-Server
- Konfiguration des dBASE IV-Systems
- Einrichtung von Startprozeduren
- Installation der Anwendung

*) Nur bei der erstmaligen Installation der dBASE IV-Software.

Beschrieben wird in diesem Buch die Installation von dBASE IV auf einen Novell Netware-File Server. Die Übertragung der dBASE IV-Systemdateien auf File Server in anderen Netzwerkumgebungen ist dem dBASE IV-Installationshandbuch zu entnehmen.

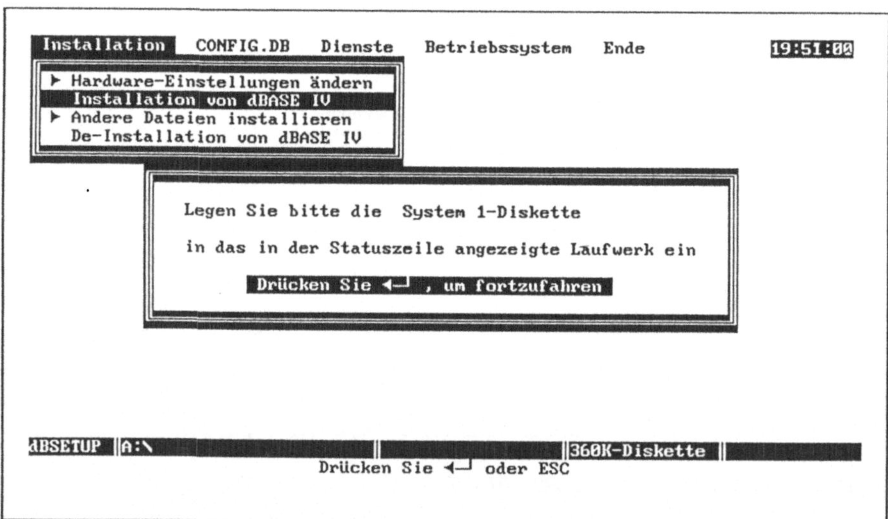

Bild 2-2: dBASE IV Installationsmenü

2.1 File-Server-Software übertragen

Im Mittelpunkt jeder LAN-Lösung steht der File Server. Er steuert die LAN-Operationen und verwaltet die Netzwerkprogramme sowie die Daten. Auch die dBASE IV-Systemdateien sind auf dem File Server, zum Aktivieren des Datenbanksystems von den Arbeitsstationen aus, zu installieren. Die Installation der dBASE IV-Server Software erfolgt fast vollkommen selbsttätig. Jeweils die für die Installation benötigte Diskette fordert die Installationsroutine über Popup-Fenster automatisch an (Bild 2-2). Eingeleitet wird der Vorgang entweder durch Aktivierung des Installationsprogramms INSTALL oder über das Hilfsprogramms DBSETUP. Hierzu ist in beiden Fällen zuerst die Installationsdiskette in das Laufwerk A, einer beliebigen Arbeitsstation, einzulegen.

Bevor mit der Installation begonnen werden kann, muß auf dem File Server das Novell Netware-Betriebssystem installiert sein. Außerdem sollten mindestens vier MByte freier Speicherplatz auf der Festplatte für die dBASE IV-Systemdateien und Hilfsprogramme zur Verfügung stehen. Derjenige Anwender, der dBASE IV installieren will, muß sich als Supervisor

```
Enter your login name: SUPERVISOR  [RETURN]
```

in das Netzwerk einloggen (Bild 2-3).

```
Novell IPX/SPX V2.15
(C) Copyright 1985, 1988 Novell Inc.  All Rights Reserved.

LAN Option: NetWare Ethernet NE2000  V1.00EC (881004)
Hardware Configuration: IRQ = 3, I/O Base = 300h, no DMA or RAM
NetWare V2.15 rev. A - Workstation Shell for PC DOS V3.x
(C) Copyright 1983, 1988 Novell, Inc.  All Rights Reserved.

Attached to server HPH
Tuesday, August 22, 1989     11:26:40 am
Enter your login name: supervisor

Good morning, SUPERVISOR.

Drive A    maps to a local disk.
Drive B    maps to a local disk.
Drive C    maps to a local disk.
Drive D    maps to a local disk.
Drive E := HPH/SYS:SYSTEM
Drive F := HPH/SYS:LOGIN
Drive Y := HPH/SYS:PUBLIC
    -----
SEARCH1 := Z:. [HPH/SYS:PUBLIC]
E:\SYSTEM->
```

Bild 2-3: Anmeldung als Supervisor zur Installation von dBASE IV

Die erste Aufgabe besteht darin, ein Verzeichnis zur Verwaltung der dBASE IV-Systemdateien einzurichten. Auf die Definition von Unterverzeichnissen kann vorerst verzichtet werden, da dBASE IV alle notwendigen Sub-Directories selbsttätig anlegt. Zur Einrichtung des dBASE-Verzeichnisses ist in das Hauptverzeichnis des ersten logischen Netware-Laufwerkes, in der Regel "F", zu verzweigen.

Damit zur besseren Kontrolle als Prompt (Eingabeaufforderung) die Anzeige des Verzeichnisnamens erfolgt, sollte der zum Arbeiten mit MS-DOS identische Parameter

```
PROMPT $p-$g
```

gesetzt werden. Beim Erreichen des Route-Directories meldet sich der Server dann mit der Anzeige

```
F:\->
```

Unter Anwendung des von MS-DOS bekannten Kommandos "Make Directory" ist nun ein Unterverzeichnis mit einer beliebigen Bezeichnung (z.B. DB4) einzurichten:

```
F:\->MD DB4
```

Anschließend ist auf das Laufwerk A der aktiven Arbeitsstation zu wechseln und das INSTALL- oder DBSETUP-Programm zu aktivieren:

```
A:\->INSTALL
```

Das INSTALL-Programm muß lediglich bei der ersten Installation von dBASE IV aufgerufen werden. Es übernimmt die "Personalisierung" der Systemdisketten. Das bedeutet, daß sich der Anwender dem System durch Eintragung seines Namens und der Firmenbezeichnung sowie der dBASE IV-Seriennummer mitteilen muß. Die Informationen werden danach verschlüsselt auf der dBASE IV-Systemdiskette 1 gespeichert. Für den Anwender hat dieser Vorgang keinerlei Bedeutung. Er dient lediglich dazu, einen Wildwuchs an Raubkopien zu verhindern, und ersetzt die hinderlichen und fehlerträchtigen alten Kopierschutzvarianten.

Nach Beendigung dieses Vorgangs aktiviert die dBASE IV-Installationsroutine das Hilfsprogramm DBSETUP. Mit Unterstützung dieses Programms wird in der Regel die Konfiguration der dBASE IV-Arbeitsumgebung, beziehungsweise der eingesetzten Hardware, vorgenommen. Das ist bei der Installation der LAN-Version jedoch nur bedingt realisierbar. Der Grund dafür ist, daß die auf dem File Server zu speichernden Systemprogramme später von zahlreichen Benutzern aktiviert werden. Jeder Benutzer kann aber eine andere Arbeitsumgebung benötigen oder über eine differenzierte Hardwarekonfiguration (z.B. Color- oder Monochrome-Bildschirm) verfügen.

Bei der Installation der Server-Software werden automatisch die zwölf dBASE IV-Systemdateien, das dBASE IV-Setup-Programm, der dBASE IV-Linker, das Regiezentrum und die Generatoren-Templates (Programm-Schablonen), das Hilfsprogramm zur Generierung von Chartmaster-Dateien, zwei Druckertreiber (ASCII- und Generic) sowie die Konvertierungsprogramme Dconvert und Scon in das dBASE-Hauptverzeichnis (z.B. DB4) auf den File Server übertragen. Zusätzlich erfolgt die Installation der SQL-Routinen auf dem File-Server. Das notwendige Unterverzeichnis legt dBASE IV nach Bestätigung oder individueller Anpassung der Verzeichnis-Kennung selbsttätig an.

Die Übertragung der dBASE IV-Systemdateien könnte alternativ auch mit dem Netware-Kopierbefehl NCOPY durchgeführt werden. Allerdings würde sich dBASE IV anschließend nicht als Mehrbenutzerversion auf dem File Server starten lassen. Denn der wichtigste Installationsvorgang geschieht für den Anwender vollkommen unbemerkt. Zur lizenzrechtlichen Regelung der dBASE IV-LAN-Teilnehmer richtet die dBASE IV-Installationsroutine vor der Anforderung der zweiten Systemdiskette ein Hauptverzeichnis mit der Bezeichnung DBNETCTL.300 sowie ein Unterverzeichnis mit der Kennung 31513075.SUB (oder ähnlich) an. Der Name des Unterverzeichnisses hängt von der dBASE-Version ab und kann unterschiedlich sein. Nur wenn dBASE IV später beim Laden die in diesen Verzeichnissen gespeicherten Information für die Zugriffskontrolle findet, läßt es sich als Mehrbenutzerversion einsetzen. In den Verzeichnissen werden folgende Dateien gespeichert:

DBNETCTL.300	31513075.SUB
EC115337.HCL	VDF0300.HUM
EC115337.COM	
DBASE.LOB	
DBA.CTL	
31513075.VDW	

Die Datei VDF0300.HUM - eventuell wird sie in einer anderen dBASE-Version mit einem hierzu unterschiedlichen Namen gekennzeichnet - enthält keine Anweisungen und ist exakt Null KByte groß. Sie darf, wie alle anderen Dateien dieser Verzeichnisse, auf keinen Fall gelöscht werden.

Installationsprobleme beheben

Die automatische Einrichtung der beiden vorgenannten Directories ist etwas kritisch. Bedingt durch die zahlreichen Lese- und Schreibvorgänge sowohl auf dem File Server als auch auf der Diskette kann es vorkommen, daß dBASE IV vor der Anforderung der zweiten Systemdiskette sinngemäß die Meldung ausgibt: "Sie haben keine Rechte Verzeichnisse einzurichten und können nur die Einzelplatzversion installieren." In diesem Fall sollte die Installation abgebrochen und in das "SYSTEM"-Verzeichnis des File Servers verzweigt werden. Anschließend ist das Netware-Utility RIGHTS aufzurufen, um die Benutzerrechte zu überprüfen. Sind alle notwendigen Berechtigungen vorhanden, liegt ein Schreib-/Leseproblem vor. Dieses kann unter anderem am Diskettenlaufwerk der Arbeitsstation liegen. In diesem Fall bietet es sich an auf eine andere Arbeitsstation zu wechseln und den Vorgang erneut zu starten.

Ist eine Installation immer noch nicht durchführbar, sollte versucht werden, die Mehrbenutzerversion auf der privaten Festplatte der Arbeitsstation, oder auch einem nicht in das Netz eingebunden PC, zu installieren. Die dBASE IV-Installationsroutine führt den Vorgang identisch zur Installation der Programmdateien auf der File Server-Festplatte durch. Auch die notwendigen Sub-Directories werden angelegt. Nach erfolgreicher Installation auf der Single User-Station sind auf dem File Server identische Verzeichnisse (= Bezeichnung und Inhalt) anzulegen und die Dateien in den einzelnen Directories mittels des NCOPY-Kommandos auf den File Server zu übertragen. Wenn auch das nicht zum Erfolg führt, sind die Systemdisketten fehlerhaft und müssen umgetauscht werden.

Zusatz- und Beispielprogramme installieren

Abhängig davon, ob eine dBASE IV-Voll- oder -Entwicklerversion eingesetzt wird, lassen sich nach der Installation der Systemdateien weitere Programme individuell auf den File Server menügeführt übertragen. Anwender der Entwicklerversion haben zusätzlich Zugriff auf die Runtime- und die Programmier-Module. Hinter letzteren verbirgt sich die dBASE IV-Schablonensprache für die Definition eigener und zur Veränderung vorhandener Templates. Die Übertragung der Runtime-Routinen auf den File Server hat für Software-Entwickler den Vorteil, daß sich von jeder berechtigten Arbeitsstation aus Anwendungspakete zusammenstellen lassen.

2.2 Arbeitsstationen/Startdatei konfigurieren

Um einen physikalisch in das Netzwerk eingebunden PC als Arbeitsstation nutzen zu können, ist auf jeder Station eine Netware Shell mit dem entsprechenden LAN-Treiber einzurichten. Das geschieht beim Einsatz von Novell Netware menügeführt mit dem Hilfsprogramm SHGEN. Während des Vorgangs richtet dieses Programm verschiedene Verzeichnisse und Systemdateien auf der lokalen Festplatte oder einer Diskette ein. Nach Beendigung dieser Arbeiten ist eine Startdiskette zu erstellen, wenn der PC zusätzlich als MS-DOS-Rechner eingesetzt werden soll oder nur über Diskettenlaufwerke verfügt. Ansonsten kann die Startroutine auch auf der Festplatte installiert werden. Damit sich der PC mit der Startdiskette booten läßt, ist diese zu formatieren und das Betriebssystem darauf zu übertragen. Dazu sind am PC folgende Eingaben vorzunehmen:

```
C:\->FORMAT A:/S/V
```

Mit der Option "/S" wird die Einrichtung der DOS-Systemdateien vereinbart. Der "/V"-Parameter verlangt die Vergabe einer Datenträgerkennzeichnung. Zur besseren Identifizierung sollte als Volumename der Name der Arbeitsstation gewählt werden.

Nach Beendigung dieses Vorgangs sind alle für den Startvorgang notwendigen Programmdateien auf die Diskette zu kopieren. Dazu gehören sowohl MS-DOS-Programme wie z.B.:

KEYB.COM

COUNTRY.SYS

KEYBOARD.SYS

als auch zwei Netware-Programme. Diese lassen sich dem bei der Installation der Netware Shell generierten Verzeichnis

```
C:\GENERATE\NETWARE\SHGEN-2->
```

entnehmen. Benötigt werden die Dateien IPX.COM und NETx.COM. Wobei "x" entweder durch "2", "3" oder "4", entsprechend der auf der Arbeitsstation eingesetzten MS-DOS-Version, zu ersetzen ist. In der Regel wird das NET3.COM sein.

Zusätzlich zu diesen Systemdateien sind auch alle alternativ in den Startvorgang einzubeziehenden speicherresidenten Programme auf die Startdiskette zu übertragen. Zur Automatisierung des Boot-Vorgangs ist entweder mit einem Texteditor oder durch Anwendung des MS-DOS-Kommandos COPY CON die AUTOEXEC-Stapeldatei

```
A:\->COPY CON AUTOEXEC.BAT
```

mit folgendem Inhalt zu erstellen:

```
ECHO OFF
PROMPT $p-$g
<Speicherresident zu ladende Programme>
KEYB GR
CLS
IPX
NET3
F:
LOGIN
```

Die Datei wird bei dieser Verfahrensweise mit

```
[STRG] + [Z]
```

abgeschlossen und abgespeichert.

Alle in die AUTOEXEC-Datei eingetragenen Anweisungen werden vom Computer so ausgeführt, als würden sie über die Tastatur eingegeben. Das spart nicht nur Zeit, sondern stellt auch sicher, daß notwendige Operationen nicht vergessen werden. Die vorgegebene Reihenfolge sollte für die Aktivierung der Arbeitsstation eingehalten werden, damit bei der Ausführung keine Probleme auftreten.

Die Schalterstellung OFF des ECHO-Stapelbefehls unterdrückt die Anzeige von Stapelkommandos und DOS-Meldungen während des Boot-Vorgangs. Mit der PROMPT-Anweisung wird vereinbart, daß mit der Eingabeaufforderung immer das aktuelle Verzeichnis angezeigt wird. KEYB GR sorgt dafür, daß der deutsche Zeichensatz automatisch konfiguriert wird. Die Anweisung CLS zum Löschen des Bildschirminhalts ist für den Startvorgang unwichtig, aber bei der Installation von speicherresidenten Programmen sinnvoll. Keine Wahlmöglichkeit gibt es bei den folgenden Eintragungen. Die Utilities IPX und NET3 sorgen dafür, daß der LAN-Treiber und die Shell nach dem Starten des Systems zur Verfügung steht. Die Eintragung "F:" teilt dem System mit, daß "F:" das erste logische Laufwerk des File Server ist. LOGIN aktiviert das Netware-Logprogramm zur Identifizierung des LAN-Teilnehmers.

Nachdem die Systeminitialisierung festgelegt wurde, muß noch die Betriebssystemumgebung individuell konfiguriert werden. Dazu ist die sogenannte CONFIG.SYS-Datei einzurichten. Der Vorgang ist identisch zur Einrichtung der AUTOEXEC-Stapeldatei:

```
A:\->COPY CON CONFIG.SYS
```

Der Sinn dieser Konfigurationsdatei ergibt sich bereits aus der Bezeichnung: Die Eintragungen modifizieren die Standardeinstellungen. Beim Einrichten der CONFIG.SYS-Datei für das Arbeiten mit dBASE IV in einem lokalen PC-Netzwerk sind nur zwei Parameter

```
FILES=99
BUFFERS=15
```

unbedingt notwendig. Die dritte

```
COUNTRY=049
```

in diesem Beispiel vorgenommene Einstellung dient dazu, die national übliche Darstellungsform (z.B. Datum) zu wählen. Von entscheidender Bedeutung ist jedoch, daß der Wert des Datei-Parameters - FILES - auf 99 gesetzt wird. Denn insbesondere dann, wenn ein PC-Datenbanksystem in Verbindung mit einer komplexen Applikation betrieben wird, werden zahlreiche Dateien - Programm, Daten, Index, Formate - geöffnet. Gerade beim Arbeiten in lokalen PC-Netzwerken ist das ein elementares Problem. Zahlreiche Systeme schränken die Anzahl der gleichzeitig geöffneten Dateien sehr ein. Das ist auch beim Arbeiten mit dBASE III PLUS der Fall. Sehr häufig führt das dann zur Meldung "Zu viele Dateien geöffnet" und teilweise auch zum Programmabbruch.

Eine weiterer wichtiger Parameter ist BUFFERS. Über ihn wird der reservierte Bereich für den Plattenpuffer im Hauptspeicher vereinbart. Führt das Programm sehr viele Platten- oder Diskettenzugriffe durch, sollte in der Regel ein hoher Wert gewählt werden. Je höher der Wert, je besser ist die Schreib- und Lesegeschwindigkeit. Andererseits verringert jeder gesetzte Puffer den internen Speicher um 512 Byte. Da die aktuelle dBASE IV-Version 1.01 sehr speicherintensiv ist, sollte der Wert nicht zu hoch gesetzt werden. Ansonsten kann der für Applikationen beziehungsweise Daten verbleibende Speicherbereich zu Engpässen führen.

Sind sämtliche Dateien auf die Startdiskette übertragen und die Parameter eingerichtet, läßt sich die Arbeitsstation starten. Dazu ist die Boot-Diskette in ein Diskettenlaufwerk zu legen und dieses vor dem Einschalten des Computers zu verriegeln. Selbstverständlich muß vorher auch noch der File Server hochgefahren werden. Der Startvorgang läßt sich am File Server durch Einschalten des Kontrollbildschirms

```
:MONITOR
```

verfolgen.

Login Script anlegen

Zum Aktivieren von dBASE IV werden prinzipiell keine zusätzlichen Programmstart-Disketten (= Access-Disketten) oder Routinen benötigt. Vorausgesetzt, der Anwender hat die Berechtigung zum Zugriff auf dBASE IV und die Anzahl der maximalen Benutzer wurde noch nicht erreicht, läßt sich das Datenbanksystem wie beim Arbeiten mit der Einzelplatzversion laden. Es ist jedoch von Vorteil, wenn ähnlich wie mit dem MS-DOS PATH-Parameter ein Pfad eingerichtet wird. Auf diese Weise ist das dBASE IV-System von jedem logischen Netware-Laufwerk aus zu starten.

Netware stellt hierzu das Kommando MAP zur Verfügung. Im Gegensatz zum MS-DOS PATH-Parameter übernimmt dieses Kommando mehrere Funktionen, die sich im wesentlichen aus der abweichenden Laufwerksgröße ergeben. Beim Arbeiten mit Netware lassen sich achtmal so große Volumes adressieren, wie beim Arbeiten mit MS-DOS. Aus diesem Grund können in der Regel alle Anwendungen auf einem Volume gespeichert werden. Da dieses aber den "Nachteil" hat, daß alle LAN-Teilnehmer prinzipiell zu allen Daten und Programmen Zugang hätten, werden die einzelnen Anwendungen logischen Laufwerken zugeordnet. Dadurch läßt sich die Einrichtung von Arbeitsbereichen für jeden Benutzer hervorragend organisieren. Bis zu 26 Laufwerke, entsprechend den Buchstaben des Alphabets, sind maximal einzurichten. Diese Zahl verringert sich jedoch automatisch um die Anzahl der bereits in der Arbeitsstation physikalisch definierten Laufwerke. In den meisten Fällen sind das die Laufwerke A bis D beziehungsweise E. Um Netware die höchste physikalische Laufwerksbezeichnung mitzuteilen, ist in die CONFIG.SYS-Datei der Parameter

```
LASTDRIVE = <Laufwerksbezeichnung (z.B. C:)>
```

einzufügen. Wird diese Eintragung unterlassen, geht Netware davon aus, daß E: die höchste Laufwerksbezeichnung ist. So ist auch in die AUTOEXEC.BAT-Datei die Laufwerkskennung "F:" einzutragen. Um dBASE IV und seine Unterverzeichnisse logischen Laufwerken zuzuteilen, ist das Kommando MAP zu verwenden. Dementsprechend wird das zur Speicherung der dBASE IV-Systemdateien eingerichtete Verzeichnis \DB4 wie folgt dem logischen Laufwerk "H:" zugeordnet:

```
MAP H:=SYS:DB4
```

Der Zusatz SYS: zur Verzeichnisbezeichnung kennzeichnet das erste Volume eines Servers. Wie die Bezeichnung SYS: bereits signalisiert, handelt es sich hierbei um das erste Volume, auf dem die Netware Systemdateien gespeichert sind. Bis zu 32 Volumes könnte Netware maximal verwalten.

Nachdem dBASE IV einem Volume zugeordnet ist, kann dieses Volume wiederum einzelnen Benutzern zugeteilt werden. In der Regel erfolgt jedoch nur die Zuordnung von Subdirectories, entsprechend den Arbeitsbereichen, zu den einzelnen Benutzern. Das hat außerdem den Vorteil, daß keine unkontrollierbaren Manipulationen an den Systemdateien vorgenommen werden können. Damit dBASE IV jedoch, ohne es mehrmals installieren zu müssen, von jedem Verzeichnis aus geladen werden kann, ist ein Pfad zu deklarieren. Das geschieht wiederum mit Unterstützung der MAP-Anweisung, jedoch um die SEARCH-Option erweitert. Bis zu 16 logische Laufwerke sind maximal als Search-Drives zu definieren. Mit der Anweisung

```
MAP SEARCH3:=H:
```

wird das logische Laufwerk "H:" und damit dBASE IV für alle berechtigten Benutzer zum Aufruf zur Verfügung gestellt. Da außer der eigentlichen Applikation grundsätzlich auch die Netware-Hilfsprogramme von jedem Verzeichnis aus aufzurufen sein sollten, werden diese Laufwerke ebenfalls als Search Drives festgelegt:

```
MAP SEARCH1:=SYS:PUBLIC
MAP SEARCH2:=SYS:LOGIN
```

Alle MAP-Definitionen sind von temporärer Art. Das bedeutet, daß die Einstellungen beim LOGOUT verloren gehen und bei jedem LOGIN erneut vorzunehmen sind. Um die Deklaration zu vereinfachen erlaubt auch Netware die Einrichtung von Stapeldateien, sogenannten Login-Scripts.

Zwei Arten von Login-Scripts - System oder User - lassen sich einrichten. Bei kleinen Netzwerkanwendungen mit festem Teilnehmerkreis, bei dem jeder Benutzer sämtliche Zugangsrechte hat, reicht das allgemeinverbindliche System Login Script (Bild 2-4) aus. Bei größeren Konfigurationen und sehr vielen Teilnehmern, sind individuelle Login Scripts einzurichten.

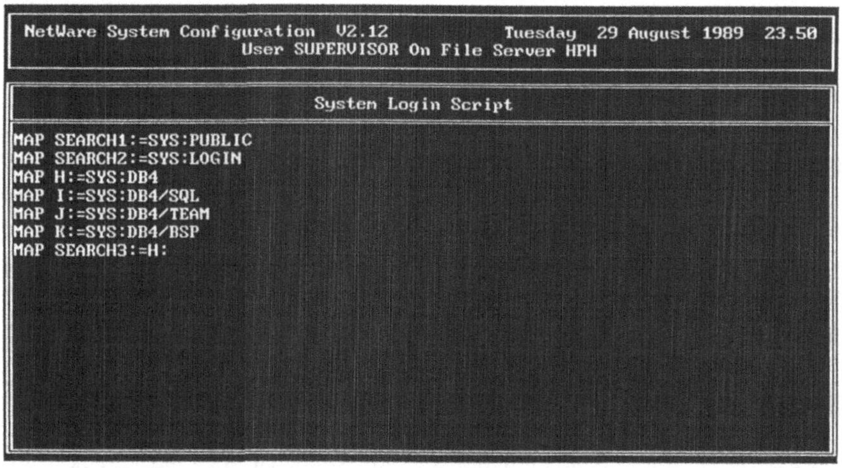

```
NetWare System Configuration  V2.12          Tuesday  29 August 1989  23.50
                  User SUPERVISOR On File Server HPH

                          System Login Script
MAP SEARCH1:=SYS:PUBLIC
MAP SEARCH2:=SYS:LOGIN
MAP H:=SYS:DB4
MAP I:=SYS:DB4/SQL
MAP J:=SYS:DB4/TEAM
MAP K:=SYS:DB4/BSP
MAP SEARCH3:=H:
```

Bild 2-4: System Login Script

Die Deklaration eines System Login Scripts erfolgt über das Netware-Hilfsprogramm SYSCON. Dieses läßt sich in der Regel nur mit der Supervisor-Berechtigung laden. Zur Aktivierung der Option ist über das SYSCON-Hauptmenü "Available Topics" die Funktion "Supervisor Options" und anschließend "System Login Script" auszuwählen. Neben den MAP's lassen sich zahlreiche weitere Vereinbarungen mittels eines Login-Scripts treffen. Dazu gehört auch die Zuordnung beziehungsweise Umleitung der auf einen lokalen Drucker gesendeten Druckausgabe. Hierzu ist das im Bild 2-4 dargestellte Login-Script um die CAPTURE-Anweisung

```
CAPTURE L=2 TI=2
```

zu ergänzen. Über den Parameter "L" wird dem System mitgeteilt, welche lokale (= L) Druckausgabe umzuleiten ist. Die Zahl hinter dem "L"-Parameter kennzeichnet die parallele Schnittstelle (1 = LPT1, 2 = LPTS, 3 = LPT3). Der Parameter TI (= Timeout) stellt sicher, daß nach der Druckausgabe ein ENDCAP durchgeführt und damit die CAPTURE-Umleitung aufgehoben wird. Die "2" hinter "TI" steht für zwei Sekunden und teilt dem System den Zeitraum, nach dem ein ENDCAP auszuführen ist, mit. Der maximale Wert ist 1000 und die Voreinstellung (= Default-Wert) gleich Null.

Das Login Script wird nach der Eingabe des Login-Namens selbsttätig aktiviert und die MAP's beziehungsweise Aktivitäten am Bildschirm angezeigt. Mittels MAP lassen sich auch während der Verarbeitung weitere logische Laufwerke zuordnen. Um eine Übersicht über die durchgeführten MAP's zu erhalten, ist nur das gleichnamige Kommando am Prompt einzugeben.

2.3 Anwendung/Datenbasis einrichten

Erst nachdem sämtliche dBASE IV-Systemdateien auf dem File Server eingerichtet und die Startroutinen definiert sind, sollte die Übertragung der Anwendungsprogramme und der Datenbankdateien auf den File Server durchgeführt werden. Hierfür sind zuerst die benötigten Directories und Sub-Directories auf dem File Server einzurichten. Das Kommando zur Einrichtung der Verzeichnisse auf dem File Server ist beim Einsatz von Netware identisch zum Arbeiten mit MS-DOS. Gerade beim Arbeiten in einer Mehrbenutzerumgebung ist es wichtig, daß die Anwendungsbereiche klar strukturiert sind. Um die diesem Buch beigefügte Beispielapplikation zum "Termin- und Aufgaben-Management" auf dem File-Server zu installieren, empfiehlt es sich folgendes dBASE IV-Unterverzeichnis anzulegen:

```
H:\DB4->MD TEAM

H:\DB4->MAP J:=SYS:DB4\TEAM

H:\DB4->J
```

und anschließend mit dem NCOPY-Kommando die TEAM-Dateien in den Sub-Directory zu transferieren:

```
J:\DB4\TEAM->NCOPY A:*.*
```

Zum sofortigen Aufruf des Unterverzeichnisses bei weiteren LAN-Aktivitäten ist dieses Verzeichnis über ein Login-Script einem logischen Laufwerk zuzuordnen.

Das User Login Script

Im Gegensatz zu den System Login Scripts beziehen sich User Login Scripts nur auf einen bestimmten LAN-Benutzer, wobei die Zuordnung sich nicht auf eine Person, sondern einen Benutzernamen bezieht. Deklariert wird das User Login Script ebenfalls über das Netware Konfigurationsprogramm SYSCON. Aus dem "Available Topics"-Menü ist hierzu die Option "User Information" zu wählen. Anschließend öffnet sich am Bildschirm ein Fenster, daß alle eingetragenen Benutzer wiedergibt. Durch Auswahl eines bereits angelegten oder Definition eines neuen Benutzers gelangt man in das Untermenü "User Information". Über die Option "Login Script" kann ein bereits vorhandenes geändert oder ein neues angelegt werden.

Persönliche CONFIG.DB-Datei

Genauso, wie sich die Netzwerkumgebung spezifischen Anforderungen anpassen läßt, kann auch dBASE IV für jede Arbeitsstation oder jeden Benutzer individuell konfiguriert werden. Hierzu sind verschiedene dBASE-Konfigurationsdateien (= CONFIG.DB-Files) auf dem File Server einzurichten. Beim Ladevorgang sucht dBASE IV immer zuerst im aktuellen Verzeichnis nach der CONFIG.DB-Datei. Durch die Einrichtung individueller Unterverzeichnisse lassen sich deshalb fast beliebig viele solcher Dateien einrichten. Im Gegensatz zum Einsatz der Einzelplatzversion wird die CONFIG.DB-Datei deshalb bei der Installation nicht automatisch erstellt.

Damit beispielsweise drei Anwender beim Arbeiten mit dem Beispielprogramm TEAM auf unterschiedlich konfigurierte CONFIG.DB-Dateien zugreifen können, sind die Unterverzeichnisse

```
\DB4\TEAM\USER1
\DB4\TEAM\USER2
\DB4\TEAM\USER3
```

einzurichten und anschließend mit dem MAP-Kommando diese logischen Laufwerken zuzuordnen:

```
MAP L:=SYS:DB4\TEAM\USER1
MAP M:=SYS:DB4\TEAM\USER2
MAP N:=SYS:DB4\TEAM\USER3
```

Danach ist in das jeweilige Verzeichnis durch Eingabe der entsprechenden Laufwerkskennung zu verzweigen und das dBASE-Konfigurationsprogramm DBSETUP zu aktivieren. Menügeführt lassen sich nun die CONFIG.DB-

Dateien einrichten (Bild 2-5). Alternativ können geübte Anwender die notwendigen Voreinstellungen auch direkt über einen Texteditor in die CONFIG.DB-Datei eintragen.

```
Funktion  Parameter  Bildschirm  Tasten  Datei  Speicher  Ausgabe  Ende

AUTOSAVE      Autom. Speicherung  OFF
BLOCKSIZE             Blockgröße  {1}
CARRY                Übernehmen  ON
DELETED              Löschmarken  OFF
ENCRYPTION      Verschlüsselung  ON
EXACT                  Identisch  OFF
EXCLUSIVE               Exklusiv  OFF
EXPSIZE                   Größe  {100}
FULLPATH              Gesamtpfad  ON
INDEXBYTES           Indexpuffer  {63}
LOCK                     Sperren  ON
NEAR                  Annähernd  OFF
UNIQUE               Erstnennung  OFF

CONFIGdB | J:\db4\TEAM          | Opt: 7/13 | Festplatte |
     Anwählen: ↑↓   Auswahl: LEERTASTE   Eingabe: ←┘   Standard: ENTF
  Ein: Netzwerkdateien können nur von jeweils einem Benutzer bearbeitet werden
```

Bild 2-5: Menü des Programms DBSETUP

Das Hilfsprogramm DBSETUP gliedert die Funktionen in sieben Bereiche, und stellt diese über Menüoptionen zur Verfügung. Nachfolgend wird auf die wichtigsten Unterfunktionen, insbesondere für den Einsatz von dBASE IV im LAN, der einzelnen Bereiche eingegangen.

Bereich "Funktion"

Die 13 Parameter dieses Bereiches beziehen sich ausschließlich auf die Datenbankverarbeitung. Mit dem neuen dBASE IV-Parameter SET AUTOSAVE läßt sich eine höchstmögliche Datensicherheit erreichen. Steht der Schalter auf ON, werden sämtliche Veränderungen an einem Datensatz sofort auf den Datenträger geschrieben und nicht erst im Hauptspeicher zwischengespeichert. Die Schalterstellung OFF des SET ENCRYPTION-Parameters ermöglicht verschlüsselt gespeicherte Datenbankdateien in eine neue unverschlüsselte DBF-Datei zu kopieren. Lediglich immer nur ein Benutzer kann auf die Eintragungen in einer Datenbankdatei zugreifen, wenn der Parameter SET EXCLUSIVE auf ON geschaltet ist. Beim Einsatz von Single User-Applikationen in einem LAN, lassen sich außerdem mit dem Parameter SET LOCK ON automatisch die Satzsperrfunktionen von dBASE IV aktivieren.

Bereich "Parameter"

Über diesen Bereich werden allgemeine Vorgaben für das Arbeiten mit dem dBASE IV-System definiert. Hierzu gehören unter anderem die Konfiguration der nationalen Darstellung der Uhrzeit (SET HOURS), des Datums (SET DATE GERMAN) und des Währungsbetrages (SET POINT, SET SEPARATOR). Auch ein individueller Editor zur Codierung von dBASE-Programmen (TEDIT = ...) oder ein Textsystem (WP = ...) für die Eingaben in das Memo-Feld sind einzutragen. Außerdem kann hier die Zeilenlänge zur Ausgabe des Memofeldinhaltes (SET MEMOWIDTH) bestimmt werden.

Bereich "Bildschirm"

Anwender, deren PC mit einem Color-Monitor ausgestattet ist, können sieben verschiedene Farbeinstellungen optisch über diese Funktionen auswählen.

Bereich "Tasten"

Statt mit dem SET FUNCTION-Parameter, lassen sich hierüber per Menü Funktionstasten mit Kommandos oder Eingabehilfen belegen. In Verbindung mit der [CTRL]- oder [SHIFT]-Taste können bis zu 28 Funktionstasten individuell belegt werden.

Bereich "Datei"

Die wichtigste Einstellung, um später auch die TEAM-Applikation aus dem individuellen Unterverzeichnis heraus aktivieren zu können, ist Default = J. Außerdem läßt sich damit der Wert für die maximal gleichzeitig geöffneten Dateien, im LAN sollten das unbedingt 99 sein, einstellen. Vor unkontrolliertem Überschreiben einer Datei schützt der SAFETY ON-Parameter. Die Bildschirmausgabe in einer Textdatei zu speichern erlaubt SET ALTERNATE. Auch die Verzeichnisse für die SQL-Systemdateien und -Datenbank lassen sich hierüber zuordnen.

Bereich "Speicher"

Alle systemnahen Einstellungen sind in diesem Bereich, aber nur von erfahrenen Benutzern, zu vereinbaren. Des weiteren läßt sich damit die Arbeitsweise von zwei LAN-Parametern SET REFRESH und SET REPROCESS steuern. Der REFRESH zugeordnete Wert gibt Auskunft über die Intervalle, in denen der Inhalt der Arbeitsplatzbildschirme bei bestimmten Konstellationen erneuert wird. Die REPROCESS zugeordnete Zahl bestimmt, wie oft auf einen gesperrten Datensatz oder eine gesperrte Datei zugegriffen werden soll, wenn dieser oder diese von einem anderen Benutzer belegt ist.

Bereich "Ausgabe"

Die Parameter dieses Bereiches steuern die Bildschirmdarstellung und die Druckausgabe. Die Ausgabe von Informationen am Bildschirm läßt sich mit SET CONSOLE OFF unterdrücken. Auswirkung auf die Bildschirmaktualisierung hat die Funktion FASTCRT. Die Ausgabe von Daten entweder an den Drucker oder auf den Bildschirm läßt sich mit SET DEVICE TO SCREEN oder SET DEVICE TO PRINT regeln. Die Druckoption standardmäßig ein- oder auszuschalten ist mit SET PRINT ON/OFF realisierbar. Zusätzlich können über diese Funktion bis zu vier Druckertreiber (Bild 2-6) ausgewählt, Druckerschnittstellen zugeordnet und ein Default-Printer bestimmt werden. Außerdem sind für den ausgewählten Standardtreiber spezielle Schriftfonts durch Eintrag der Initialisierungsparameter zu wählen.

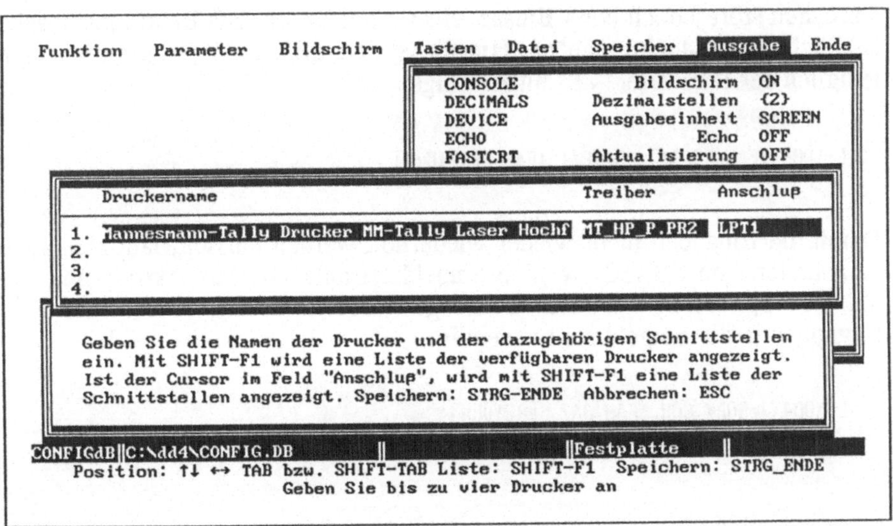

Bild 2-6: Auswahl von Druckertreibern und Schnittstellen

Damit dBASE IV beim Laden die individuelle Einstellung berücksichtigt, ist die Applikation aus dem entsprechenden Verzeichnis zu starten. Wird hierfür eine Stapeldatei eingesetzt, können die Einstellungen auch aus jedem anderen Verzeichnis heraus genutzt werden.

Stapeldatei einrichten

Um in das dBASE IV-Regiezentrum oder die dBASE IV-Befehlsebene zu gelangen, ist das Datenbanksystem standardmäßig mit der Anweisung

```
L:\DB4\TEAM\USER1->DBASE [RETURN]
```

aufzurufen. Es kann aber auch sofort in eine dBASE IV-Applikation (z.B. TEAM) verzweigt werden. In diesem Fall ist der Name der Applikation hinter dem dBASE IV-Programmnamen anzugeben:

```
L:\DB4\TEAM\USER1->DBASE TEAM [RETURN]
```

In beiden Fällen meldet sich dBASE IV zuerst mit einer Maske die ausführlich auf die Lizenzbestimmungen hinweist. Diese verschwindet mit Betätigen der RETURN-Taste bzw. nach Ablauf einer gewissen Zeitspanne. Dieses Verhalten stört jedoch beim Einsatz einer Applikation. Die Eröffnungsmaske läßt sich jedoch auch umgehen. Hierfür ist dem dBASE IV-Programmnamen lediglich der Parameter "/T" hinzuzufügen:

```
L:\DB4\TEAM\USER1->DBASE/T TEAM [RETURN]
```

Damit die Eingaben nicht wieder wiederholt werden müssen, läßt sich auch zum Laden von dBASE IV eine Stapeldatei anlegen. Zur Aktivierung der TEAM-Applikation von einem beliebigen Laufwerk aus, sind folgende Eintragungen in der Stapeldatei notwendig:

```
L:\DB4\->COPY CON TEAM.BAT [RETURN]

J:
DBASE/T TEAM
```

Abgespeichert werden die Eintragungen durch Betätigung der [STRG]- und [Z]-Taste. Es ist darauf zu achten, daß die Datei im dBASE IV-Hauptverzeichnis eingerichtet wird.

3 Datenschutz und Datensicherheit

Beim Arbeiten in einem lokalen Netzwerk können wesentlich mehr Störungen und Probleme als beim Einzelplatzbetrieb auftreten. Um diese wirksam zu umgehen, bieten sowohl Novell Netware als auch dBASE IV zahlreiche Schutzmechanismen an. Diese lassen sich grundsätzlich in zwei Hauptgruppen unterteilen:

dem Datenschutz und

der Datensicherheit.

Unter Datenschutzfunktionen werden alle anwendungsbezogenen Mechanismen verstanden, die den Benutzerzugriff auf die gespeicherten Informationen regeln. Dazu gehören unter anderem Anmeldeschutzsysteme und anwendungs-, datei-, satz- und feldbezogene Zugriffsberechtigungen (Kapitel 3.1).

Die Funktionen zur Sicherstellung der Datenintegrität und der physikalischen Sicherheit der gespeicherten Informationen sind in der zweiten Gruppe - Datensicherheit - (Kapitel 3.2/3.3) zusammengefaßt.

3.1 PROTECT regelt den Benutzerzugang

Der entscheidende Vorteil einer Mehrbenutzerlösung ist der Zugriff auf den zentral gespeicherten Datenbestand von den verschiedensten Arbeitsplätzen aus. Hieraus resultiert allerdings auch eine sehr große Gefahr, denn beim Fehlen entsprechender Schutzeinrichtungen kann jeder Benutzer auf alle gespeicherten Informationen zugreifen. Im schlimmsten Fall führt es dazu, daß ein Mitarbeiter Daten zu seinem finanziellen Vorteil verändert, ohne daß dieses jemals bemerkt werden kann. Um solche Manipulationen auszuschließen, bietet sowohl Novell Netware als auch dBASE IV zahlreiche Zutrittsschutzmechanismen an.

Netware-Zugangsschutz

Der generelle Zugriff auf die dBASE IV-Systemroutinen, die auf dem File Server gespeichert sind, läßt sich bereits auf der Basis des Novell Netware LAN-Betriebssystems regeln. Hierfür bietet Netware einen vierstufigen Zugangsschutz an. Die vier Ebenen sind wie folgt:

1. Login/Paßwort-Schutz ("Login/Password security")
2. Teilnehmer-Schutz ("Trustee security")
3. Verzeichnis-Schutz ("Directory security")
4. Dateizugriffs-Schutz ("File/Directory attributes security")

Zusätzlich kann auch noch für jeden Benutzer der Zeitraum für die LAN-Zugriffe ("Time Restrictions") vergeben, sowie die Anzahl der Login-Arbeitsstationen ("Station Restrictions") begrenzt werden. Dadurch läßt sich der Zugriff auf die allgemeinen Geschäftszeiten und Orte begrenzen. Durch Zuordnung von Zeiträumen zu Paßwörtern/Benutzern kann außerdem ein sehr flexibles und wirksames Einlogsystem aufgebaut werden.

Einrichten kann das Netware-Benutzerprofil ausschließlich der Supervisor, da nur er die hierfür notwendige Berechtigung zum unbegrenzten Zugriff auf das Hilfsprogramm SYSCON besitzt. Um sofort nach dem Login in das Netzwerk auf die dBASE IV-File-Server-Software zugreifen zu können, ist wie nachfolgend beschrieben zu verfahren.

1. Einloggen in das System als "Supervisor"

Abgefragt wird die Berechtigung über das gleichnamige Netware Login-Programm beim Aktivieren einer Arbeitsstation:

```
Enter your login name:  SUPERVISOR  [RETURN] *)
```

*) und anschließend das entsprechende Supervisor-Paßwort.

2. Aktivieren des SYSCON-Hilfsprogramms

In der Regel meldet sich Novell Netware anschließend mit der Eingabeaufforderung F:\SYSTEM-> am Bildschirm der Arbeitsstation. Um das notwendige Hilfsprogramm zu laden, ist nach dem Prompt

```
F:\SYSTEM-> SYSCON  [RETURN]
```

einzugeben. Nunmehr lassen sich alle Eingaben menügeführt vornehmen. Zuerst ist aus dem Syscon-Hauptmenü - "Available Topics" - die Option "User Information" zum Anlegen eines Benutzers zu wählen.

3. Anlegen eines neuen Benutzers

Das nach dem Aktivieren der Option geöffnete Fenster zeigt alle bereits eingetragenen Benutzer an. Um einen neuen Benutzer hinzufügen ist die [Ins]-Taste zu drücken und ein Synonym einzutragen:

```
User Name: HPH
```

Der Lichtbalken wird danach auf dem neuen Benutzerkürzel im User-Fenster belassen und die [RETURN]-Taste gedrückt. Es lassen sich nun zahlreiche spezifische Benutzerinformationen (Bild 3-1) hinzufügen. Um einen wirksamen Zutrittsschutz zu dBASE IV zu erreichen, sind unbedingt einzutragen:

Art	Option
Ein Paßwort	Change Password
Hinweis auf BenutzerFull	Name
Zuordnung zu einer Benutzergruppe (z.B. DBASE IV)	Groups Belonged To
Zuordnung einer Startdatei (Ähnlich der AUTOEXEC.BAT-Datei)	Login Script

Alle auf diese Weise definierten Benutzer besitzen nur reduzierte Zugriffsrechte, wie den Aufruf einiger Netware-Utilities oder die Benutzung der Electronic-Mail-Funktion. Um diesen Benutzern den Zugriff auf ein bestimmtes Verzeichnis (z.B. DB4\TEAM) zu erlauben, müssen ihm spezifische "Trustee"-Rechte zugeteilt werden. "Trustee"-Rechte lassen sich über die Zuordnung zu einer Gruppe ("Group-Trustee's") oder direkt für einen Benutzer einrichten.

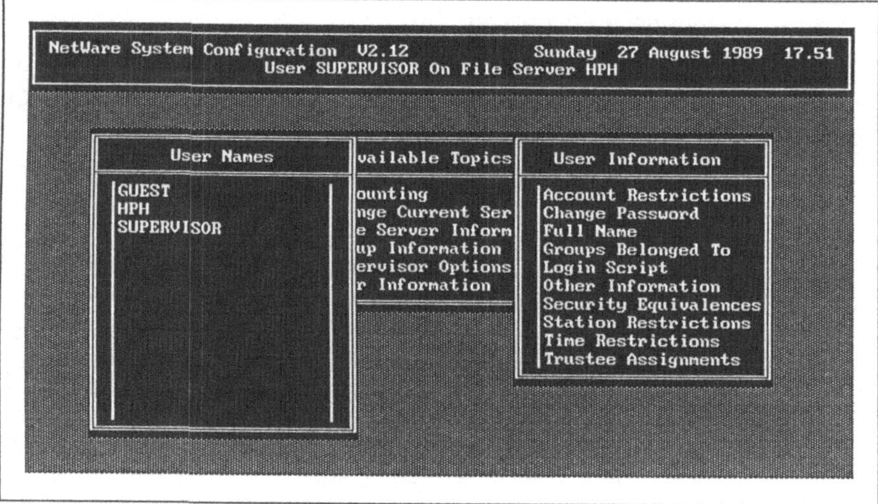

Bild 3-1: Einrichten eines neuen Benutzers

dBASE IV-Zugangsberechtigung

Zusätzlich zu den Novell Netware-Zugangsschutz-Optionen bietet dBASE IV ein eigenes Datenschutzsystem an. Das Hilfsprogramm trägt die Bezeichnung "PROTECT" und ist im Gegensatz zur dBase III Plus- Variante sowohl im Einzel- als auch Mehrbenutzerbetrieb anzuwenden. War für den Aufruf von PROTECT, bei Einsatz von dBase III Plus, noch auf die DOS-Befehlsebene zu verzweigen, so kann das Hilfsprogramm nunmehr sowohl direkt von der dBASE IV-Menüebene - Option: Diverses/Zugriffsschutz - (Bild 3-2) als auch von der dBASE IV-Befehlsebene mit

```
.PROTECT
```

aktiviert werden. Mit Unterstützung des Hilfsprogramms lassen sich drei Arten des Datenschutzes realisieren.

- Anmeldeschutz
- Datei- und Feld-Zugriffsschutz sowie
- Datenverschlüsselung

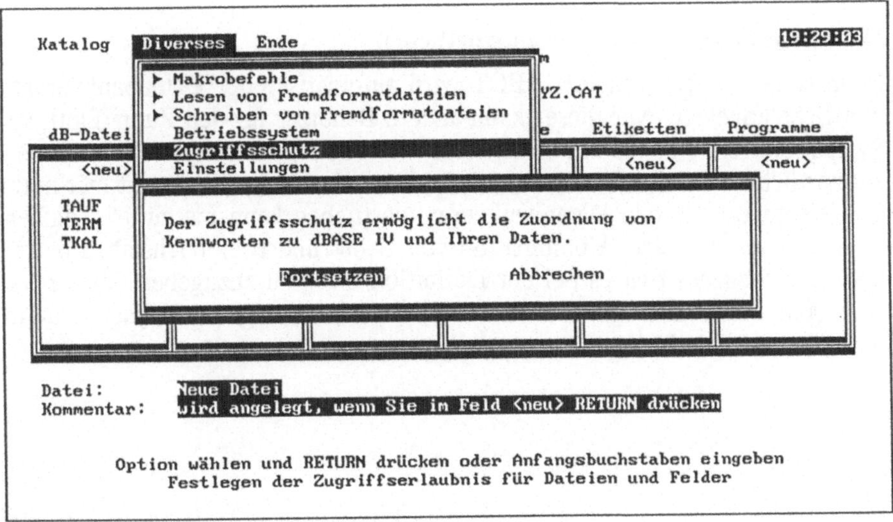

Bild 3-2: Das Programm PROTECT

In der Praxis müssen jedoch nicht alle Funktionen verwendet werden. So lassen sich der Anmeldeschutz und die Datenverschlüsselung auch ohne die Definition von Datei- und Feld-Zugriffsprivilegien anwenden. Allerdings kann der Zugriffsschutz nicht unabhängig von den beiden anderen Funktionen eingesetzt werden. Damit die Inbetriebnahme der PROTECT-Datenschutzfunktionen zu dem gewünschten Erfolg, und nicht zu einem Chaos führt, sind vorab klare organisatorische Richtlinien aufzustellen. Von einer ad-hoc-Anwendung der Option ist unbedingt abzusehen.

Sämtliche Protect-Definitionen sind menügesteuert vorzunehmen. Die einzelnen Varianten und Funktionen werden nachfolgend ausführlich beschrieben. Zuvor jedoch noch ein wichtiger Hinweis:

Der Einsatz von PROTECT ist für das ganze System verbindlich. Das bedeutet, daß jeweils nach dem Laden von dBASE IV die Anmelderoutine durchlaufen werden muß. Lediglich einzelne Applikationen lassen sich mit PROTECT nicht schützen. Also auch nicht solche, die gemeinsam mit einem Runtime-System betrieben werden. Beim Arbeiten mit PROTECT führt der Weg immer über das dBASE IV-Vollsystem. Um jedoch nur, oder auch, eine einzelne Applikation vor unbefugtem Zugriff zu schützen, ist es vorteilhafter einen individuellen Zugriffsschutz zu programmieren. Das wird insbesondere auch dann erforderlich, wenn die dBase- Applikation in Verbindung mit einer anderen Datenbank-Sprache ausgeführt werden soll. Ein Beispiel für einen Anmeldeschutz zeigt die Applikation TEAM im letzten Kapitel dieses Buches.

Definition des Datenbankverantwortlichen

Beim ersten Aufruf von PROTECT wird automatisch der Datenbankverantwortliche angelegt. Nur dieser kann andere Benutzer für den Zugriff auf das System einrichten. Wie alle Schutzmaßnahmen, ist auch der Datenbankverantwortliche nicht durch eine Person, sondern durch das Kennwort markiert. Das Kennwort für den Datenbankverantwortlichen kann bis zu 16 Zeichen lang sein und aus einer Kombination von Groß- und Kleinbuchstaben bestehen. Zur Sicherheit ist es bei der Definition zweimal anzugeben (Bild 3-3). Nur wenn beide Eintragungen übereinstimmen verzweigt das Hilfsprogramm in die Definitionsebene.

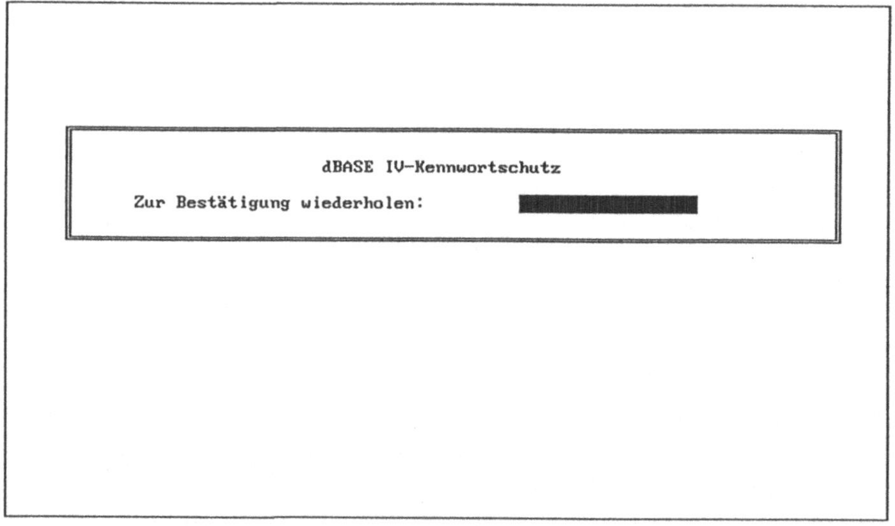

Bild 3-3: Anmeldung des Datenbankverantwortlichen

Je länger ein Kennwort ist, desto größer ist die Wahrscheinlichkeit, daß es nicht von unbefugten Dritten ermittelt werden kann. Zusätzlich erhöht die unregelmäßige Kombination von Klein- und Großbuchstaben in einem Wort die Entschlüsselungssicherheit. Das Kennwort läßt sich über die Systemfunktionen nicht ermitteln. Es sollte deshalb unbedingt schriftlich festgehalten und an einem sicheren Ort hinterlegt werden.

Nach zweimaliger Eingabe des Kennwortes wird automatisch in den Definitionsbildschirm verzweigt. Bei allen weiteren Aktivitäten hat der Benutzer jeweils maximal drei Versuche, um das richtige Kennwort für den Zugriff auf das Menüsystem einzugeben. Stimmt das eingetragene Kennwort auch beim dritten Versuch nicht mit der Vorgabe überein, schaltet sich dBASE IV automatisch ab und verzweigt auf die Systemebene.

Der generelle Anmeldeschutz

Zur Regelung des Benutzerzugangs zu dBASE IV, beziehungsweise einer dBASE IV-Applikation, lassen sich über die "Benutzer"-Option (Bild 3-4) individuelle Benutzerprofile festlegen. Die Definition ist denkbar einfach und kann jederzeit, im Gegensatz zu den Datei-Zugriffsprivilegien, geändert oder gelöscht werden.

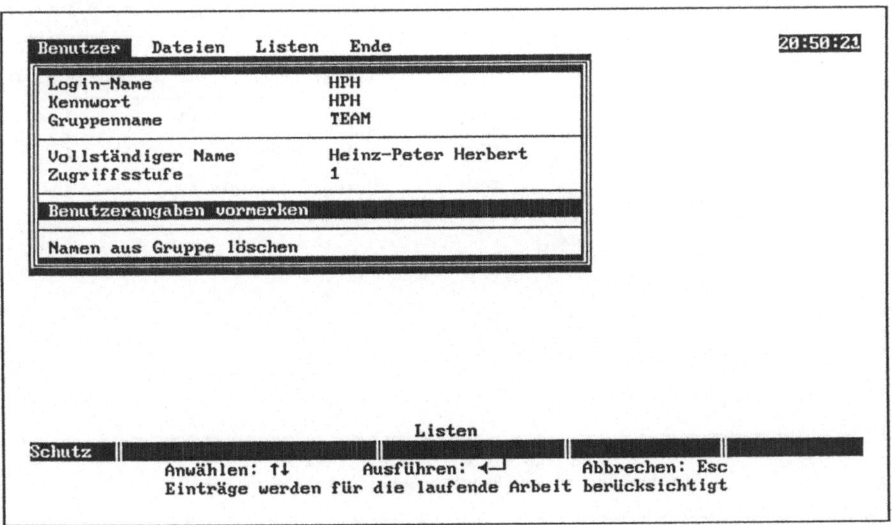

Bild 3-4: Anlegen eines Benutzerprofiles

Zuerst ist ein individueller Login-Name und anschließend ein Kennwort einzugeben. Der Login-Name kann maximal acht Stellen lang sein und wird automatisch in Großbuchstaben umgewandelt. Anhand des Login-Namens prüft das System beim späteren "einloggen" das Kennwort ab. Das Kennwort läßt sich aus maximal 16 Groß- und Kleinbuchstaben zusammensetzen.

Jeder Benutzer ist einer Anwendergruppe, in der Regel einer Applikation, zuzuordnen. Der maximal acht Stellen lange Gruppenname korrespondiert mit dem Dateiprofil und grenzt im Prinzip den Zugriff auf eine Datei beziehungsweise Gruppe von Datenbankdateien ein. Auch die Zugriffsstufe steht in Verbindung mit dem Dateiprofil. Entsprechend der gewählten Stufe (Spektrum 1 - 8) regelt sich der Feldzugriff. Sowohl der Gruppenname als auch die Zugriffsstufe sind solange ohne Bedeutung, bis ein Dateiprofil eingerichtet wurde.

Zur leichteren Zuordnung eines über den "Benutzerinformations"-Bericht (Bild 3-5) ausgegebenen Benutzerprofils dient der maximal 24 Zeichen lange Benutzername. Dieser Bericht läßt sich entweder am Bildschirm anzeigen oder über einen Drucker ausgeben. Im Gegensatz zum "Dateiinformations"-Bericht kann er beliebig oft erstellt und ausgedruckt werden.

Benutzer Dateien **Listen** Ende 20:54:19

Benutzer	Kennwort	Gruppe	vollst. Name	Stufe
HPH	HPH	TEAM	Heinz-Peter Herbert	1
XYZ	XYZ	TEAM	Ina Herbert	1
VIEWEG	Vieweg	TEAM	Wolfgang Dumke	1
KOEN	STE	TEAM	Kunigunda Herbert	1
MICKY	Maus	TEAM	Joachim Tennigkeit	1
DOC	Doc	TEAM	Dr. Klockenbusch	1

Schutz

Weiter mit beliebiger Taste

Anzeige der in der Benutzerdatei enthaltenen Namen

Bild 3-5: Liste der eingetragenen Benutzer

Sämtliche mittels PROTECT generierten Benutzerprofile verwaltet dBASE IV verschlüsselt in der Datei "DBSYSTEM.DB" im dBASE IV-Hauptverzeichnis. Bei dieser Datei handelt es sich um eine "normale" DOS-Datei die sich nicht entschlüsseln, jedoch von jedem Benutzer löschen läßt. Um diese Gefahr zu mindern, sollte die Datei "unsichtbar" (Hidden-File) gemacht und auf "read-only" (R/O) gesetzt werden. Allerdings ist auch das kein endgültiger Schutz.

Die Berechtigungsstufen eines Benutzers lassen sich auch in Verbindung mit individuellen Applikationen nutzen. Im dBase-Sprachumfang ist hierfür die Funktion ACCESS() implementiert. Der Einsatz dieser Funktion wird im nächsten Kapitel ausführlich am Beispiel der TEAM-Applikation erläutert.

Der Dateien- und Felder-Zugriffsschutz

Optional ist beim Arbeiten mit PROTECT die Funktion zur Vergabe des Zugriffsschutzes auf Datenbankdateien und -felder anzuwenden. Die Einrichtung der Privilegien erfordert im Gegensatz zur Festlegung des Anmeldeschutzes eine exakte Planung. Das dBASE IV-Handbuch "Netz" enthält hierfür ein Formular, das zu reproduzieren ist, und für das Design verwendet werden sollte. Bei der Vergabe der Privilegien ist außerdem zu beachten, daß sich die gespeicherten Definitionen nur mit sehr großem Aufwand verändern lassen. Damit der Datenbankverwalter auf alle Datenbankdateien und -felder Zugriff hat, sollte er sich überall mit der höchsten Stufe zuordnen.

Bei der Vergabe der Zugriffsberechtigungen sind zahlreiche Varianten denkbar. Bereits bei einer Datenbankdatei mit nur einem Dutzend Datenfeldern ergeben sich mehrere 1000 Möglichkeiten der Privilegiendefinition. Zu beachten ist, daß die Stufe 1 die höchste und die Stufe 8 die niedrigste ist. Leider orientieren sich die vier Feldattribute - Nur lesen, Bearbeiten, Hinzufügen, Löschen - nicht daran. Das birgt die Gefahr in sich, daß ein Stufe 8-Benutzer sämtliche Privilegien für die Feldbearbeitung erhält.

Sämtliche Definition sind gezielt für jeweils eine Datei vorzunehmen. Die zur Verfügung stehenden Datenbankdateien werden automatisch über ein Hilfsfenster bei Aktivierung der Funktion "Neue Datei" eingeblendet. Die Auswahl der Datenbankdatei geschieht durch Positionierung des Lichtbalkens auf das benötigte File (Bild 3-6). Anschließend ist die Datei einer Gruppe zuzuordnen (z.B. TEAM). Der Gruppenname kann maximal acht Zeichen lang sein und korrespondiert mit dem Gruppennamen der Benutzerprivilegien. Unbedingt zu beachten ist, daß sich eine Datenbankdatei immer nur einer Benutzergruppe zuweisen läßt.

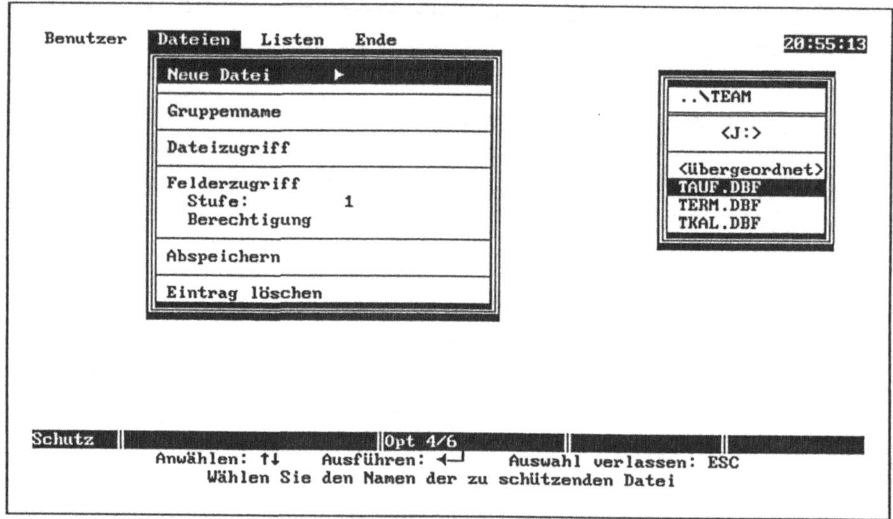

Bild 3-6: Einrichten eines Dateischutzes

Im nächsten Schritt erfolgt die Festlegung der Zugriffsstufen für die Dateizugriffsattribute (Bild 3-7). Auch hier ist wieder 1 die höchste und 8 die niedrigste Stufe. Zur Definition werden die vier Zugriffsarten über ein Hilfsfenster am Bildschirm angezeigt. Mittels der Cursor-Tasten ist der Wert zu verändern. Die einzelnen Attribute haben folgende Bedeutung:

Dateiattribut	Bedeutung
Nur Lesen	Der Benutzer hat das Recht den Inhalt einer Datei, in Abhängigkeit von der Zugriffsstufe zu lesen (z.B. BROWSE-Befehl).
Bearbeiten	Diese Option bezieht sich auf das Verändern des Dateiinhaltes. Entsprechend der Zugriffsstufe wird unter anderem die Anwendung des EDIT-Kommandos beeinflußt.

Hinzufügen — Diese Funktion bezieht sich im wesentlichen auf die Anwendung des APPEND-Befehls und erlaubt oder verhindert das Hinzufügen von neuen Datensätzen.

Löschen — Durch Abfrage der Zugriffsstufe kann die Anwendung der Kommandos ZAP und PACK beeinflußt werden.

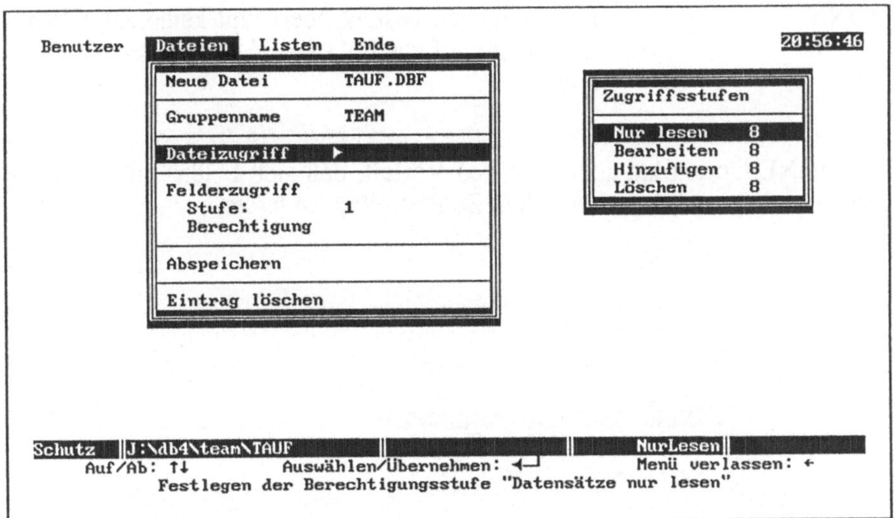

Bild 3-7: Festlegen der Dateizugriffsrechte

Die Dateizugriffsstufe korrespondiert mit der im Benutzerprofil eingetragenen Zugriffsstufe. Wurde beispielsweise für das Attribut "Hinzufügen" die Berechtigung 4 vergeben, so können nur Benutzer mit der Zugriffsstufe 1 bis 4 dieser Datenbankdatei Datensätze hinzufügen. Dagegen sind Benutzer mit einer Zugriffsberechtigung von 5 bis 8 davon ausgeschlossen.

Zusätzlich zu den Dateiattributen bietet PROTECT die Möglichkeit gezielt Feldzugriffsprivilegien zu vereinbaren. Auf diese Weise kann für alle Benutzer (Stufe 8) ein grundsätzliches Recht zum Lesen von Dateiinhalten vergeben werden. Anschließend läßt sich diese dann feldbezogen einschränken. Das hat den Vorteil einer noch individuelleren und flexibleren Vergabe von Privilegien.

Auch in diesem Fall stehen acht Zugriffsstufen zur Auswahl. Die gewählte Zugriffsstufe korrespondiert mit den vorher definierten Dateizugriffsstufen. Außerdem ist zwischen drei Feldzugriffsattributen (Bild 3-8) zu unterscheiden. Diese haben folgende Bedeutung:

Feldattribut	Bedeutung
FULL	Der Inhalt des Feldes kann sowohl gelesen als auch bearbeitet werden.
R/O	(Read-Only bzw. Nur Lesen). Der Inhalt des Feldes läßt sich nur einsehen.
NONE	In diesem Fall besteht überhaupt keine Zugriffsberechtigung auf das Feld beziehungsweise den Feldinhalt.

Die NONE-Option hat außerdem den Vorteil, daß sich Felder mit Steuerinformationen grundsätzlich vor dem Zugriff schützen lassen.

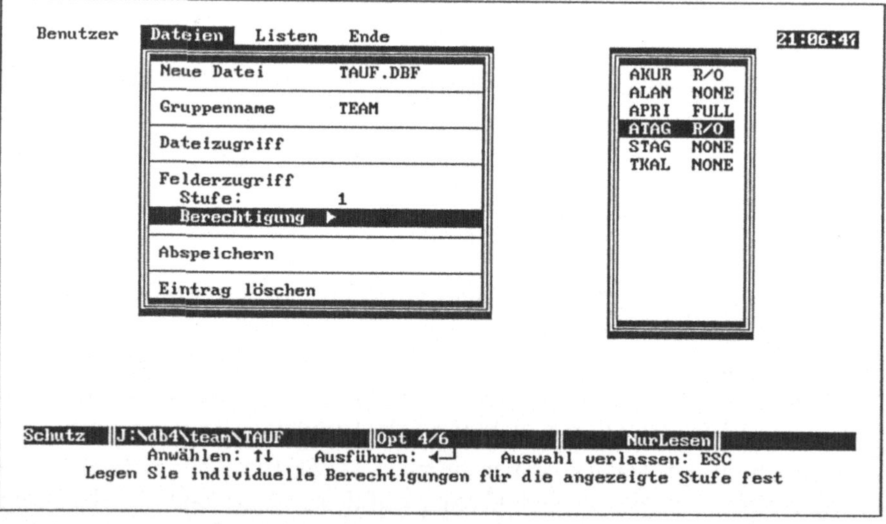

Bild 3-8: Festlegen der Feldzugriffsrechte

Die Dateizugriffsberechtigungen haben eine höhere Priorität als die Feldzugriffsberechtigungen. Wurde eine Datei auf "Nur Lesen" gesetzt, so kann ein Feld auch dann nicht bearbeitet werden, wenn mit "FULL" sämtliche Rechte zugeordnet wurden. Die mittels PROTECT vergebenen Dateizugriffsattribute setzen allerdings eine über Novell Netware definierte "read-only"-Berechtigung nicht außer Kraft.

Automatische Datenverschlüsselung

Die Anwendung der PROTECT-Option zur Regelung des Dateien- und Felder-Zugriff's führt automatisch zur Verschlüsselung der entsprechenden Datenbankdateien (.DBF-Kennung) und dem Übergang zu den Datenbanktextdateien (.DBT-Kennung = Memo-Feld-Inhalte). Diese Funktion bezieht sich ausschließlich auf Dateien für die ein Profil erstellt wurde. Die Anwendung von PROTECT führt nicht automatisch zur generellen Dateiverschlüsselung. Nur bei Datenbankdateien für die ausdrücklich ein Profil erstellt wurde, ist sichergestellt, daß diese beim unberechtigten Kopieren vom File-Server auf einen anderen Datenträger, nicht einzusehen sind.

Bei der erstmaligen Verschlüsselung der Datendateien wird jedoch nicht die Original .DBF- und/oder .DBT-Datei verschlüsselt, sondern es werden zusätzliche verschlüsselte Dateien angelegt, die Informationen über die Zugriffsregelung enthalten. Die Kopie der verschlüsselten .DBF-Datei ist mit der Kennung .CRP für encrypted und die der .DBT-Datei mit der Erweiterung .CPT gekennzeichnet. Um die Datenverschlüsselung wirksam werden zu lassen, sind jedoch noch folgende Arbeiten durchzuführen:

1. Archivierung

Grundsätzlich bedarf es nur der Sicherung der unverschlüsselten, Original .DBF- und .DBT-Dateien auf einem privaten Laufwerk oder einem externen Datenträger (Diskette, Band). Um jedoch nachträglich die mittels PROTECT für eine Datei definierten Zugriffsberechtigungen ändern zu können, werden die Original .CRP- und .CPT-Dateien benötigt. Außerdem läßt sich ausschließlich beim Zugriff auf die Original .CRP-Datei, der "Dateiinformationen"-Bericht über die PROTECT-"Listen"-Option ausgeben. Aus diesen beiden Gründen sind die Dateien, im Gegensatz zu den Ausführungen im dBASE IV-Handbuch "Netz", ebenfalls zu archivieren. Bei Bedarf lassen sie sich dann auf den File Server mittels des NCOPY-Kommandos zurückübertragen.

2. CRP-Datei kopieren und löschen

Nach Abschluß der Archivierungsarbeiten ist die .CRP-Datei über die unverschlüsselte .DBF-Datei zu kopieren

```
COPY <Dateiname>.CRP <Dateiname>.DBF
```

und anschließend die .CRP-Datei mit

```
DEL <Dateiname>.CRP
```

zu löschen.

3. CPT-Datei umbenennen

Enthält die Datenbankdatei ein Memo-Feld, so wird automatisch eine .DBT-Datei zur Speicherung der bis zu 64.000 Zeichen großen Texte geführt. Die Informationen über den Zugriff auf das Memo-Feld enthält die automatisch erzeugte .CPT-Datei. Diese Datei ist nunmehr in eine Datei mit der Erweiterung .DPT umzubenennen:

```
REN <Dateiname>.CPT <Dateiname>.DPT
```

Die .DBT-Datei ist im Gegensatz zur .DBF-Datei auf dem Laufwerk zu belassen.

Unverschlüsselte DBF-Dateien erzeugen

Das PROTECT-System setzt den Parameter SET ENCRYPTION automatisch auf ON. Alle zukünftigen Eintragungen in die geschützten Datenbankdateien werden dadurch selbsttätig verschlüsselt gespeichert. Die verschlüsselten Dateien können jedoch nur in Verbindung mit dem Einsatz des PROTECT-Systems bearbeitet werden. Um die Dateien auch extern, beispielsweise unterwegs auf einem Laptop, verarbeiten zu können, wird eine unverschlüsselte Kopie der Dateien benötigt. Generieren läßt sich diese, indem der Schalter des SET ENCRYPTION-Parameters kurzfristig auf OFF gestellt und eine Kopie der Datei erzeugt wird:

```
SET ENCRYPTION OFF
USE <Datenbankdateiname-X>
COPY TO <Datenbankdateiname-Y>
SET ENCRYPTION ON
```

SQL-Zugriffsberechtigungen

Der Zugriff auf die dBASE IV-SQL-Implementation erfordert ein zusätzliches Anmeldeprofil. Dieses muß mit dem Login-Namen "SQLDBA" beginnen. Kennwort und Gruppenname sind jedoch wiederum individuell zu wählen. Zur Unterscheidung zu den dBASE IV-Zugriffsberechtigungen werden die Profile in der Datei "DBSYSTEM.SQL" gespeichert.

Unabhängig vom übrigen dBASE IV-System lassen sich beim Arbeiten mit der dBASE IV-SQL-Implementation ebenfalls Zugriffsberechtigungen für Dateien und Felder vergeben. Hierzu ist statt der menügesteuerten PROTECT-Option "Dateien" das SQL-Kommando GRANT zu verwenden. GRANT korrespondiert mit dem PROTECT-System. Entfernt wird eine SQL-Zugriffsberechtigung mit dem Kommando REVOKE.

3.2 Die Bedeutung und Anwendung von Record- und File-Locking

Beim Arbeiten mit dBASE IV in einem lokalen Netzwerk lassen sich Datenbankdateien in zwei verschiedenen Modi öffnen: Dem "shared" und dem "exclusive" Modus. Im "shared" Modus können mehrere Benutzer gleichzeitig mit einer Datei arbeiten. Die Sperre bezieht sich immer nur auf einen Datensatz im Moment des Schreibvorgangs. Aus diesem Grund wird dieser Modus auch mit Record-Locking oder Satzsperre bezeichnet. Wiederum nur ein Benutzer kann den Inhalt einer Datenbankdatei im "exklusive" Modus einsehen und verändern. Deshalb handelt es sich hierbei um das sogenannte File-Locking oder die Dateisperre.

Notwendig sind diese Sperrmechanismen zur Sicherung der Datenintegrität und zur Verhinderung von Deadlocks (Rechnerblockierungen) im Mehrbenutzerbetrieb. Mit "Sicherung der Datenintegrität" bezeichnet man alle Maßnahmen die sicherstellen, daß die Eintragungen in der Datenbank den tatsächlichen Gegebenheiten entsprechen. Beispielsweise, daß tatsächlich noch zehn Sitze in einem Flugzeug frei sind und bei einer Buchung von fünf Sitzen keine sechs Plätze mehr verkauft werden können. Außerdem wird durch die Sperrmechanismen erreicht, daß keine sogenannten Deadlocks auftreten. Dies würde dann der Fall sein, wenn zwei Benutzer zur gleichen Zeit auf die gleichen Informationen zugreifen. Das könnte dazu führen, daß keiner von beiden auf die Datei- oder den Datensatz zugreifen kann und eine unendliche gegenseitige Blockierung entsteht. Durch die entsprechende Zugriffsorganisation läßt sich das umgehen.

Beide Modi - "shared" und "exclusive" - lassen sich mit dBASE IV sowohl automatisch erzwingen als auch individuell regeln. Hierzu stehen folgende Kommandos zur Verfügung:

File-Locking

```
FLOCK()
USE EXCLUSIVE
SET EXCLUSIVE ON (automatisch)
```

Record-Locking

```
RLOCK()
LOCK()
SET LOCK ON (automatisch)
```

Wieder aufgehoben wird die Datei- oder Satzsperre mit:

```
UNLOCK
SET EXCLUSIVE OFF
SET LOCK OFF
```

Die automatische Dateisperre

Damit Datenbankdateien automatisch für die Benutzung exklusiv gesperrt werden, ist der SET EXCLUSIVE ON-Parameter anzuwenden. Die Schalterstellung ON dieses Parameters hat Auswirkung auf sämtliche nachfolgenden Datenbankdateiöffnungen in allen Arbeitsbereichen. Für die Anwendung dieses Parameters ist es vollkommen unerheblich, in welchem geöffneten Arbeitsbereich er gesetzt wurde.

Diese Einstellung läßt sich mit SET EXCLUSIVE OFF wieder aufheben. Allerdings wird damit die Sperre für bereits geöffnete Dateien nicht aufgehoben. Die Schalterstellung OFF verhindert lediglich, daß weitere Dateien automatisch gesperrt werden.

```
SET EXCLUSIVE ON              && Automatische Dateisperre
                              && aktiviert
USE <Datenbankdatei> IN A
USE <Datenbankdatei> IN B     && Alle drei DBF-Dateien sind
USE <Datenbankdatei> IN C     && nun exklusiv gesperrt

SET EXCLUSIVE OFF             && Die Schalterstellung
                              && beendet den automatischen
                              && Sperrvorgang
```

```
SELECT D
USE <Datenbankdatei> EXCLUSIVE     && Zum Sperren der Datei
                                   && bedarf es der
                                   && gezielten Anweisung
```

Der Zusatz "EXCLUSIVE" hinter dem Dateinamen und/oder der Indexdatei gilt nur für diese eine Datenbankdatei.

Um die exklusive Sperre der in den Bereichen "A" bis "C" geöffneten Datenbankdateien aufzuheben, müssen diese geschlossen werden. Das geschieht entweder für eine einzelne Datei mit USE

```
SELECT B
USE               && Schließt die Datei in diesem
                  && Arbeitsbereich und hebt selbsttätig
                  && die Sperre auf.

CLOSE DATABASES   && Schließt alle anderen DBF-Dateien
                  && und hebt gleichzeitig die restlichen
                  && Sperren auf.
```

Kann eine Datei trotz der Schalterstellung ON des Parameters SET EXCLUSIVE nicht exklusiv gesperrt werden, gibt das System eine Meldung aus. Diese Meldung kann unerfahrene Benutzer verunsichern und sollte deshalb abgefangen werden. Zu realisieren ist das mit dem ON ERROR-Kommando in Verbindung mit der ERROR()-Funktion. Ist ein ON ERROR-Parameter in einer Applikation gesetzt, führt das System nach dem Auftreten eines Fehlers die ON ERROR zugeordnete Prozedur aus.

```
...
SET REPROCESS TO 20
ON ERROR DO <Fehlerprogramm>
...

* Fehlerprogramm
PROCEDURE fehler
DO CASE
   CASE ERROR() = 108
      @ 22,0 CLEAR TO 22,79
      @ 22,2 SAY "Dateisperre wird erneut versucht"
      RETRY
   CASE ERROR() = 372
```

```
        @ 22,0 CLEAR TO 22,79
        @ 22,2 SAY "Dateisperre wird erneut versucht"
        RETRY
ENDCASE
RETURN
```

Die individuelle Dateisperre

Eine Datei läßt sich auch weiterhin, wie bereits beim Einsatz von dBase III Plus, mit FLOCK() gezielt für die exklusive Benutzung sperren. Gegenüber dem SET EXCLUSIVE-Parameter hat das außerdem den Vorteil, daß sich eine gesperrte Datei von anderen Benutzern trotzdem einsehen läßt. Eingesetzt wird die Funktion wie folgt:

```
USE <Datenbankdatei>
IF FLOCK()
   <Aktionen>
ELSE
   SET REPROCESS TO 20
   WAIT "Datei bereits von einem anderen Benutzer gesperrt"
ENDIF
RETURN
```

Das IF-Konstrukt dient zur Abfrage, ob sich eine Datei sperren läßt. Das ist immer dann realisierbar, wenn diese noch nicht von einem anderen Benutzer exklusiv gesperrt wurde. Für den Fall, daß der Sperrversuch erfolglos ist, soll dieser noch weitere 20 Mal wiederholt werden. Vereinbart wird das mit dem neuen SET REPROCESS-Kommando. Erst wenn auch diese Sperrversuche erfolglos bleiben, ist eine Meldung auszugeben und der Versuch abzubrechen.

Muß ein Arbeitsgang unbedingt ausgeführt werden, läßt sich die Dateisperre auch ohne den SET REPROCESS-Parameter erzwingen. Allerdings kann das recht langwierig sein. Realisiert wird das durch die Anwendung einer DO WHILE-Schleife.

```
USE <Datenbankdatei>
DO WHILE .NOT. FLOCK()
   RETRY
ENDDO
<Aktion>
DO WHILE .NOT. FLOCK()        && Über die DO WHILE-Schleife
   <Aktion>
ENDDO
```

Aufgehoben wird eine mittels FLOCK() realisierte Dateisperre mit dem Kommando UNLOCK. Um sämtliche mittels FLOCK() in den einzelnen Arbeitsbereichen gesetzten Sperren aufzuheben, ist der Befehl um die Option ALL zu ergänzen:

```
<Sperren/Aktionen>
UNLOCK ALL
```

Die Sperre der im aktuellen Arbeitsbereich geöffneten Datenbankdatei hebt

```
UNLOCK
```

auf. Um gezielt die Sperre einer in einem anderen Arbeitsbereich geöffneten Datenbankdatei aufzuheben, ist

```
UNLOCK IN <Aliasname>
```

anzuwenden.

Im Gegensatz zum SET EXCLUSIVE ON-Parameter gibt FLOCK() bei erfolgloser Dateisperre nicht die Fehlernummer, sondern nur ein ".F." aus. Aus diesem Grund wird für die Unterdrückung einer FLOCK()-Fehlermeldung zusätzlich eine eigene Routine benötigt.

Die automatische Satzsperre

Erstmals mit dBASE IV besteht Zugriff auf die Funktion der automatischen Satzsperre. Diese wird mit dem Parameter SET LOCK ON aktiviert und mit SET LOCK OFF wieder desaktiviert. Die automatische Sperre wird erst beim Schreiben von Datensätzen wirksam. Das hat den Vorteil, daß mehrere Benutzer gleichzeitig Daten in eine Datei eintragen oder abfragen können.

Die individuelle Satzsperre

Auch individuell lassen sich Datensätze sperren. Hierfür sind die Funktionen RLOCK() und LOCK() im dBASE IV-Sprachumfang implementiert. Aktiviert wird die Satzsperre, wie die individuelle Dateisperre, mit

```
IF RLOCK() oder IF .NOT. RLOCK()
```

beziehungsweise

```
IF LOCK() oder IF .NOT. LOCK().
```

Sie läßt sich ebenfalls in Verbindung mit einer DO WHILE-Schleife anwenden. Aufgehoben wird die Satzsperre mit UNLOCK.

In der Regel werden die vier Varianten gemischt und je nach Aufgabenstellung in einer Applikation eingesetzt.

Kommandobezogene Sperren

Das automatische Sperren Eines Datensatzes oder einer Datei erlauben auch die nachfolgenden dBASE IV-Dateiverarbeitungs-Kommandos:

File-Locking

APPEND FROM	DELETE	REPLACE
AVERAGE	INDEX	REPORT
CALCULATE	JOIN	SORT
COPY	LABEL	SUM
COPYSTRUCTURE	PROTECT	TOTAL
COUNT	RECALL	UPDATE

Voraussetzung für die automatische, exklusive Dateisperre ist in diesem Fall, daß die Datenbankdatei nicht bereits mittels eines LAN-Kommandos vor der Ausführung des entsprechenden Befehls gesperrt wurde.

Record-Locking

APPEND	DELETE	READ
APPEND BLANK	EDIT	RECALL
BROWSE	GET	REPLACE
CHANGE		

Auch die automatische Datensatzsperre bei der Ausführung dieser Kommandos setzt voraus, daß weder für den Datensatz noch die Datenbankdatei vorher bereits eine Sperre gesetzt worden ist.

Lediglich dann, wenn eine Datei mittels SET EXCLUSIVE ON zur exklusiven Nutzung gesperrt wurde, können die nachfolgenden Kommandos im LAN-Mehrbenutzerbetrieb verwendet werden:

CREATE	INSERT	REINDEX
CONVERT	MODIFY	RESET
INDEX	ONPACK	ZAP

Die Datei-Zugriff-Attribute

Unabhängig von den vereinbarten Datei- und Satzsperren ist der Modus in den dBASE IV Dateien zur Verarbeitung eröffnet. Unterschieden wird zwischen dem "Lese/Schreib"- und dem "Nur Lesen"-Attribut. dBASE IV benutzt folgende Voreinstellungen:

"Lese/Schreib"- bzw. "read/write"-Attribut

Immer dann, wenn eine dBASE IV-Datei angelegt oder modifiziert wird, wird sie im "Lese/Schreib"-Modus eröffnet.

"Nur Lesen"- bzw. "read-only"-Attribut

Immer wenn eine Programm-, Format-, Abfrage-, Sichten-, Berichts- oder Etiketten-Datei zur Informationsdarstellung aktiviert wird, vollzieht sich das im "Nur Lesen"-Modus.

3.3 Das Transaktionskonzept erhöht die Datensicherheit

Eine wesentlich höhere Datensicherheit als mit dem üblichen "Locking", wird durch die sogenannte Transaktionsverarbeitung erreicht. Als eines der ersten PC-Datenbanksysteme hat dBASE IV dieses Leistungsmerkmal implementiert. Zum besseren Verständnis der folgenden Ausführungen und des Begriffs "Transaktionsverarbeitung" vorab zwei kurze Definition, die bereits den Sinn des "Transaktionskonzept" erklären:

1. Was ist eine Transaktion?

Eine Transaktion ist eine Folge von Anweisungen, die vollständig abgearbeitet werden müssen.

2. Was geschieht während einer Transaktion?

Alle während einer Transaktion durchgeführten Aktualisierungen werden in einer zusätzlichen Datei protokolliert.

Treten während einer Transaktion Störungen auf, bevor die Arbeiten vollständig erledigt wurden, gilt die Transaktion als nicht erfolgreich abgeschlossen. Das bedeutet, daß sich eine Datenbankdatei in einem instabilen Zustand befindet. Der Inhalt dieser Datenbankdatei setzt sich sowohl aus geänderten als auch noch nicht aktualisierten Datensätzen zusammen. Ohne die Transaktionsunterstützung lösen solche Programmabstürze zeitintensive Wiederherstellungsarbeiten aus, da keine Informationen über die bereits durchgeführten Änderungen vorliegen.

Anders ist das bei der Transaktionsverarbeitung; denn alle aktualisierten Daten sowie der Urzustand des jeweils geänderten Datensatzes werden in der sogenannten Transaktions-Log-Datei geführt. Tritt nun eine Störung auf, läßt sich mit Hilfe des Rollback-Verfahrens der Urzustand einer Datei auf einfache Weise wieder herstellen. Allerdings sind auch mittels der Transaktionsverarbeitung im Moment des Systemausfalls verlorene Daten nicht wiederherzustellen, sondern nur diejenigen Veränderungen, die auch auf der Festplatte gespeichert wurden.

Bei den meisten Großrechner-Datenbankprogrammen geschieht das Datenrollback automatisch nach Wiederanlauf des Systems. Beim Arbeiten mit dBASE IV muß das Rollback manuell veranlaßt werden. Damit eine unvollständig abgeschlossene Transaktion nicht übersehen wird, prüft dBASE IV nach dem Start, ob eine Transaktionsdatei vorhanden ist. Findet es eine Log-Datei, informiert dBASE IV über eine Bildschirmmeldung (Bild 3-9). Anschließend wird durch Aufruf des Rollback-Kommandos der Urzustand der Datenbankdatei wieder hergestellt.

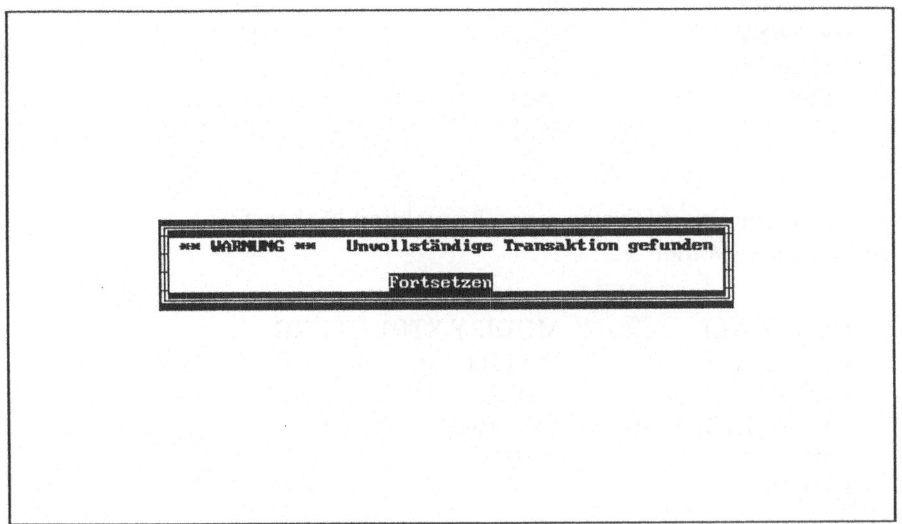

Bild 3-9: dBASE IV-Meldung über unvollständige Transaktion

Zur Realisierung der Transaktionsverarbeitung stellt dBASE IV folgende sechs Kommandos zur Verfügung:

BEGIN TRANSACTION	=	Markiert den Anfang einer Transaktion
END TRANSACTION	=	Kennzeichnet das Ende einer Transaktion
ISMARKED()	=	Ermittelt die Durchführung einer Transaktion
COMPLETED()	=	Prüft die vollständige Ausführung einer Transaktion
ROLLBACK	=	Leitet das Datenrollback ein
ROLLBACK()	=	Prüft die erfolgreiche Ausführung des Datenrollbacks

Bei der Transaktionsverarbeitung werden ausschließlich Veränderungen am Inhalt der Datenbankdatei in der Transaktions-Log-Datei aufgezeichnet. Veränderungen an Arrays oder Speichervariablen finden keine Berücksichtigung. Dementsprechend zeichnet die Log-Datei mittels folgender Kommandos durchgeführte Operationen auf:

APPEND	EDIT	RECALL
BROWSE	EXPORT	REPLACE
CHANGE	IMPORT	SORT
COPY	INDEX	TOTAL
DELETE	JOIN	UPDATE

Während der Durchführung einer Transaktion können folgende Kommandos nicht benutzt werden:

CLEAR ALL	MODIFY STRUCTURE
CLOSE ALL	INSERT
CLOSE DATABASE	PACK
CLOSE INDEX	RENAME
DELETE FILE	ZAP
ERASE	

Weiterhin lassen sich die folgenden Kommandos nicht einsetzen, wenn dadurch die Schließung der aktiven Datenbankdatei verursacht wird:

CREATE
INDEX ON
USE

Bei der Anwendung der Transaktionsverarbeitung sind unabhängig von der gewählten Prozedur folgende Punkte zu beachten:

Zusätzlicher Speicherplatz

Jede Log-Datei benötigt zusätzlichen Speicherplatz auf der Festplatte. Für die Zuordnung einer Transaktions-Log-Datei zu einer Datenbankdatei werden in jeder Log-Datei der Name der DBF- sowie der zugehörigen Indexdatei gespeichert. Außerdem erfolgt in komprimierter Form - ohne Leerstellen und Trennzeichen - sowohl die Aufzeichnung des ungeänderten als auch geänderten Datensatzinhaltes.

Automatische Dateisperre

Während des Transaktionsvorgangs wird die Datenbankdatei automatisch exklusiv gesperrt. Das bedeutet, daß andere Benutzer auf die Daten aus Sicherheitsgründen nicht zugreifen können. Um zu lange Wartezeiten für die anderen LAN-Teilnehmer zu vermeiden, sollten deshalb komplexe Transaktionen außerhalb der Hauptzugriffszeiten durchgeführt werden.

Verringerte Ausführgeschwindigkeit

Zusätzlich verringert die Transaktionsverarbeitung die Ausführungsgeschwindigkeit, da die Bearbeitung eines jeden Datensatzes einen zusätzlichen Arbeitsgang auslöst.

Verarbeitung beenden

Ordnungsgemäß wird eine Transaktion nur durch Erreichen des END TRANSACTION-Kommandos abgeschlossen. Die Ausführung eines Rollbacks beendet die Transaktion nicht. Abbrechen läßt sich eine Transaktion alternativ im Debug-Modus nur noch mit dem CANCEL-Kommando. Allerdings sollte das vermieden werden. Wird im Debug-Modus während einer Transaktion das SUSPEND-Kommando eingesetzt, bleibt die Transaktion aktiv. Allerdings läßt sich der Vorgang in diesem Fall nicht mit RESUME fortsetzen. Der Befehl RESUME hat dann die gleiche Auswirkung wie CANCEL.

Durchführung einer Transaktion

Es empfiehlt sich vor der Einleitung einer Transaktion entweder eine Datenbank- oder einen entsprechenden Arbeitsbereich zu öffnen. Außerdem ist die Fehlerbehandlung zu regeln. Anschließend sind die Operationen festzulegen und das Ende der Transaktion zu markieren. Mittels Hilfsfunktionen läßt sich die vollständige Durchführung sowohl einer Transaktion als auch des Rollbacks prüfen.

Beispiel:

Das nachfolgende Beispiel zeigt die Aktualisierung von Informationen in zwei Datenbankdateien. Zuerst ist der Verkaufspreis für eine bestimmte Produktgruppe "XYZ" in der Artikeldatei "ARTIKEL" um 10 % zu erhöhen. Anschließend wird das neue Feld "VGEBIET" in der Datei "KUNDEN" um den Schlüssel für das Verkaufsgebiet ergänzt.

1. Datenbankdateien öffnen

```
SET TALK OFF
CLEAR ALL
USE artikel IN A
USE kunden IN B
```

2. Fehlerbehandlung festlegen

```
ON ERROR ROLLBACK       && Beim Auftreten eines Fehlers
                        && erfolgt automatisch ein Rollback
```

3. Anfang der Transaktion markieren

```
BEGIN TRANSACTION
```

4. Auszuführende Transaktionen definieren

```
REPLACE vkpreis WITH vkpreis * 1.10 FOR prodgr = "XYZ"
```

5. In die zweite Datenbank verzweigen und prüfen, ob bereits eine Transaktion durchgeführt wird

```
SELECT B
IF ISMARKED()
   ents = " "
   @ 22,0 CLEAR TO 22,79
   @ 22,2 SAY "Bereits eine Transaktion aktiviert!"
   @ 23,2 SAY "Fortfahren? " GET ents FUNCTION "M J,N"
   READ
   IF ents = "J"
      DO WHILE ISMARKED()
         RETRY
      ENDDO
      REPLACE vgebiet WITH "S" FOR plz >= "7000"
      REPLACE vgebiet WITH "M" FOR plz = "4" .OR. plz = "5"
      REPLACE vgebiet WITH "N" FOR plz < "4000"
      END TRANSACTION
   ELSE
      END TRANSACTION
   ENDIF
ELSE
```

6. Zweite Transaktion definieren

```
REPLACE vgebiet WITH "S" FOR plz >= "7000"
REPLACE vgebiet WITH "M" FOR plz = "4" .OR. plz = "5"
REPLACE vgebiet WITH "N" FOR plz < "4000"
```

7. Ende der Transaktion festlegen

```
   END TRANSACTION
ENDIF
```

8. Ordnungsgemäße Durchführung überprüfen

```
IF COMPLETED()
   @ 22,0 CLEAR TO 22,79
   @ 22,2 SAY "Die Transaktion wurde vollständig durchgeführt!!!"
   WAIT " "
   RETURN
ELSE
   ROLLBACK
   IF ROLLBACK()
      @ 22,0 CLEAR TO 22,79
      @ 22,2 SAY "Rollback erfolgreich durchgeführt!!!"
      WAIT " "
      RETURN
   ELSE
      @ 21,0 CLEAR TO 22,79
      @ 21,2 SAY "Datenbankdateien überprüfen!"
      @ 22,2 SAY "Rollback war nicht erfolgreich!"
      WAIT " "
      RETURN
   ENDIF
ENDIF
```

Transaktionsverarbeitung in Verbindung mit SQL-Statements

Seitdem SQL-Kommandos in den dBase-Leistungsumfang implementiert sind, besteht mittels zwei verschiedener Abfragesprachen - der dBase- (kurz d-Sprache) und der SQL-Sprache - Zugriff auf den Inhalt von Datenbankdateien.

Die Abkürzung SQL steht für "Structured Query Language" und hat ihren Ursprung im Mainframe-Bereich. Der in dBASE IV implementierte SQL-

Sprachumfang orientiert sich am IBM-DB/2-SQL, dem SQL-Industriestandard und gleichzeitig der komplexesten SQL-Variante.

Mit den SQL-Kommandos kann beim Einsatz von dBASE IV parallel gearbeitet werden. Der eine Grund dafür ist, daß dBASE IV die SQL- Statements intern in d-Sprache-Anweisungen übersetzt. Gekennzeichnet werden dBase-/SQL-Prozeduren durch die Erweiterung .PRS, statt .PRG für "reinen" dBase-Source-Code. Ein weiterer Grund für dieses "friedliche Nebeneinander" ist, daß die unter dBase verwalteten SQL-Datenbankdateien eigentlich gar keine Daten enthalten, sondern lediglich zahlreiche Zeiger koordinieren. Über diese Zeiger greift SQL auf die "dahinterliegende" dBase-Datenbank zu.

Die Kombination der beiden Abfragesprachen hat unter anderem auch Vorteile beim Mehrbenutzerbetrieb. So lassen sich die Transaktionsverarbeitungs-Kommandos ebenfalls in Verbindung mit den SQL-Statements nutzen. Die Anwendung ist identisch zu "reinen" dBASE IV-Applikationen. Auch hier wird der Anfang einer Transaktion mit dem BEGIN TRANSACTION-Kommando gekennzeichnet. Anschließend sind die entsprechenden SQL-Kommandos zu definieren und das Ende der Transaktion mit END TRANSACTION zu markieren. Für den Fall, daß eine Störung bei der Transaktion auftritt, ist über ON ERROR in eine Fehlerroutine zu verzweigen, um die Daten mittels ROLLBACK in den Urzustand zurückführen zu können.

Von der Einbindung in eine Transaktion ausgeschlossen sind die SQL-Statements ALTER, CREATE, DBCHECK, DBDEFINE, DROP, GRANT und REVOKE. Bei diesen Kommandos handelt es sich im wesentlichen um Anweisung zur Definition und zum Löschen von SQL-Tabellen. Beispielsweise wird mit CREATE eine Tabelle oder Index angelegt, mit ALTER eine Spalte (= Feld) in die Tabelle eingefügt oder mittels DBDEFINE die Struktur einer dBase-Datenbank an eine SQL-Tabelle übergeben. DROP erlaubt das Löschen einer Tabelle und GRANT/REVOKE Benutzerprivilegien zu vergeben oder zu annullieren. Die Tabellen müssen jedoch vor der Ausführung einer Transaktion bereits vorhanden sein.

Ein wesentlicher Unterschied bei der Anwendung von SQL- und dBase-Kommandos bezüglich des Löschens von Datenbankinhalten ergibt sich ebenfalls aus dem Aufbau der dBASE-SQL-Implementation. So lassen sich mittels DELETE zu löschende Datensätze (SQL = Zeilen) erst nach Beendigung der Transaktion aus der zugehörigen .DBF-Datei entfernen. Ebenfalls erst nach Passieren des END TRANSACTION-Kommandos und Schließen des Cursors mittels der CLOSE-Anweisung, können mit dem SQL-Statement DELETE ... WHERE CURRENT OF markierte Datensätze physikalisch entfernt werden.

4 Die dBASE IV-LAN-Kommandos

Neben den Standardbefehlen zur Datenmanipulation und -verarbeitung stellt dBASE IV für den Einsatz in einer Mehrbenutzerumgebung zusätzliche Kommandos zur Sicherung der Datenintegrität und zur Vermeidung von Zugriffskollisionen zur Verfügung. Zu unterteilen sind die LAN-Kommandos in drei Gruppen:

LAN-Parameter

Mittels Parametern läßt sich die Arbeitsumgebung vereinbaren. Die Schalterstellung der ON/OFF-Parameter (Art = S) ist mit der SET()-Funktion zu ermitteln.

Parameter	Einstellung	Art
SET AUTOSAVE	Sofortige Datensatzaktualisierung	S
SET ENCRYPTION	Verschlüsselung beim Kopiervorgang	S
SET EXCLUSIVE	Art der Dateiöffnung	S
SET LOCK	Automatische Satzsperrfunktion	S
SET PRINTER TO	Druckerzuordnung	
SET REFRESH TO	Intervall für Bildschirmaktualisierung	
SET REPROCESS TO	Anzahl der Aktionswiederholungen	

LAN-Befehle

Sie veranlassen die Ausführung von Operationen. Im wesentlichen ist zwischen Befehlen zum Einrichten von Datenschutzfunktionen und zum Bearbeiten von Dateien zu unterscheiden. Ihre Ausführung, beziehungsweise das Ergebnis der Operationen läßt sich mittels der LAN-Funktionen prüfen.

Befehl	Aktion
BEGIN TRANSACTION	Einleiten einer Transaktion
CONVERT	Zuordnen von Lock-Informationen
DISPLAY / LIST STATUS	Liefert Statusinformationen
DISPLAY / LIST USERS	Informiert über die angemeldeten Arbeitsstationen
END TRANSACTION	Beenden einer Transaktion
LOGOUT	Abmelden eines LAN-Teilnehmers
RESET	Ändern der Transaktionskennung
RETRY	Wiederholte Befehlsausführung
ROLLBACK	Rückführen von Datenbankänderungen
SET	Anzeigen/Ändern SET Parameter
UNLOCK	Aufheben Datei-/Satzsperren
USE EXCLUSIVE	Exklusives Öffnen einer DBF-Datei

LAN-Funktionen

Mit den LAN-Funktionen sind bestimmte Zustände zu ermitteln und diese für die weitere Programmausführung zu nutzen. In den meisten Fällen handelt es sich bei den ermittelten Informationen um logische Werte (True, False). Beispielsweise liefert die Abfrage IF NETWORK() das Ergebnis "Ja" oder "Nein" und gibt damit die Antwort, ob dBASE IV in einer Mehrbenutzerumgebung installiert ist.

Funktion	Ermittlung der/des:	Typ *)
ACCESS()	... Berechtigungsstufe	N
CHANGE()	... Datensatzänderung	L
COMPLETED()	... Transaktionsstatus	L
ERROR()	... Fehlernummer	N
FLOCK()	... Datei sperren	L
ISMARKED()	... Transaktionsausführung	L
LKSYS()	... aktiven Benutzers	C/D
MESSAGE()	... Fehlermeldung	C

NETWORK()	... Mehrbenutzerversion	L
RLOCK()	... Datensatzsperre	L
LOCK()	... Datensatzsperre	L
ROLLBACK()	... Rollback-Ausführung	L
USER()	... Benutzernamen	C

*) C = Zeichen, D= Datum, L = Logisch, N = Numerisch

Hinweis:

Die in den nachfolgenden Ausführungen in [ ]-Klammern gesetzten Informationen bedeuten, daß es sich um eine alternative Option handelt. Die Angabe innerhalb der < >-Klammern beschreibt den hier vorzunehmenden Eintrag.

4.1 LAN-Parameter

Kommando: SET AUTOSAVE

Funktion: Schreibt einen Datensatz sofort nach Betätigung der [RETURN]-Taste auf die Festplatte.

Syntax: SET AUTOSAVE ON = Sofortiges Sichern

SET AUTOSAVE OFF = Sichern nachdem der Satzpuffer voll ist

Anwendung:

Bei der Dateneingabe oder -veränderung werden die Informationen in einen Zwischenspeicher geschrieben. Erst nachdem der Datensatzpuffer voll ist, erfolgt die Speicherung der Eintragungen auf der Festplatte. Fällt zwischendurch das System aus, gehen alle noch nicht gesicherten Daten verloren. Durch Aktivierung des SET AUTOSAVE ON-Parameters wird jeder Datensatz sofort auf die Festplatte gespeichert. Dadurch ist eine hohe Ausfallsicherheit gewährleistet. Da bei dieser Vorgehensweise sehr viele Plattenzugriffe notwendig sind, sinkt die Verarbeitungsgeschwindigkeit erheblich.

Beispiel:

```
SET AUTOSAVE ON
USE <Datenbank>
APPEND BLANK
...
READ
```

Kommando: SET ENCRYPTION

Funktion: Legt fest, ob die Kopie einer mittels PROTECT verschlüsselten Datenbankdatei ebenfalls verschlüsselt werden soll.

Syntax: SET ENCRYPTION ON = Verschlüsselte Kopie

SET ENCRYPTION OFF = Unverschlüsselte Kopie

Anwendung:

Mit dem dBASE IV-Zugriffsschutz PROTECT läßt sich nicht nur der Zutritt zu dBASE IV oder einer dBASE IV-Applikation regeln, sondern zusätzlich auch der Inhalt von Datenbankdateien verschlüsseln. Zugriff auf die verschlüsselten Dateien besteht nur mit dem richtigen Kennwort, Benutzer- und Gruppennamen. Um die Datenbankinhalte jedoch in ein Fremdformat übertragen zu können, müssen die Dateien wieder entschlüsselt werden. Ebenso kann nur die Struktur einer entschlüsselten Datei kopiert oder bearbeitet werden.

Hinweis:

Die Funktion läßt sich nur in Verbindung mit dem PROTECT-Zugriffsschutz nutzen.

Kommando: SET EXCLUSIVE

Funktion: Legt den Öffnungsmodus einer mit USE geöffneten Datenbankdatei fest.

Syntax: SET EXCLUSIVE ON = Exklusiver Datenbankzugriff
SET EXCLUSIVE OFF = Hebt exklusiven Zugriff auf

Anwendung:

Mit dem Parameter SET EXCLUSIVE ON läßt sich eine Datenbankdatei für die ausschließliche Benutzung durch einen Anwender sperren. Erst wenn dieser die Datei mit OFF frei gibt, können auch andere Benutzer wieder darauf zugreifen. Automatisch auf ON setzen diesen Parameter die Kommandos CREATE und SAVE.

Im Gegensatz zur FLOCK()-Funktion, mit der sich ebenfalls Dateien sperren lassen, liefert die ON-Schalterstellung beim vergeblichen Versuch eine Datenbankdatei zu öffnen, das Kennzeichen einer Fehlermeldung. Diese läßt sich mit ERROR() abfragen und über eine ON ERROR-Routine eine Aktion einleiten.

Hinweis:

Die Schalterstellung des SET EXCLUSIVE-Parameters ist für alle Arbeitsbereiche gültig und muß deshalb nur einmal gesetzt werden.

Kommando: SET LOCK

Funktion: Regelt die automatische Satzsperre.

Syntax: SET LOCK ON = Automatische Sperre des Datensatzes
SET LOCK OFF = Hebt die automatische Satzsperre auf

Anwendung:

Bevor ein Datensatz in einer Netzwerkanwendung aktualisiert werden kann, muß er gesperrt werden. Beim Einsatz von dBASE IV läßt sich ein Datensatz sowohl manuell mit RLOCK() oder automatisch mit SET LOCK ON sperren. Das hat den Vorteil, daß beliebig viele Benutzer auf eine Datei zugreifen und den Inhalt von Datensätzen lesen können. Erst dann, wenn ein Datensatz aktualisiert wird, greift die Satzsperre und die. Datenintegrität wird sichergestellt. Die Schalterstellung ON wird durch das UNLOCK-Kommando nicht verändert.

Hinweis:

Eine mit RLOCK() gesetzte Satzsperre wird durch die Schalterstellung SET LOCK OFF nicht automatisch aufgehoben.

Kommando: SET PRINTER TO

Funktion: Regelt die Zuordnung eines Druckers.

Syntax: SET PRINTER TO <Ausgabeeinheit>

Anwendung:

Stehen beim Arbeiten in einem lokalen Netzwerk mehrere Drucker für die Datenausgabe zur Verfügung, läßt sich mit dem SET PRINTER TO-Parameter die Ausgabeeinheit wählen. Ebenfalls kann damit die Druckausgabe an einen lokalen Drucker umgeleitet werden.

Die Definition der Ausgabeeinheit hängt von der eingesetzten Netzwerklösung ab. Beim Arbeiten in einem Novell-Netzwerk wird der LAN-Drucker mittels des SPOOL- oder CAPTURE-Kommandos auf Systemebene spezifiziert. Entsprechend dem Anschluß ist dann von dBASE IV aus nur noch die Anweisung

```
SET PRINTER TO LPT2
```

oder

```
LPT1, LPT3, COM1 ...
```

zu geben.

Kommando: SET REFRESH TO

Funktion: Bestimmt den Intervall der Bildschirmaktualisierung.

Syntax: SET REFRESH TO <Wert von (0), 1 bis 3600> (Wert = Wert in Sekunden)

Anwendung:

Mit dem SET REFRESH-Parameter wird der Zeitraum festgelegt, nach welchem dBASE IV automatisch die Bildschirmdarstellung des Inhaltes einer Datenbankdatei aktualisiert. Auf diese Weise lassen sich Änderungen am Inhalt einer Datenbankdatei allen Benutzern, die auf den gleichen Datenbestand zugreifen, automatisch mitteilen.

Bei der Einzeldarstellung (EDIT/CHANGE-Modus) wird nur dann die Bildschirmdarstellung verändert, wenn der aktivierte Datensatz verändert wurde. Bei der Tabellendarstellung (BROWSE-Modus) erfolgt die Aktualisierung für alle LAN-Teilnehmer, die mit der gleichen Datenbankdatei arbeiten, automatisch.

Hinweis:

Die Anweisung SET REFRESH TO setzt die Anwendung des CONVERT-Kommandos voraus und läßt sich nur in Verbindung mit den Befehlen BROWSE, EDIT und CHANGE verwenden.

Beispiel:

```
USE <Datenbank>
CONVERT
SET REFRESH TO 30
BROWSE
```

In diesem Beispiel wird die Bildschirmanzeige alle 30 Sekunden aktualisiert.

Kommando: SET REPROCESS TO

Funktion: Bestimmt das Intervall des wiederholten Zugriffs auf eine gesperrte Datenbankdatei.

Syntax: SET REPROCESS TO <Wert von -1 bis 32.000>

Anwendung:

Beim Arbeiten in einem lokalen Netzwerk kommt es sehr häufig vor, daß die Datenbankdatei, die für die Bearbeitung benötigt wird, bereits gesperrt ist. Der erfolglose Zugriff auf die Datei hat in der Regel eine Fehlermeldung und den Abbruch der Aktion zur Folge. Um die Datenbank sperren zu können, muß die Prozedur erneut gestartet werden. Mit dem SET REPROCESS-Parameter läßt sich dieser Vorgang bis zu 32.000 mal automatisch wiederholen. Erst nachdem der vorgegebene Wert erreicht ist, meldet das System, daß die Datei nicht gesperrt werden kann. Diese Fehlermeldung läßt sich mit einer ON ERROR-Routine abfangen und individuelle Aktionen einleiten.

Hinweis:

Durch die Eintragung des Wertes "-1" wird der Vorgang solange wiederholt, bis sich die Datei öffnen läßt. Das hat den gleichen Effekt wie die Anweisung DO WHILE .NOT. FLOCK() bereits beim Einsatz von dBASE III Plus.

4.2 LAN-Befehle

Kommando: BEGIN TRANSACTION

Funktion: Kennzeichnet den Anfang einer Transaktion.

Syntax: BEGIN TRANSACTION

Anwendung:

Mit dem Kommando wird eine Transaktion eingeleitet und deren Anfang gekennzeichnet. Die Transaktion läßt sich sowohl von der dBASE IV-Befehlsebene, als auch aus einer Applikation heraus aktivieren. Während der Transaktion werden die Änderungen an einer Datenbankdatei in einer Log-

Datei protokolliert. Der Name der Datei mit der Erweiterung .LOG wird beim Arbeiten in einem Novell-Netzwerk aus dem Namen der Anmeldekennung gebildet. Tritt während der Transaktion eine Störung auf, läßt sich der Urzustand der Datei mittels der Eintragungen in der Log-Datei über die Rollback-Option wieder herstellen.

Hinweis:

Transaktionen lassen sich nicht verschachteln. Es muß immer erst ein Prozess ausgeführt werden, um den nächsten starten zu können.

Die Transaktionsfunktion ist auch im Single User-Betrieb zu verwenden. Im Gegensatz zum Mehrbenutzerbetrieb trägt dann die Log-Datei die Bezeichnung TRANSLOG.LOG.

Es ist darauf zu achten, daß die Datenbankdatei vor der Aktivierung einer Transaktion geöffnet wird, wenn im gleichen Arbeitsbereich bereits eine andere Datenbankdatei geöffnet ist.

Die Aktivierung einer Transaktion führt automatisch zur Dateisperre.

Ausführliche Informationen über das Konzept der Transaktionsverarbeitung ist dem Kapitel 3.3 zu entnehmen.

Beispiel:

```
.USE <Datenbank>
.BEGIN TRANSACTION
.REPLACE ALL ort FOR plz = "6200" WITH "Wiesbaden"
.END TRANSACTION
```

Kommando: CONVERT

Funktion: Ordnet einer Datenbankdatei Lock-Informationen zu.

Syntax: CONVERT [TO <8 bis 24 Zeichen>] *)

*) Standardeinstellung = 16

Anwendung:

Das Kommando CONVERT erweitert den Datensatz der aktivierten Datenbankdatei um ein zusätzliches Feld mit der Bezeichnung _DBASELOCK. Je nach der gewählten Feldlänge enthält dieses Feld Informationen über die Benutzerkennung, das Datum und die Uhrzeit. Bei einer Feldlänge von lediglich acht Zeichen werden keine Informationen gespeichert. In diesem Fall dient es lediglich zur Anwendung des SET REFRESH-Parameters und der CHANGE()-Funktion.

Abzufragen sind die Eintragungen mit der LKSYS()-Funktion. Wurde mit CONVERT TO 24 ein 24-Zeichen langes _DASELOCK-Feld bestimmt, erfolgt bei der Abfrage mit LKSYS() die Ausgabe eines maximal 16-stelligen Benutzernamens sowie des Datums und der Uhrzeit.

Bevor CONVERT die DBF-Datei um das _DBASELOCK-Feld erweitert, wird der aktuelle Datenbestand in einer Datenbankdatei mit der Erweiterung .CVT gespeichert.

Hinweis:

Die Informationen des CONVERT-Kommandos werden für die Anwendung des SET REFRESH-Parameters benötigt.

Es ist darauf zu achten, daß sich bei der Anwendung von CONVERT nicht mehrere Benutzer mit dem gleichen Namen in ein Netzwerk einloggen.

Beim Einsatz von CONVERT wird die Einstellung der Parameter SET FIELDS und SET RELATION nicht berücksichtigt.

Beispiel:	Ergebnis (.DBF-Datei):
USE <Datenbank>	<Feldnamen>
CONVERT	_DBASELOCK,C,16
	<Datenbank>.CVT

Kommando: DISPLAY STATUS

Funktion: Liefert Informationen über die aktuelle Arbeitssitzung.

Syntax: DISPLAY STATUS (Nur Bildschirmanzeige)
DISPLAY STATUS TO PRINTER
DISPLAY STATUS TO FILE <Dateiname>

Anwendung:

Mit DISPLAY STATUS läßt sich die aktuelle Arbeitsumgebung anzeigen und alternativ über einen Drucker oder in einer Textdatei festhalten. Das Kommando liefert folgende Informationen:

- Alle in den einzelnen Arbeitsbereichen geöffneten Datenbankdateien
- Aktivierter Arbeitsbereich
- Geöffnete Datenbankdatei mit Laufwerks- und Verzeichnisangabe
- Gewählter Aliasname für die Datenbankdatei
- Arbeitsindex mit Laufwerks- und Verzeichnisangabe
- Index-Datei
- Index-Ausdruck
- Sperrliste
- Suchpfad für Datei
- Standardlaufwerkbezeichnung
- Druckausgabezuordnung
- Randeinstellung
- Aktualisierungszähler
- Wiederholungszähler
- Zahl der offenen Dateien
- Aktivierte Arbeitsbereiche
- Gewähltes Trennzeichen
- Einstellung der meisten SET-Parameter
- Belegung der Funktionstasten

Insbesondere in der Testphase sind diese Angaben besonders hilfreich. Beispielsweise läßt sich das Kommando einer ON ESCAPE-Anweisung zuordnen. Dadurch wird beim Programmabbruch mit [ESC] die aktuelle Arbeitsumgebung am Bildschirm angezeigt oder dokumentiert.

Beispiel:

```
ON ESCAPE DISPLAY STATUS TO PRINTER
```

Kommando: DISPLAY USERS

Funktion: Zeigt die momentan in einem LAN mit dBASE IV arbeitenden Benutzer.

Syntax: DISPLAY USERS

Anwendung:

Gibt eine Liste der Login-Namen der im Netzwerk aktiven Benutzer aus. Die aufrufende Arbeitsstation wird mit einem " > " gekennzeichnet.

Kommando: END TRANSACTION

Funktion: Kennzeichnet das Ende eines Transaktionsprozesses.

Syntax: END TRANSACTION

Anwendung:

Mit dem Kommando wird das Ende einer Transaktion gekennzeichnet und die Log-Datei gelöscht. Ob die Transaktion erfolgreich war, läßt sich deshalb leicht nachvollziehen. Führt die Anweisung

```
.DIR *.LOG
```

zur Anzeige einer Transaktions-Log-Datei, muß ein Datenrollback durchgeführt werden.

Beispiel:

Siehe BEGIN TRANSACTION

Kommando: LIST STATUS

Funktion: Liefert Informationen über die aktuelle Arbeitssitzung.

Syntax: LIST STATUS (Nur Bildschirmanzeige)
LIST STATUS TO PRINTER
LIST STATUS TO FILE <Dateiname>

Anwendung:
Siehe DISPLAY STATUS

Hinweis:
Im Gegensatz zur DISPLAY STATUS-Anweisung gibt LIST STATUS die Informationen fortlaufend aus.

Kommando: LIST USERS

Funktion: Zeigt die momentan in einem LAN mit dBASE IV arbeitenden Benutzer.

Syntax: LIST USERS

Anwendung:
Siehe DISPLAY USERS.

Kommando: LOGOUT

Funktion: Abmeldung eines LAN-Teilnehmers und Freigabe der dBASE IV-Zugriffsberechtigung für einen anderen LAN-Teilnehmer.

Syntax: LOGOUT

Anwendung:

Im Gegensatz zum QUIT-Kommando wird mit LOGOUT nicht das dBASE-System, sondern nur eine bestimmte Anwendungsumgebung verlassen. LOGOUT schließt automatisch alle geöffneten Datenbanken und die zugeordneten Dateien (z.B. Index).

Durch die Anwendung von LOGOUT kann beispielsweise in eine andere Benutzergruppe verzweigt werden, ohne daß dBASE neu zu laden ist. Beim Einsatz des PROTECT-Systems meldet sich nach Aktivierung von LOGOUT die Maske zur Eingabe der Benutzerkennung.

Hinweis:

Die Anwendung des Kommandos ist nur in Verbindung mit dem PROTECT-System sinnvoll.

Kommando: RESET

Funktion: Hebt die Dateimarkierung für die Durchführung eines Rollback's auf.

Syntax: RESET

RESET IN <Alias>

Anwendung:

Mit dem RESET-Befehl lassen sich Transaktionsmarkierungen rückgängig machen. Dadurch kann auf ein Daten-Rollback bei einer unvollständig ausgeführten Transaktion verzichtet werden.

Hinweis:

Die Anwendung des RESET-Befehls ist nur beim interaktiven Arbeiten sinnvoll.

Kommando: RETRY

Funktion: Wiederholt die Befehlsausführung von zuletzt aktivierten Programmzeile aus.

Syntax: RETRY

Anwendung:

Mit dem RETRY-Kommando läßt sich im Gegensatz zu RETURN die Befehlsausführung von der zuletzt aktivierten Programmzeile aus wiederholen. Das RETRY-Kommando wird hauptsächlich in Verbindung mit ON ERROR-Routinen eingesetzt. Auf diese Weise läßt sich nach der Ausführung eines Unterprogramms, beim Auftreten eines Fehlers, die Befehlszeile erneut ausführen.

Kommando: ROLLBACK

Funktion: Führt eine Datenbankdatei in den Urzustand zurück.

Syntax: ROLLBACK

ROLLBACK <Datenbankdatei>

Anwendung:

Das ROLLBACK-Kommando setzt die Datenbank- und Index-Dateien auf den Zustand vor der letzten Transaktion zurück. In der Regel wird das Kommando für die Wiederherstellung des Urzustandes einer Datei bei Transaktionsstörungen verwendet. Es lassen sich jedoch auch ordnungsgemäß ausgeführte Transaktionen damit wieder rückgängig machen.

Hinweis:

Die Anwendung des ROLLBACK-Kommandos setzt eine Log-Datei voraus.

Beispiel:

```
.USE <Datenbank>
.BEGIN TRANSACTION
.DELETE ALL FOR lkz = "A"
.ROLLBACK
```

Kommando: UNLOCK

Funktion: Hebt Datei- und Satzsperren auf.

Syntax: UNLOCK [IN <Alias>]
UNLOCK ALL

Anwendung:

Mit dem UNLOCK-Kommando lassen sich mit FLOCK(), RLOCK() und LOCK() vorgenommene Datei- und Satzsperrungen rückgängig machen. Es können die Sperren für eine Datenbankdatei, eine Datenbankdatei in einem anderen Arbeitsbereich (IN-Erweiterung) oder für alle Datenbankdateien in allen Arbeitsbereichen gleichzeitig aufgehoben werden.

Kommando: USE EXCLUSIVE

Funktion: Läßt eine Datenbankdatei zur exklusiven Nutzung öffnen.

Syntax: USE [<Datenbankdatei>] [IN <Arbeitsbereich>] [<ORDER <Indexdatei>] EXCLUSIVE

Anwendung:

Mit dem USE EXCLUSIVE-Kommando läßt sich eine Datenbankdatei und alle ihr zugeordneten Dateien (z.B. Index, DBT) exklusiv öffnen. Das bedeutet, daß kein anderer Benutzer auf die Datenbank zugreifen kann, bevor diese nicht wieder geschlossen und von neuem aktiviert wurde. Der Zusatz EXCLUSIVE kann sowohl vor oder hinter dem Dateinamen angefügt werden.

Hinweis:

Im Gegensatz zum SET EXCLUSIVE-Parameter bezieht sich das USE EXCLUSIVE-Kommando nur auf die Dateien in einem Arbeitsbereich.

Beispiel:

```
SET EXCLUSIVE OFF
USE <Datenbank>
USE <Datenbank> EXCLUSIVE IN B
USE <Datenbank> IN C
```

Das hat zur Folge, daß die Datenbankdatei im Arbeitsbereich B automatisch gesperrt wird.

4.3 LAN-Funktionen

Kommando: ACCESS()

Funktion: Informiert über die mittels PROTECT festgelegte Berechtigungsstufe des Benutzers.

Syntax: ACCESS()

Anwendung:

Die Funktion ACCESS() gibt Aufschluß über die Berechtigungsstufe eines Benutzers. Auf diese Weise kann der Zugriff eines Benutzers auf eine Programmfunktion beziehungsweise Prozedur gesteuert werden.

Hinweis:

Die ACCESS()-Funktion läßt sich nur in Verbindung mit dem PROTECT-Zugriffsschutz nutzen.

Beispiel:

```
PROCEDURE <Name>
IF ACCESS = 0
   QUIT
ENDIF
DO CASE
   CASE BAR() = 1
      IF ACCESS() < 2
         DO <Programmname>
      ELSE
         @ 24,2 SAY "Berechtigungsstufe nicht ausreichend!!!"
      ENDIF
   CASE BAR() = 2
      IF ACCESS() < 4
         DO <Programmname>
      ELSE
         RETURN
      ENDIF
   ...
ENDCASE
RETURN
```

Kommando: CHANGE()

Funktion: Stellt fest, ob der Datensatzinhalt verändert wurde.

Syntax: CHANGE()
CHANGE(<Alias>)

Anwendung: IF CHANGE() oder IF .NOT. CHANGE()

Mit CHANGE() läßt sich im aktuellen oder einem ausgewählten Arbeitsbereich feststellen, ob der Inhalt des selektierten Datensatzes geändert wurde. Das Ergebnis einer CHANGE()-Abfrage ist ein logischer Wert (True oder False).

Hinweis:
Die CHANGE()-Funktion setzt voraus, daß mit CONVERT die Datenbankdatei um das _DBASELOCK-Feld ergänzt wurde.

Kommando: COMPLETED()

Funktion: Prüft, ob eine Transaktion vollständig ausgeführt wurde.

Syntax: COMPLETED()

Anwendung: IF COMPLETED() oder IF .NOT. COMPLETED()

Mit der Funktion läßt sich die vollständige Ausführung einer Transaktion überprüfen. COMPLETED() liefert einen logischen Wert (True oder False).

Hinweis:
Die Funktion ist nur in Verbindung mit den Kommandos BEGIN/END TRANSACTION zu nutzen.

Beispiel:

```
USE <Datenbank>
BEGIN TRANSACTION
REPLACE ALL vkreis WITH vkpreis*10 FOR prodgr = "ABC"
END TRANSACTION
IF COMPLETED()
   @ 24,2 SAY "Transaktion erfolgreich ausgeführt"
   USE
ELSE
   ROLLBACK
ENDIF
```

Kommando: ERROR()

Funktion: Gibt die Nummer der Fehlermeldung wieder.

Syntax: ERROR()

Anwendung:

Mittels der ERROR()-Funktion läßt sich die Fehlernummer ermitteln und eine Operation starten.

Hinweis:

Die Anwendung der ERROR()-Funktion kann nur in Verbindung mit ON ERROR erfolgen.

Beispiel:

```
...
SET REPROCESS TO 10
...
ON ERROR DO fehler
...
```

```
PROCEDURE fehler
DO CASE
   CASE ERROR() = 148
      @ 24,60 SAY "System überlastet"
      RETURN
   CASE ERROR() = 109
      @ 23,60 SAY "Der Datensatz ist gesperrt !!!"
      @ 24,60 SAY "Zugriff wird wiederholt"
      RETRY
   ...
ENDCASE
RETURN
```

Kommando: FLOCK()

Funktion: Prüft, ob eine Datei gesperrt wurde.

Syntax: FLOCK()

Anwendung: IF FLOCK() oder IF .NOT. FLOCK

Mit der FLOCK()-Funktion läßt sich gezielt eine Datenbankdatei exklusiv sperren. Solange die FLOCK()-Funktion den Wert "F" (= False) liefert, kann eine Datei von keinem anderen Benutzer gesperrt werden.

FLOCK() sperrt nicht nur die Datenbankdatei, sondern alle in Verbindung mit dieser stehenden Dateien. Wird eine dieser Dateien mit UNLOCK freigegeben, wird auch die Sperre für die anderen Datenbankdateien aufgehoben.

Hinweis:

Im Gegensatz zur Anwendung des SET EXCLUSIVE-Kommandos liefert FLOCK() keine Fehlernummer beim erfolglosen Versuch eine Datenbankdatei zu öffnen. Für die Zuordnung einer Fehlermeldung kann deshalb nicht die ON ERROR, beziehungsweise die ERROR()-Funktion verwendet werden.

Beispiel:

```
USE <Datenbank>
IF .NOT. FLOCK()
   RETURN
ELSE
   DO <Programmname>
ENDIF
```

Kommando: ISMARKED()

Funktion: Stellt fest, ob eine Datenbankdatei gerade mittels einer Transaktion aktualisiert wird.

Syntax: ISMARKED()

ISMARKED(<Alias>)

Anwendung:

Mit der ISMARKED()-Funktion läßt sich überprüfen, ob in einem anderen Arbeitsbereich eine Transaktion durchgeführt wird. Die Funktion liefert einen logischen Wert.

Beispiel:

```
SELECT C
IF ISMARKED()
   @ 24,2 SAY "Es wird gerade eine Transaktion durchgeführt"
   RETURN
ELSE
   BEGIN TRANSACTION
   DELETE ALL FOR name = "Brümmer"
   END TRANSACTION
   IF COMPLETED()
      @ 24,0 CLEAR TO 24,79
      @ 24,2 SAY "Transaktion erfolgreich durchgeführt"
      RETURN
```

```
    ELSE
      @ 24,0 CLEAR TO 24,79
      @ 24,2 SAY "Datenbankdatei wird in den Urzustand versetzt"
      ROLLBACK
      RETURN
    ENDIF
  ENDIF
```

Kommando: LKSYS()

Funktion: Informiert über den Benutzer, der eine Datei- oder Satzsperre vorgenommen hat und an welchem Tag und zu welcher Zeit diese erfolgt ist.

Syntax: LKSYS(<Numerischer Wert>) *)

*) 3 = Uhrzeit der Sperrung
4 = Datum der Sperrung
5 = Name des Benutzers

Anwendung:

Mit der LKSYS()-Funktion läßt sich feststellen, von welchem Benutzer eine Datenbankdatei exklusiv gesperrt wurde. Dadurch kann von jeder Arbeitsstation festgestellt werden, wer gerade und wie lange bereits eine Datei bearbeitet.

Hinweis:

Die Anwendung der LKSYS()-Funktion setzt voraus, daß mit CONVERT die Datenbankdatei um das _DBASELOCK-Feld ergänzt wurde.

Beispiel:

```
IF .NOT. FLOCK()
  @ 23,0 CLEAR TO 24,79
```

```
      @ 23,2 SAY "Die Datenbankdatei" + DBF()
                ?? "wurde von " + LKSYS(5)
      @ 24,2 SAY "am " + LKSYS(4)
                ?? "um" + LKSYS(3)
                ?? "gesperrt."
   ENDIF
```

Kommando: MESSAGE()

Funktion: Gibt die Beschreibung einer Fehlermeldung aus.

Syntax: MESSAGE()

Anwendung:

Im Gegensatz zur ERROR()-Funktion liefert die MESSAGE()-Funktion nicht die Fehlernummer, sondern den Fehlertext.

Hinweis:

Die Anwendung der MESSAGE()-Funktion kann nur in Verbindung mit ON ERROR erfolgen.

Beispiel:

```
...
SET REPROCESS TO 10
...
ON ERROR DO fehler
...

PROCEDURE fehler
DO CASE
   CASE ERROR() = 148
      @ 24,60 SAY MESSAGE()
      RETURN
   CASE ERROR() = 109
      @ 24,60 SAY MESSAGE()
```

```
        RETRY
      ...
    ENDCASE
    RETURN
```

Kommando: NETWORK()

Funktion: Stellt fest, ob eine Mehrbenutzerversion installiert ist.

Syntax: NETWORK()

Anwendung: IF NETWORK() oder IF .NOT. NETWORK()

Die Anwendung der Funktion stellt sicher, daß auch tatsächlich eine Mehrbenutzerversion installiert ist.

Beispiel:

```
IF .NOT. NETWORK()
   @ 24,2 SAY "Es ist keine Mehrbenutzerversion installiert"
ENDIF
```

Kommando: RLOCK()

Funktion: Prüft, ob ein Datensatz gesperrt wurde.

Syntax: RLOCK()
RLOCK(<Alias>)
RLOCK([Alphanumerischer Ausdruck/Liste,<Alias>]

Anwendung:

Die Funktion RLOCK() dient zum Sperren eines oder mehrerer Datensätze. Sie läßt sich auf verschiedene Art und Weise anwenden. Beim interaktiven Arbeiten von der dBASE-Befehlsebene aus lassen sich die zu sperrenden Datensätze direkt eingeben. Beispielsweise sperrt die Anweisung

```
.? RLOCK("2,4,8")
```

die drei Datensätze mit der Satznummer 2, 4 und 8. Durch die Angabe eines Alias-Namens können auch Datensätze in einem anderen Arbeitsbereich gesperrt werden.

Innerhalb einer Applikation ist die Funktion zum Sperren eines Datensatzes wie folgt einzusetzen:

```
USE <Datenbank>
...
READ
IF .NOT. RLOCK()
   @ 24,2 SAY "Der Datensatz kann nicht gesperrt werden"
   RETURN
ENDIF
```

oder

```
DO WHILE .NOT. RLOCK()
   @ 24,2 SAY "Satzsperre noch nicht erfolgreich"
ENDDO
REPLACE name WITH "Dumke"
RETURN
```

Die Anwendung der RLOCK()-Funktion bietet den Vorteil, daß beim Zugriff auf eine Datei nicht alle Datensätze gesperrt werden müssen.

Hinweis:

Mit RLOCK() lassen sich maximal 50 Datensätze gleichzeitig sperren.

Kommando: LOCK()

Funktion: Prüft, ob ein Datensatz gesperrt wurde.

Syntax: LOCK()
LOCK(<Alias>)
LOCK([Alphanumerischer Ausdruck/Liste,<Alias>]

Anwendung: Wie RLOCK()

Kommando: ROLLBACK()

Funktion: Stellt fest, ob das letzte ROLLBACK ordnungsgemäß ausgeführt wurde.

Syntax: ROLLBACK()

Anwendung:

Mit der ROLLBACK()-Funktion läßt sich die Ausführung des ROLLBACK-Kommandos nach einer fehlerhaften Transaktion überprüfen. War auch diese nicht erfolgreich, muß sofort der Datenbestand überprüft werden.

Beispiel:

```
USE <Datenbank>
BEGIN TRANSACTION
REINDEX
END TRANSACTION
IF COMPLETED()
   RETURN
ELSE
   ROLLBACK
   IF ROLLBACK()
```

```
      @ 24,2 SAY "Datei in den Urzustand zurückgeführt!"
   ELSE
      ? CHR(7) + CHR(7) + CHR(7)
      @ 23,2 SAY "Rollback war nicht erfolgreich!!!"
      @ 24,2 SAY "Achtung: Datenbankdatei überprüfen!"
   ENDIF
ENDIF
```

Kommando: USER()

Funktion: Gibt bei Verwendung des PROTECT-Schutzes den Namen des Benutzers wieder.

Syntax: USER()

Anwendung: IF USER() oder IF .NOT. USER()

Mittels USER() läßt sich der Name des an einem Arbeitsplatzrechner aktiven Benutzers abfragen und in eine Bedingung einbeziehen.

Hinweis:

Die Anwendung der USER()-Funktion kann nur in Verbindung mit PROTECT realisiert werden.

Beispiel:

```
IF USER() = "Ina"
   DO <Programmname>
ELSE
   @ 24,2 SAY "Sie haben keinen Zugriff auf;
               diesen Arbeitsbereich"
   RETURN
ENDIF
```

5 Im Dialog arbeiten

5.1 Dialogeingaben und Schalterstellungen

Der Einsatz von dBASE IV in einem lokalen Netzwerk ist nicht an eine Applikation gebunden. Auch im interaktiven Modus, von der dBASE IV-Befehlsebene oder dem Regiezentrum aus, stehen die Zugriffs- und Sperrmechanismen zur Verfügung. Vereinbaren lassen sich Datei- und Satzsperre sowohl vor als auch während einer Sitzung. Zu unterscheiden ist zwischen

- verbindlichen Einstellungen
- menügesteuerten temporären Einstellungen
- direkten temporären Einstellungen und
- Satzsperre während des Datenzugriffs.

Verbindliche Einstellungen

Beim Einsatz einer Applikation muß sich der Anwender in der Regel nicht um die Einstellung der Systemparameter kümmern. Bei guten Programmen werden die SET-Parameter am Anfang des Haupt- oder Startprogramms deklariert. Das hat den Vorteil, daß beim Aufruf der jeweiligen Prozedur alle notwendigen Einstellungen selbsttätig durch die Applikation durchgeführt werden.

Anders ist das beim interaktiven Arbeiten. Hier muß sich der Anwender selbst um die richtige Konfiguration der Arbeitsumgebung kümmern. Üblicherweise ist diese Einstellung jedoch nur einmal, vor dem ersten Aufruf von dBASE IV vorzunehmen. Realisieren läßt sich das, menügesteuert über das separate Konfigurationsprogramm DBSETUP, oder von geübten Anwendern durch die direkte Deklaration der Parameter mittels eines Texteditors. Das Ergebnis ist in beiden Fällen die CONFIG.DB-Datei. Diese Konfigurationsdatei sucht dBASE IV beim Aufruf des Systems, und fragt die Parameter ab. Alle in der CONFIG.DB.-Datei vorgenommenen Eintragungen bleiben solange bestehen, bis diese mittels DBSETUP oder einem Texteditor geändert werden. Beim Arbeiten mit dBASE IV vorgenommene Parameteränderungen haben keinen Einfluß auf diese Eintragungen.

Menügesteuerte temporäre Einstellungen

Auch bei noch so ausgewogenen Voreinstellungen kann eine kurzfristige Änderung der Schalterstellungen beim interaktiven Arbeiten erforderlich sein. Um dBASE IV hierfür nicht verlassen zu müssen, lassen sich temporäre Einstellungen über die SET- Hilfsfunktion menügesteuert vereinbaren. Zu beachten ist, daß sich hiermit lediglich SET-Parameter verändern, jedoch keine Einstellungen wie maximal geöffnete Dateien oder Änderung der Systemvariablen vornehmen lassen. Aufgerufen wird das Hilfsmenü entweder mittels SET von der dBASE-Befehlsebene aus (Bild 5-1) oder über das Regiezentrum (Option: Diverses/Einstellungen mit [ALT] + [D] sowie anschließend durch Drücken von [E]). Beim Weg über das Regiezentrum ist der Funktionsumfang im Gegensatz zum direkten SET-Aufruf wesentlich eingeschränkt. Der SET LOCK-Parameter zur Vereinbarung der automatischen Satzsperre, läßt sich in diesem Fall nicht beeinflussen. Allerdings kann die Funktionsweise des SET EXCLUSIVE-Parameters verändert werden. Es empfiehlt sich deshalb der Weg über die dBASE IV-Befehlsebene.

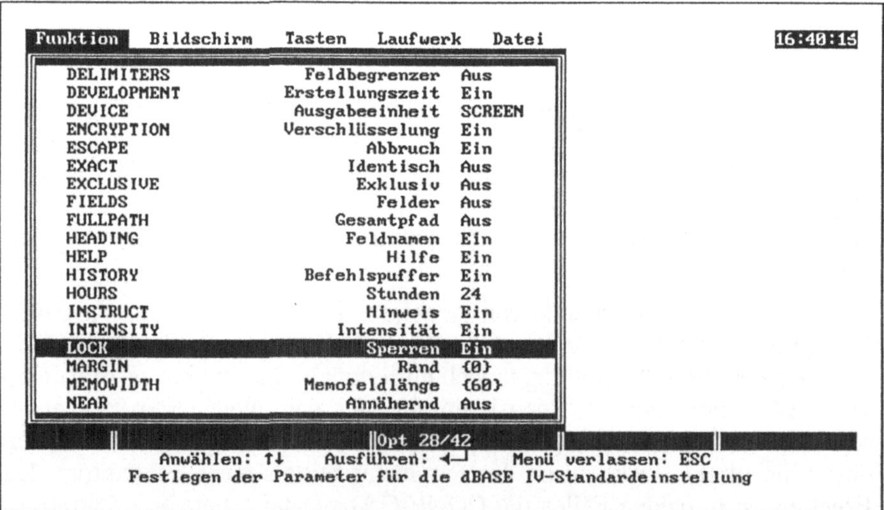

Bild 5-1: SET-Menü bei Aufruf aus der dBASE IV Befehlsebene

Direkte temporäre Einstellungen

Wie mit dem Hilfsmenü SET lassen sich auch durch direkte Eingabe die Schalterstellungen der dBASE IV-Parameter temporär verändern. Alle vorgenommenen Einstellungen bleiben jedoch nur bis zum Verlassen von dBASE IV mit QUIT erhalten. Für das Arbeiten in lokalen Netzwerken kann das insbesondere folgende Parameter betreffen:

- SET EXCLUSIVE ON,	um alle Datenbankdateien aufzurufen.
- SET EXCLUSIVE OFF,	um die automatische Dateisperre für die folgenden Aufrufe zu desaktivieren.
- SET LOCK ON,	zur Aktivierung der automatischen Satzsperre.
- SET LOCK OFF,	um die Satzsperre individuell zu regeln.
- SET AUTOSAVE ON,	damit die geänderten oder neu erfaßten Datensätze sofort auf die Festplatte geschrieben werden.
- SET AUTOSAVE OFF,	um die Dateneingabe oder -bearbeitung zu beschleunigen, da in diesem Fall die Daten erst nachdem der Zwischenpuffer voll ist, auf die Festplatte gespeichert werden.

Außer Parametereinstellungen lassen sich auch zahlreiche LAN-Befehle und -Funktionen über die Tastatur eingeben. Die Anwendung unterscheidet sich dabei etwas von derjenigen in Applikationen.

Dateisperre

Auch beim interaktiven Arbeiten lassen sich mehrere Datenbankdateien in verschiedenen Arbeitsbereichen öffnen. Beispielsweise werden mit

```
.USE tkal IN A
.USE term IN B
.USE tauf IN C
```

die drei Datenbankdateien der TEAM-Applikation den Arbeitsbereichen "A", "B" und "C" zugeordnet. Gleichzeitig werden in diesem Fall die zugehörigen Textdateien (.DBT) und die Multi-Index-Datei (.MDX) geöffnet. Um eine "alte" .NDX-Index-Datei mit zu öffnen, ist diese beim Aufruf der Datenbankdatei zuzuordnen.

Erfolgt die Aktivierung der Datenbankdateien wie im vorhergehenden Beispiel, so befindet sich der Benutzer im Arbeitsbereich "A". Um jedoch die Aufgaben-Datenbankdatei "tauf" im Bereich "C" zu sperren, hätte vorher entweder der Schalter des SET EXCLUSIVE-Parameters auf ON gesetzt oder der Zusatz (USE ...) EXCLUSIVE beim Aufruf hinzugefügt werden müssen. Eine Sperre läßt sich beim Einsatz von dBASE IV jedoch auch im nachhinein aus dem Arbeitsbereich "A" heraus realisieren. Dazu ist die FLOCK()-Funktion wie folgt zu verwenden:

```
.? FLOCK("C")  [RETURN]
```

War der Sperrversuch erfolgreich, wird anschließend am Bildschirm ein .T. für "True" (= Ja) ausgegeben, andernfalls erscheint die Meldung

"Datei wird von anderem Benutzer bearbeitet.
Neuer Sperrversuch - Abbruch: ESC"

Nach Betätigung der [ESC]-Taste wird ein .F. für "False" (= Nein) ausgegeben. Um Informationen über den Benutzer der Datei zu erhalten, ist dieser mit

```
.? LKSYS(5)
```

zu erfragen. Gespeichert wird die Information in einer Variablen mit

```
.benutz = LKSYS(5)
```

Welche Datei in welchem Arbeitsbereich zur Zeit geöffnet ist, läßt sich mit

```
.? DBF("C")
```

(= J:TAUF.DBF) abfragen.

Aufzuheben sind Dateisperren aus jedem Arbeitsbereich heraus mit

```
.UNLOCK IN "C"
```

(= Arbeitsbereich "C").

Auch ohne den SET LOCK ON-Parameter können Datensätze beim interaktiven Arbeiten gesperrt werden. Hierzu ist die LOCK()- oder RLOCK()-Funktion variantenreich einzusetzen. Um beispielsweise die Datensätze 2, 4 und 8 in der Datei term (= Termine) zu sperren, ist die Eingabe

```
.? RLOCK("2,4,8","B")
```

vorzunehmen. Ohne die Angabe der Satznummern

```
.? RLOCK("B")
```

wird der Satz, in der dem Arbeitsbereich zugeordneten Datei, gesperrt, auf dem sich gerade der Satzzeiger befindet.

Satzsperre während des Datenzugriffs

Beim Editieren der Daten in einer Bildschirmmaske oder der Datendarstellung mittels der BROWSE-Funktion, können keine Befehle eingegeben werden. Um trotzdem Datensätze zu sperren, unterstützt dBASE IV verschiedene Tastenkombinationen.

Gesperrt wird ein Datensatz beim interaktiven Arbeiten mit der Tastenkombination

```
[STRG] + [O]
```

Zur Kontrolle wird die Satzsperre in der Statuszeile angezeigt. Ein weitere Möglichkeit im BROWSE-Modus einen Datensatz zu sperren besteht auch über das BROWSE-Menü (Bild 5-2). Auch in diesem Fall ist der Satzzeiger auf den entsprechenden Datensatz zu positionieren, anschließend die Funktionstaste [F10] zu betätigen, danach der Lichtbalken auf die "Sperren"-Option zu positionieren und die [RETURN]-Taste zu drücken. Alternativ ist das auch durch Betätigen der Tasten [ALT] + [D] und anschließend [S] zu realisieren.

Aufgehoben wird die Satzsperre wieder mit

[STRG] + [R]

Alternativ kann auch die Tastenkombination

[STRG] + [C]

betätigt werden. Allerdings springt in diesem Fall der Cursor auf den letzten Satz der Datenbankdatei.

```
 Datensätze     Felder      Suchen      Ende                        18:01:08
┌──────────────────────────────────┐
│ Änderungen rückgängig machen     │TART│TKUR│TLAN
├──────────────────────────────────┤
│ Hinzufügen                       │G   │Test│Memo
│ Löschmarken setzen               │G   │Mona│MEMO
│ Inhalt löschen                   │G   │Mark│MEMO
│ Sperren                          │G   │Vert│Memo
│ Neu einordnen                    │G   │PR-A│Memo
└──────────────────────────────────┘G   │View│Memo
2  │08.08.89│19890808│20:00│2000│P   │Sege│MEMO
6  │20.08.89│19890820│16:00│1600│G   │Flug│Memo
4  │25.08.89│19890825│12:00│1200│G   │    │Memo
4  │25.08.89│19890825│16:00│1600│G   │    │Memo
4  │26.02.88│19880226│11:11│1111│G   │    │Memo
4  │01.02.88│19880201│22:22│2222│G   │    │Memo
4  │06.02.88│19880206│11:11│1111│G   │    │Memo
4  │10.02.88│19880210│22:00│2200│    │    │Memo
4  │12.02.88│19880212│10:00│1000│G   │    │Memo
4  │12.02.88│19880212│16:00│1600│G   │    │Memo
4  │16.02.88│19880216│11:11│1111│G   │    │Memo
Tabelle ║J:\db4\team\TERM        ║Satz 32/173      ║Datei S-Sperre║
          Anwählen: ↑↓   Ausführen: ←┘     Menü verlassen: ESC
      Den aktuellen Datensatz für andere Benutzer im Netzwerk sperren
```

Bild 5-2: Sperren eines Datensatzes im BROWSE-Menü

5.2 Generatoren im Netz einsetzen

Sämtliche in dBASE IV integrierten Generatoren sind Hilfsmittel zur Auswertung und Aufbereitung des Datenbestandes. Ihr Einsatz ist unabhängig davon - Ausnahme der Anwendungsgenerator -, ob in einer Einzel- oder Mehrplatzumgebung gearbeitet wird. Allerdings unter der Voraussetzung, daß der Parameter SET EXCLUSIVE nicht auf ON gesetzt ist. Außer der exklusiven Nutzung von Dateien bewirkt die ON-Schalterstellung auch eine exklusive Nutzung des Regiezentrums. Anwendern, die von der dBASE IV-Befehlsebene in das Regiezentrum verzweigen wollen, bleibt in diesem Fall der Zutritt verwehrt, wenn bereits ein anderer Benutzer mit dem Regiezentrum arbeitet.

Ist der Parameter SET EXCLUSIVE auf OFF gesetzt, werden die Datei- und Satzsperrmechanismen erst wirksam, wenn mittels des generierten Formates eine Datenbankdatei oder View (= Datensicht) in einem lokalen Netzwerk aktiviert wird. Ist der Parameter SET EXCLUSIVE jedoch vor dem Öffnen einer Datenbankdatei (z.B. über SET) auf ON gesetzt, kann immer nur ein Benutzer für eine Datei Formate oder Dokumente definieren. Erst nach dem Schließen der Datenbankdatei wird der exklusive Aufruf für diese Datei zurückgenommen.

Beim Aktivieren einer Datenbankdatei werden die dazugehörende Textdatenbank- sowie Multi-Index-Datei immer im gleichen Modus geöffnet. Außerdem ist beim Aufruf eines Generators vom Regiezentrum aus darauf zu achten, daß lediglich auf die im aktivierten Datenkatalog enthaltenen Datenbankdateien oder Views zugegriffen werden kann. In einen anderen Datenkatalog läßt sich nur direkt vom Regiezentrum aus wechseln. Um die Generatoren "Bericht" oder "Etiketten" zu aktivieren, muß außerdem bereits eine Datenbankdatei geöffnet sein.

Das Aktivieren der Generatoren erfolgt in der Regel über die entsprechende Tafel vom dBASE IV-Regiezentrum (Bild 5-3) aus. Alternativ lassen sich die Generatoren auch mittels CREATE-Kommando aus der dBASE IV-Befehlsebene aufrufen.

Kommando	Tafel	Modus *)
CREATE <Datenbankname>	dB-Dateien	Exklusiv
CREATE VIEW <Dateiname>	Abfragen	Exklusiv
CREATE QUERY <Dateiname>	Abfragen	Exklusiv
CREATE SCREEN <Dateiname>	Masken	Exklusiv

Kommando	Tafel	Modus *)
CREATE REPORT <Dateiname>	Berichte	Exklusiv
CREATE LABEL <Dateiname>	Etiketten	Exklusiv
CREATE APPLICATION <*Datein.>	Programme	**)

*) Beim Ändern bereits vorhandener Formate.

**) Es kann nur jeweils ein Anwender mit dem Generator arbeiten. Aktiviert ein zweiter Benutzer im LAN die Funktion, gibt dBASE IV die Meldung "Zu wenig Speicherplatz vorhanden" aus.

dBASE IV stellt sicher, daß jeder Dateiname nur einmal vorhanden ist und eine vorhandene Datei beim Sichern eines neuen Formates von mehreren Stationen aus, nicht überschrieben wird.

```
Katalog   Diverses   Ende                                                16:48:44
                          dBASE IV-Regiezentrum

                     Katalog: K:\DB4\BSP\HPH.CAT

dB-Dateien   Abfragen   Masken   Berichte   Etiketten   Programme
  <neu>       <neu>      <neu>    <neu>      <neu>       <neu>
  VART
  VGBD
  VKDD
  VKDU
  VMAD

Datei:       VMAD.DBF
Kommentar:   Vertriebs-Datenbank "Mitarbeiterdaten"

Hilfe:F1  Wählen:←┘  Gestaltung:SHIFT-F2  Standardbericht:SHIFT-F9  Menü:F10
```

Bild 5-3: Aktivieren einer Datei im dBASE IV Regiezentrum

Beispiel-Datenbanken

Auf den nachfolgenden Seiten werden die Merkmale der dBASE IV-Generatoren vorgestellt und der Einsatz anhand von Beispielen erläutert. Die Datenbankdateien, in den einzelnen Beispielen haben folgende Struktur:

Vertriebs-Datenbank "Artikel":

Datei: VART.DBF Index: VART.MDX

(Siehe Kapitel: 5.2.2, 5.2.4, 5.2.5)

Nr.	Name	Typ	Länge	Dez	Index	Hinweis
1	ARNR	Z	6		J	Artikel-Nummer
2	ABEZ	Z	30		N	Artikel-Bezeichnung
3	EKPR	N	8	2	N	Einkaufspreis
4	VKPR	N	8	2	N	Verkaufspreis
5	LAGB	N	3	0	N	Lagerbestand

Vertriebs-Datenbank "Vertriebsgebiet":

Datei: VGBD.DBF Index: VGBD.MDX

(Siehe Kapitel: 5.2.4)

Nr.	Name	Typ	Länge	Dez	Index	Hinweis
1	VGEB	Z	1		J	Vertriebsgebiet
2	GBEZ	Z	20		N	Gebietsname
3	UMS1	N	10	2	N	Umsatz 1. Q.
4	UMS2	N	10	2	N	Umsatz 2. Q.
5	UMS3	N	10	2	N	Umsatz 3. Q.
6	UMS4	N	10	2	N	Umsatz 4. Q.

Vertriebs-Datenbank "Kundendaten":

Datei: VKDD.DBF Index: VKDD.MDX

(Siehe Kapitel: 5.2.2, 5.2.4)

Nr.	Name	Typ	Länge	Dez	Index	Hinweis
1	KDNR	Z	4		J	Kunden-Nummer
2	VGEB	Z	1		J	Vertriebsgebiet
3	TITL	Z	15		N	Titulierung
4	NAM1	Z	30		N	Name 1

5	NAM2	Z	30		N	Name 2
6	KONT	Z	30		N	Kontakt
7	STPF	Z	30		N	Straße/Postfach
8	PLZ	Z	4		J	Postleitzahl
9	ORT	Z	30		N	Ort
10	ANRE	Z	20		N	Anrede
11	TELE	Z	16		N	Telefon
12	TFAX	Z	16		N	Telefax

Vertriebs-Datenbank "Kundenumsätze":

Datei: VKDU.DBF Index: VKDU.MDX

(Siehe Kapitel: 5.2.2, 5.2.4)

Nr.	Name	Typ	Länge	Dez	Index	Hinweis
1	KDNR	Z	4		J	Kunden-Nummer
2	VGEB	Z	1		J	Vertriebsgebiet
3	VBNR	Z	2		J	Vertr.-Beauftragter
4	LIDA	D	8		J	Lieferdatum
5	ARNR	Z	6		J	Artikel-Nummer
6	ANZA	N	3		N	Anzahl
7	UMSA	N	9	2	N	Netto-Umsatz

Vertriebs-Datenbank "Mitarbeiterdaten":

Datei: VMAD.DBF Index: VMAD.MDX

(Siehe Kapitel: 5.2.2)

Nr.	Name	Typ	Länge	Dez	Index	Hinweis
1	VBNR	Z	2		J	Vertr.-Beauftragter
2	VGEB	Z	1		J	Vertriebsgebiet
3	VNAM	Z	30		N	Mitarbeitername
4	FUNK	Z	20		N	Funktion

5.2.1 Der Datenbankgenerator

Die gesamte Strukturierung der dBASE IV-Datenbankdateien erfolgt über diesen Generator. Dabei ist es unerheblich, ob die Funktion von der Befehlsebene oder über das Regiezentrum aktiviert wird. Unterschieden wird zwischen der Neuanlage (CREATE-Modus) und Modifizierung (MODIFY-Modus) von Datenbankdateien.

Eine dBASE IV-Datenbankdatei kann aus maximal einer Milliarde Datensätze oder zwei Milliarden Zeichen bestehen. Ein rein theoretischer Wert. Selbst unter Novell Netware könnte eine Datei nur maximal 255 MByte groß sein, da sich eine dBASE-Datenbank nicht auf mehrere Laufwerke verteilt speichern läßt. Die maximale Länge eines Datensatzes beträgt 4000 Zeichen. Jeder Datensatz kann sich aus 255 Datenfeldern zusammensetzen. Unterschieden wird zwischen sechs Feldtypen. Der am häufigsten benötigte Datentyp ist das "Zeichen" oder "Character"-Feld. Ein "Zeichen"-Feld kann wiederum maximal 254 Zeichen lang sein. In einem Zeichenfeld sind alle Informationen und Werte, also auch Zahlen, die nicht für Berechnungen benötigt werden, zu speichern. Für umfangreiche Texte ist das "Memo"-Feld zu wählen. Hierüber lassen sich bis zu 64 KByte umfassende Texte einem Datensatz zuordnen. Zuordnen bedeutet, daß die Eintragungen in ein "Memo"-Feld nicht direkt im Datensatz, sondern in einer externen Textdatenbankdatei (= .DBT) gespeichert werden. Im Datensatz selbst steht nur ein zehn Zeichen langer Verweis auf die Textdatenbank. Auch bei mehreren Memo-Feldern wird nur eine Textdatenbank automatisch angelegt. Zur besseren Zuordnung trägt diese den gleichen Dateinamen wie die eigentliche Datenbankdatei (= .DBF).

Für Berechnungen stehen die Feldtypen "numerisch" und "Gleitkomma" zur Verfügung. Das Gleitkommafeld erhöht die Rechengenauigkeit gegenüber dem "numerischen" Feldtyp und nutzt außerdem den mathematischen Co-Prozessor zur Beschleunigung der Berechnungen. In beiden Fällen ist die Anzahl der Dezimalstellen frei zu wählen. Zusätzlich läßt sich das Datum im Datums-Format und logische Werte, wie zutreffend oder nicht zutreffend, im gleichnamigen Feld speichern.

Maximal 47 Felder lassen sich sofort als Schlüsselfelder kennzeichnen. Einfluß auf die Datensatzlänge hat das nicht. Verwaltet werden die Indizes über die automatisch generierte Multi-Index-Datei (= .MDX). Wie die Textdatenbankdatei trägt diese die gleiche Bezeichnung wie die Datenbankdatei.

Sämtliche Definitionen lassen sich im Dialog vornehmen. Die Struktur kann jederzeit ohne Datenverlust geändert werden. Um nicht immer wieder auf's Neue alle Datenfelder bei ähnlich strukturierten Datenbanken definieren zu müssen, läßt sich mit der Anweisung

```
.COPY STRUCTURE TO <Dateiname>
```

die Datenbankstruktur auf eine neue Datenbankdatei übertragen und anschließend modifizieren.

Bei der Strukturierung der dBASE IV-Datenbankdateien ist darauf zu achten, daß die Anzahl der Datenfelder auf das notwendigste beschränkt bleibt. Das hat zwei Gründe. Erstens kennt dBASE IV nur feste Satzlängen. Das bedeutet, jeder Datensatz belegt unabhängig von den tatsächlichen Eintragungen immer den gleichen Speicherplatz. Außerdem ist durch konsequente Datenbankorganisation sicherzustellen, daß Daten nur dann doppelt gespeichert werden, wenn das unumgänglich ist. Lediglich Verknüpfungsfelder müssen in jeder Datei vorhanden sein.

Mittels der Verknüpfungsfelder lassen sich später Relationen zwischen den Datenbankdateien herstellen. Beziehungen sind sowohl mit dem SET RELATION TO-Parameter zwischen zwei oder mehreren Datenbankdateien, als auch über die "Abfragen"-Option menügesteuert herzustellen (Siehe Kapitel 5.2.2). Gleiche Feldbezeichnungen werden auch für die Anwendung eines weiteren relationalen Kommandos - JOIN - zur Generierung einer neuen Datenbankdatei aus zwei geöffneten Datenbankdateien benötigt.

Da dBASE IV nicht zwei oder mehrere Datenbankdateien mit der gleichen Bezeichnung verwalten kann, stellt das Programm sicher, daß beim gleichzeitigen Zugriff mehrerer Benutzer auf die CREATE-Option der Dateiname nicht zweimal vergeben wird (Bild 5-4).

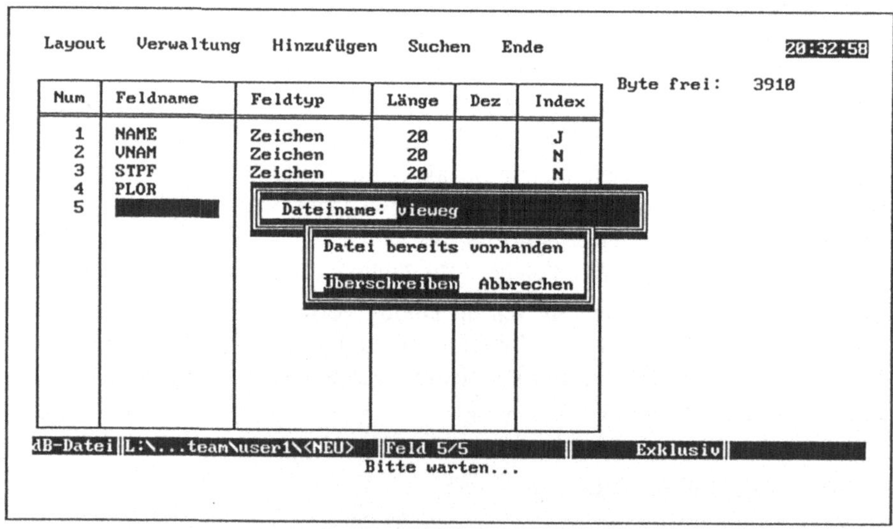

Bild 5-4: Anlegen einer Datenbankdatei

5.2.2 Der QBE-Abfragengenerator

Das in dBASE IV integrierte "Query-by-Example"-Abfragesystem, basierend auf der Formulierung von Beispielen für Datenbankabfragen, ersetzt die direkte Befehlseingabe von der Kommandoebene aus. Es erfordert trotzdem Grundkenntnisse über die Arbeitsweise der entsprechenden dBASE IV-Befehle. Allerdings vereinfacht der Generator die Anwendung der dBASE IV-Sprache und deren Funktionen für Datenbankmanipulationen.

Der dBASE IV-Abfragengenerator unterscheidet zwischen drei Arbeitsbereichen:

Verknüpfung von Datenbankdateien

Statt auf konventionelle Weise mit dem SET RELATION-Kommando, lassen sich über den Abfragengenerator, durch Markierung der entsprechenden Felder im Dialog, Datenbankdateien auf einfache Weise verknüpfen. Das Ergebnis von Dateiverknüpfungen wird in einem View (= Sicht auf die Datenbank) gespeichert und ist mit der Erweiterung .QBE gekennzeichnet.

Abfrage und Manipulation der Datenbankinhalte

Die zentrale Aufgabe des Generators ist die Unterstützung bei der Formulierung von Datenbankabfragen. Hierfür lassen sich im Dialog über Tabellen, die die Felder eines Datensatzes repräsentieren, Kommandos und Werte den Datenbankfeldern zuordnen. Das Ergebnis einer QBE-Abfrage ist eine temporäre Datenbank, die im Speicher, jedoch nicht auf dem Datenträger, existiert. Wahlweise lassen sich Ergebnisse jedoch auch permanent in eine Datenbankdatei für den Wiederaufruf speichern. Mehrere Dateien sind für Abfragen zu verknüpfen. Weiterhin lassen sich mit dem Abfragesystem Informationen sortieren. Die Abfragedefinitionen werden in editierbarem dBASE IV-Befehlscode gespeichert und sind jederzeit manuell zu ergänzen. Diese mit dem Generator erzeugten Abfragedateien sind ebenfalls durch die Erweiterung .QBE gekennzeichnet.

Aktualisierung von Datenbankeintragungen

Diese Funktion ersetzt die direkte Anwendung des REPLACE-Kommandos zur feldbezogenen Änderung und Ergänzung von Datenbankinhalten. Im Gegensatz zu den beiden vorhergehenden Funktionen werden die Definitionen nicht in einer Query-, sondern einer sogenannten Update-Datei (Erweiterung .UPD) gespeichert. Außerdem wird die Update-Datei mit einem "*" am Anfang des Dateinamens gekennzeichnet.

Wie alle dBASE IV-Generatoren ist auch die Abfragen-Option über Pull-Down-Menüs zu steuern. Die Menüleiste repräsentiert folgende Funktionsbereiche:

Layout

Die zentrale Funktion dieser Option ist das Dateihandling. Außerdem wird darüber die Verknüpfungsfunktion aktiviert.

Felder

Das Handling der in Abfragen, Verknüpfungen und Updates einzubeziehenden Datenfelder geschieht über dieses Menü. Es lassen sich hierüber Variable (= Kalkulationsfelder) vereinbaren und in die Auswertungen einbeziehen. Indizes sind zuzuordnen und Feldinhalte auf- und absteigend entsprechend der ASCII-Sortierreihenfolge oder nach dem Duden zu sortieren.

Bedingungen

Komplexe feldübergreifende Bedingungen lassen sich hiermit über eine sogenannte "Bedingungsbox" definieren.

Aktualisierung

Die Aktivierung dieser Funktion ist notwendig, um Update-Dateien zu erstellen. Es lassen sich damit Datenbankeintragungen ersetzen und Datensätze hinzufügen sowie Löschmarken setzen und aufheben.

Beispiel 1 - Dateiverknüpfung:

Im nachfolgenden Beispiel werden die drei Datenbankdateien VKDD, VKDU und VART verknüpft und eine Felderliste für das Layout einer Bildschirmmaske "Kundenumsätze" (Siehe Kapitel 5.2.3) erstellt.

1. Schritt: Nach der Aktivierung des Abfragengenerators sind zuerst die drei zu verknüpfenden Datenbankdateien zu öffnen. Dazu ist die Menüoption "Layout" zu aktivieren und über die Funktion "Hinzufügen einer Datei" die Auswahl vorzunehmen (Bild 5-5).

```
[ALT]+[L] / Hinzufügen einer Datei [RETURN] / {VKDD.DBF}  [RETURN]

[ALT]+[L] / Hinzufügen einer Datei [RETURN] / {VKDU.DBF}  [RETURN]

[ALT]+[L] / Hinzufügen einer Datei [RETURN] / {VART.DBF}  [RETURN]
```

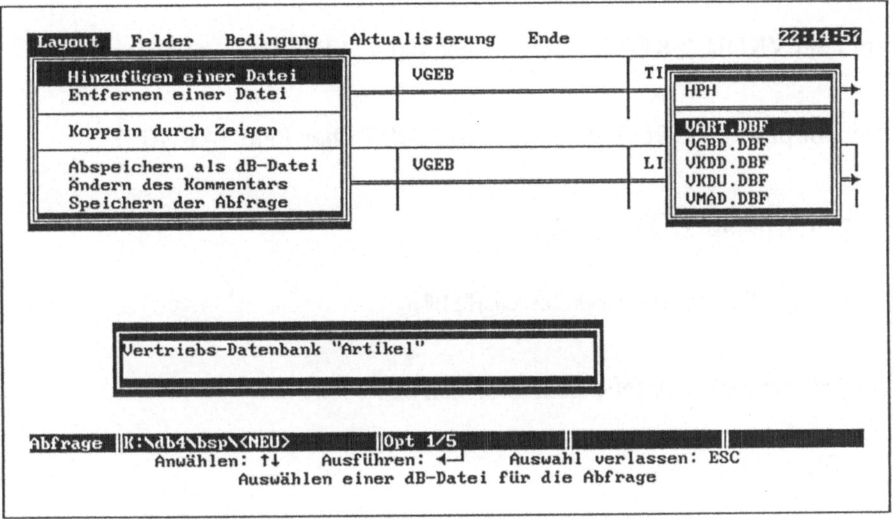

Bild 5-5: Verknüpfen von Dateien

2. Schritt: Über die "Koppeln durch Zeigen"-Funktion ("Layout"-Menü) erfolgt anschließend die Verknüpfung der drei Dateien. Für die Verknüpfung müssen in beiden Datenbankdateien identische Felder vorhanden sein. Vor Aktivierung der Verknüpfungsfunktion muß der Cursor, beziehungsweise der Lichtbalken im ersten der zu verknüpfenden Felder stehen.

Verknüpfung VKDD.DBF und VKDU.DBF über Feld "KDNR":

Cursorposition: VKDD->KDNR

```
[ALT]+[L] / Koppeln durch Zeigen [RETURN]
```

Im Feld VKDD->KDNR steht nun "LINK1".

```
[F4] / [TAB]
```

Cursorposition: VKDU->KDNR

```
[RETURN]
```

Im Feld VKDU->KDNR steht nun ebenfalls "LINK1".

Verknüpfung VKDU.DBF und VART.DBF über Feld "ARNR":

Cursorposition: VKDU->ARNR

```
[ALT]+[L] / Koppeln durch Zeigen [RETURN]
```

Im Feld VKDU->ARNR steht jetzt "LINK2".

```
[F4] / [TAB]
```

Cursorposition: VART->ARNR

```
[RETURN]
```

Im Feld VART->ARNR steht jetzt ebenfalls "LINK2".

Die drei Datenbankdateien sind jetzt miteinander verknüpft.

3. Schritt: Aus den Feldern der drei Datenbankdateien ist eine Felderliste zu erstellen. Dazu muß der Cursor auf das jeweils zu übernehmende Feld positioniert werden. Die nachfolgende Reihenfolge sollte eingehalten werden, ist aber nicht zwingend vorgeschrieben.

Datei VKDD.DBF:

```
{KDNR} [F5] / {NAM1} [F5] / {NAM2} [F5] / {ORT} [F5]
```

Datei VKDU.DBF:

```
{LIDA} [F5] / {ARNR} [F5] / {ANZA} [F5] / {UMSA} [F5]
```

Datei VART.DBF:

```
{ABEZ} [F5] / {VKPR} [F5]
```

Alle in die Felderliste aufgenommen Datenfelder werden im jeweiligen Datensatz mit einem Pfeil markiert und zusätzlich über die Felderliste am unteren Bildschirmrand angezeigt (Bild 5-6).

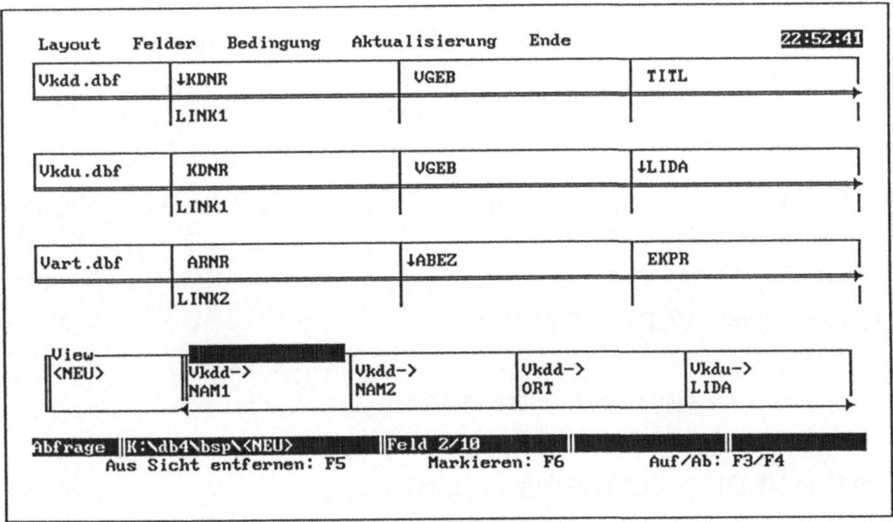

Bild 5-6: Auswahl der Felder für die Verknüpfung

4. Schritt: Nachdem alle Felder ausgewählt sind, ist das View (= Sicht oder Felderliste) über die Menüoption "Ende"/"Speichern und Beenden" zu sichern.

Die generierte Datei erhält die Erweiterung .QBE. Sie steht nun ebenso wie die Datenbankdateien über die Dateiauswahlfunktion zur Verfügung. Falls der Schalter des SET EXCLUSIVE-Parameters auf OFF gesetzt ist, kann sie von allen LAN-Teilnehmern für Masken- und Dokument-Definitionen aufgerufen werden. Erst bei der Verarbeitung von Daten werden die Sperrmechanismen wirksam.

Beispiel 2 - Datenabfrage:

Die Hauptfunktion des Abfragengenerators ist die Selektion von Datenbankinhalten. Im nachfolgenden Beispiel wird der Umsatz eines Vertriebsmitarbeiters ermittelt und das Ergebnis in Verbindung mit dem Namen des Mitarbeiters dargestellt.

1. Schritt: Öffnen der für die Auswertung benötigten Datenbankdatei "Umsätze" und "Mitarbeiter".

```
[ALT]+[L] / Hinzufügen einer Datei [RETURN] / {VKDU.DBF}  [RETURN]

[ALT]+[L] / Hinzufügen einer Datei [RETURN] / {VMAD.DBF}  [RETURN]
```

2. Schritt: Anschließend sind die beiden Datenbankdateien miteinander zu verknüpfen.

Cursorposition: VKDU->VBNR

```
[ALT]+[L] / Koppeln durch Zeigen [RETURN]
```

Im Feld VKDU->VBNR steht nun "LINK1".

```
[F4] / [TAB]
```

Cursorposition: VMAD->VBNR

```
[RETURN]
```

Im Feld VMAD->VBNR steht nun ebenfalls "LINK1", und die Verknüpfung ist hergestellt.

3. Schritt: Für die spätere Darstellung des Ergebnisses ist eine Felderliste anzulegen.

Datei VKDU.DBF:

```
{UMSA} [F5]
```

Datei VMAD.DBF:

```
{VNAM} [F5]
```

4. Schritt: Um für den Mitarbeiter "22" die Umsatzdaten zu ermitteln, sind folgende Bedingungen einzutragen:

Datei VMAD.DBF, Feld VBNR:

```
(hinter LINK1) ,"22"
```

Datei VKDU.DBF, Feld UMSA:

```
SUM
```

Durch Aktivierung des Querys mit der Funktionstaste [F2] werden die Umsatzdaten der Kunden des Vertriebsbeauftragten "22" ermittelt und am Bildschirm das Ergebnis dargestellt. Während der Abfrage kann auf die gleiche Datenbankdatei auch von anderen Arbeitsstation zugegriffen werden.

Beispiel 3 - Datenupdate:

Um bei umfangreichen Änderungen des Datenbankinhaltes manuelle Eingaben zu umgehen, bietet dBASE IV das REPLACE-Kommando an. Im nachfolgenden Beispiel wird wegen einer Änderung der Verkaufsgebiet-Grenzen eine Neuzuordnung der Kunden vorgenommen.

1. Schritt: Öffnen der Datei "VKDD.DBF"

```
[ALT]+[L] / Hinzufügen einer Datei [RETURN] / {VKDD.DBF} [RETURN]
```

2. Schritt: Der Cursor ist im ersten Feld unter der Datenbankidentifizierung (VKDD.DBF) zu plazieren. Anschließend ist die Aktualisierungsart auszuwählen.

```
[ALT]+[A] / Wahl der Aktualisierungsart [RETURN] /
Werte ersetzen in: {VKDD.DBF} [RETURN]
```

Unter der Datenbankbezeichnung wird nun das Kommando REPLACE angezeigt.

3. Schritt: Das zu aktualisierende Feld in der Datenbank auswählen

```
[TAB] [TAB]
```

und den Aktualisierungswunsch in das zu aktualisierende Feld eintragen.

Feld: VGEB

```
{WITH "M"}
```

Danach ist die Bedingung zu formulieren:

```
6x [TAB]
```

Feld: PLZ

```
{> "6099" .AND. < "7000"}
```

Damit ist die Replace-Anweisung definiert.

Wird für die Eingabe mehr Platz benötigt, läßt sich das Feld durch Betätigen der Funktionstaste [F9] auf den ganzen Bildschirmbereich ausdehnen. Andernfalls wird die Anweisung innerhalb des Darstellungsbereichs, wenn nötig, verschoben.

4. Schritt: Um den Vorgang einzuleiten, ist die Menüoption "Aktualisierung" zu aktivieren:

```
[ALT]+[A] / Aktualisieren [RETURN]
```

Danach werden alle Orte mit der Postleitzahl 6100 bis 6999 dem Verkaufsgebiet Mitte zugeordnet. Während des Updates sperrt dBASE IV für andere Benutzer den Zugriff auf die Datenbank. Durch Betätigen der Funktionstaste [F2] kann in den BROWSE-Modus gewechselt werden, und die Änderungen lassen sich nachvollziehen.

5.2.3 Der Maskengenerator

Sowohl Felder einer Datenbank als auch Variable lassen sich in eine mit dem dBASE IV-Maskengenerator erstellte Format-Datei einbinden. Bei der Positionierung der Texte und Datenfelder hilft ein Zeilenlineal. Für die Gestaltung der Maske können sowohl bis zu 16 Farben als auch sämtliche ASCII-Zeichen (Bild 5-7) einbezogen werden. Zur Positionierung der Maskeninhalte lassen sich alle notwendigen Bearbeitungsfunktionen wie Einfügen, Löschen, Verschieben und Kopieren verwenden.

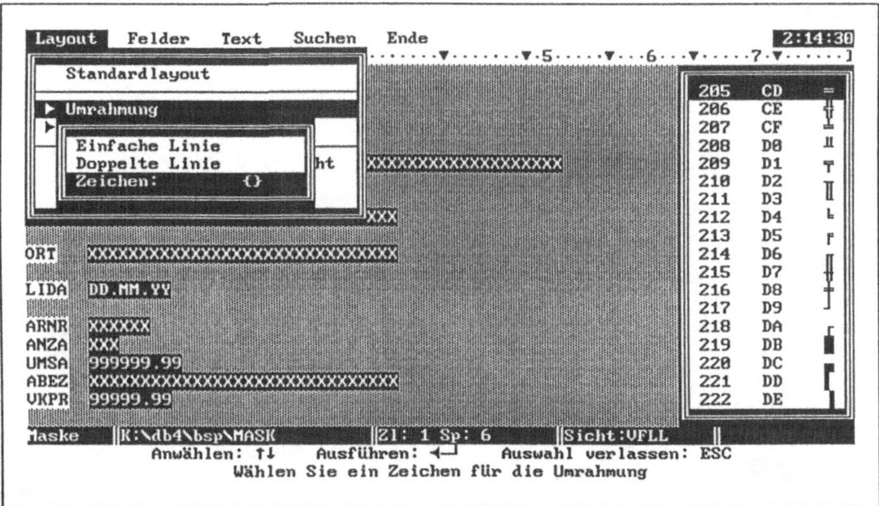

Bild 5-7: Das Menü des Maskengenerators

Im einzelnen stehen folgende Funktionen über die Menüleiste zur Verfügung:

Layout

Hierüber läßt sich bestimmen, ob sämtliche Felder einer Datenbankdatei oder Sicht als sogenanntes Standardlayout sofort auf den Bildschirm übernommen werden sollen. Außerdem sind die ASCII-Zeichen zur Gestaltung von Linien oder Rahmen auszugewählen. Auch der Aufruf einer anderen Datenbankdatei oder Sicht erfolgt über dieses Menü.

Felder

Sämtliche Funktion zur Feldbearbeitung stellt die gleichnamige Menüoption zur Verfügung. Datenfelder sind aus einer Liste auszuwählen, mit einer Zeichenschablone zu hinterlegen, das Ein/Ausgabe-Format festzulegen sowie die Bearbeitungsfunktionen zu wählen. Sogar Speichervariable sind hierüber in eine Maske einzufügen.

Text

Um ein bereits vorhandenes Layout zu übernehmen, kann über die "Textdatei lesen/schreiben"-Funktion ein im ASCII-Format gespeicherter Dateiinhalt übernommen werden. Zusätzlich läßt sich die Textanordnung in einem Feld spezifizieren. Auch die individuelle Zuordnung von Farben zu Datenfeldern oder Gestaltungselementen geschieht hierüber.

Suchen

Über diese Menüoption kann eine Eintragung oder Zeile in der Maske gezielt angesteuert werden. Bereits vorgenommene Eintragungen können durch andere ersetzt werden.

Das Ergebnis einer Maskengeneratorsitzung wird in drei Dateien gespeichert. Interne Informationen über das vorgenommene Layout enthält die Datei mit der Erweiterung .SCR. Der editierbare dBASE-Programmcode wird in der Datei mit der Endung .FMT gespeichert. Die Datei mit der Erweiterung .FMO (= Object-Code) ist pre-compiliert und wird in Verbindung mit einer dBASE IV-Applikation ausgeführt. Nachträgliche Änderungen an der .FMT-Datei über einen Texteditor werden in der .SCR-Datei nicht nachgeführt. Außerdem ist es in diesem Fall notwendig, die Datei mit SET FORMAT TO <Maske> neu zu compilieren.

Beispiel:

Für das im vorhergehenden Kapitel erstellte View, wird in diesem Beispiel eine Maske zur Datendarstellung angelegt. Wurde die View-Datei noch nicht geöffnet, so läßt sich das über die Option "Layout"/"Andere dB-Datei oder Sicht" nachholen. Nach dem Laden der Datei, kann sofort mit dem Layout begonnen werden. Es besteht die Wahl zwischen der sofortigen Übernahme aller Datenfelder oder entsprechend dem Bedarf. Das hat den Vorteil, daß das Löschen nicht benötigter Datenfelder entfällt. In diesem Beispiel erfolgt die Übernahme sämtlicher Felder eines Datensatzes. Das wird durch die Option "Standardlayout" unterstützt.

1. Schritt: Zuerst sind die Datenfelder auf den Bildschirm zu übernehmen.

```
[ALT]+[L] / Standardlayout [RETURN]
```

Anschließend ordnet das System die Felder untereinander, entsprechend der Reihenfolge der View-Eintragungen am Bildschirm an.

2. Schritt: Danach lassen sich die Felder auf dem Bildschirm individuell positionieren. Um beispielsweise Leerzeilen zwischen den Feldern einzufügen, ist zu prüfen, ob die "Insert"-Taste gedrückt wurde. Anschließend wird der Cursor an die entsprechende Bildschirmposition gebracht und so oft betätigt, bis genügend Leerzeilen zwischen den Datenfeldern vorhanden sind. Alternativ kann zum Einfügen und Löschen von Zeilen über die Menüoption "Text" auf entsprechende Funktionen zugegriffen werden.

Zum Verschieben eines Feldes ist der Cursor auf die erste Position des Datenfeldes zu positionieren und anschließend dieses beliebig in der Zeile zu verschieben.

3. Schritt: Nachdem die Datenfelder an die gewünschten Positionen gebracht wurden, sollten die Hinweistexte zugeordnet werden. Hierzu ist lediglich der Text in die Bildschirmmaske zu schreiben. Damit die Bezeichnungen der Feldnamen die Optik nicht beeinflussen, sind diese zu löschen.

4. Schritt: Zur übersichtlicheren Aufteilung der Maske sind nun Linien und Rahmen einzufügen. Jedes beliebige ASCII-Zeichen kann hierfür verwendet werden. Aktiviert wird die Option über das "Layout"-Menü.

5. Schritt: Nach Beendigung des Maskenlayouts sind die Felder mit individuellen Attributen zu hinterlegen. Zu unterschieden ist zwischen:

der Zeichenschablone

Über die Zeichenschablone wird festgelegt, welche Zeichen bei der Dateneingabe eingetragen werden dürfen. Der Vorgang ist identisch zur PICTURE-Klausel.

dem Ein-/Ausgabe-Format

Hierüber läßt sich festlegen, wie die Datendarstellung in einem Feld erfolgt.

den Bearbeitungsfunktionen

Diese Funktionen sind identisch zu den GET-Optionen. Es läßt sich festlegen, ob der Inhalt eines Feldes verändert werden kann oder nicht. Oder, ob die Änderung des Feldinhaltes von einer Bedingung abhängig gemacht wird. Mit der Tastenkombination [SHIFT]+[F1] läßt sich eine Liste mit Operatoren und Funktionen zur Unterstützung der Bedingungsdefinition einblenden. Es kann ein Default-Wert vergeben und eine Meldung oder Hinweistext einem Feld zugeordnet werden. Außerdem läßt sich der Bereich (Range) für den kleinsten und größten Wert vorgeben.

Nachdem die Darstellung der Feldinhalte spezifiziert wurde, ist das Format zu speichern. Anschließend kann die Maske sofort zur Datenabfrage eingesetzt oder bei Bedarf modifiziert werden.

5.2.4 Der Berichtsgenerator

Mit dem in dBASE IV integrierten Report-Generator lassen sich erstmals individuelle Ausgabeformate definieren. Diese für dBASE- Anwender ungewohnte Flexibilität resultiert daraus, daß nunmehr auch der dBASE IV-Generator auf dem sogenannten Bänderprinzip basiert. Was soviel bedeutet, daß die für die Ausgabe bestimmten Informationen in Verarbeitungsgruppen (Bild 5-8) einzuteilen sind. Unterschieden wird dabei nach der Häufigkeit der Ausgabe einer Information in einem Bericht. Beispielsweise wird eine Kopf- und Fußzeile auf jeder Seite eines Berichts benötigt. Auf der ersten Seite eines komplexen Geschäftsberichts stehen einmalige Informationen (z.B. Bereich, Verfasser) und auf der letzten Seite in der Regel die kumulierten Werte. Die einzelnen dazwischen liegenden Seiten sind mit fortlaufenden Informationen aus der Datenbankdatei zu füllen. Je nach Art der benötigten Auswertung sind die einzelnen Bänder zu unterdrücken, beziehungsweise durch Gruppenbänder zu erweitern. Innerhalb der Bandbereiche lassen sich sowohl die Datenfelder als auch der begleitende Text an beliebiger Stelle positionieren.

Zur schnelleren Definition von Dokumenten stellt dBASE IV die drei Standardformate automatisch zur Verfügung. Über das Menüsystem ist entweder eine tabellarische Liste, ein freies Format oder die Serienbrieffunktion zu aktivieren. Der Unterschied zwischen den drei Standardformaten liegt nicht in der Art der Anwendung, sondern in der Übergabe der Informationen. In allen drei Bereichen stellt der dBASE IV-Report-Generator den gleichen Funktionsumfang zur Auswahl.

> Die Datenfelder der ausgewählten Datenbank oder Sicht ordnet die "tabellarischer Bericht"-Funktion selbsttätig Spalten zu. Außerdem werden in diesem Fall automatisch Summenfelder für die nummerischen Datenfelder gebildet.

Bei der Wahl des freien Formates erfolgt die Anordnung der Datenfelder dagegen vertikal im "Datenbereich". Beide Formate ergänzen zusätzlich die Kopfzeile um die Seitennummer und die Tagesdatum-Variable.

Die Serienbrieffunktion übernimmt überhaupt keine Daten in das Berichtsformat und gibt auch keine variablen Werte vor. Diese Funktion ist zur freien Gestaltung eines Berichts den anderen Optionen vorzuziehen, da das Löschen redundanter Werte oder Eintragungen beziehungsweise das Verschieben der Datenfelder beim Layout entfällt.

Bei der Anwendung des Report-Generators unterstützt eine äußerst komplexes Menüsystem, daß folgende Funktionsbereiche zur Verfügung stellt:

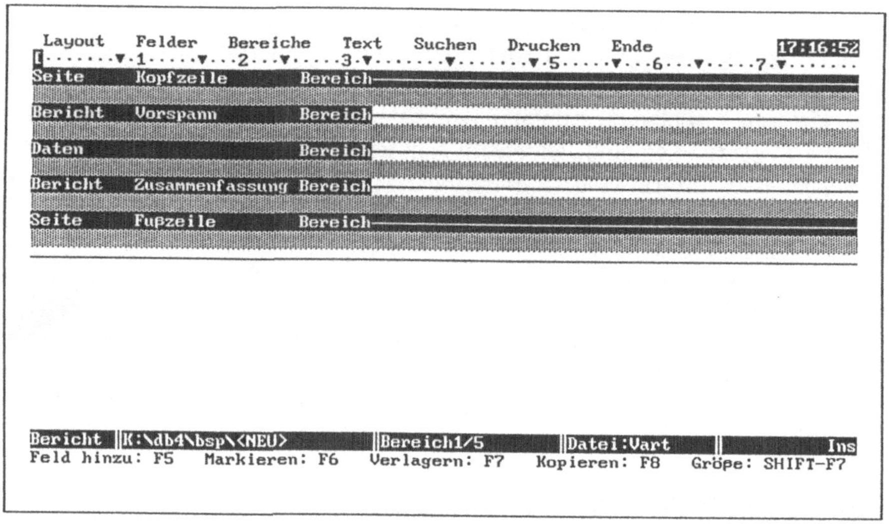

```
Layout   Felder   Bereiche   Text   Suchen   Drucken   Ende        17:16:52
Seite     Kopfzeile         Bereich
Bericht   Vorspann          Bereich
Daten                       Bereich
Bericht   Zusammenfassung   Bereich
Seite     Fußzeile          Bereich
Bericht  K:\db4\bsp\<NEU>   Bereich1/5   Datei:Vart   Ins
Feld hinzu: F5  Markieren: F6  Verlagern: F7  Kopieren: F8  Größe: SHIFT-F7
```

Bild 5-8: Das Menü des Berichtsgenerators

Layout

Die Layout-Option ist identisch zur der des Maskengenerators. Über das Menü kann eine der drei vorgegebenen Standardlayouts sowie eine andere Sicht oder Datenbankdatei gewählt werden. Außerdem ist die Darstellung der Linien und Rahmen zu beeinflussen.

Felder

Mittels dieser Option erfolgt das gesamte Handling der Datenfelder und Variablen für einen Bericht.

Bereiche

Neben der Felder-Option gehört dieses Menü zu den wichtigsten des Report-Generators. Es lassen sich damit Gruppen einem Bereich hinzufügen und die Darstellung in den Bänderbereichen beeinflussen.

Text

Mittels der Text-Funktionen können Feldinhalte und Hinweistexte in verschiedenen Schriftarten dargestellt werden. Außerdem stehen hierüber die Basisfunktionen zur Seitenbearbeitung zur Verfügung.

Suchen

Die Suchen-Option ist wiederum vollkommen identisch zu den anderen Generatoren. Mittels der Funktionen kann sowohl eine Zeile als auch ein Ausdruck direkt angesteuert werden.

Drucken

Für die Ausgabe von Berichten ist eine ausgefeilte Druckersteuerung von großer Bedeutung. Mittels der von diesem Menü angebotenen Funktionen läßt sich das Ziel der Ausgabe - Bildschirm, Drucker, Druckdatei - ebenso bestimmen wie die Seitenlänge, die Druckerfonts und die Seitensteuerung. Bereits definierte Druckformate lassen sich hierüber ebenfalls einlesen.

Beispiel 1 - Tabellarischer Bericht

Die einfachste Form der Datendarstellung ist der tabellarische Bericht. Dieser ist immer dann vorzuziehen, wenn an die Darstellung der gespeicherten Informationen keine großen Ansprüche gestellt werden. Um beispielsweise die Umsatzzahlen der einzelnen Verkaufsgebiete schnell einsehen zu können, bedarf es lediglich folgender Vorgehensweise:

1. Schritt: Datenbankdatei über die dB-Dateien-Tafel öffnen.

```
{VGBD} [RETURN]
```

2. Schritt: Berichtsgenerator über die Option <neu> aktivieren.

{<neu>} [RETURN]

3. Schritt: Über die Standardlayout-Option ist die Funktion "Anordnung in Spalten" sofort nach der Verzweigung in die Report-Generator-Umgebung wählen.

{Standardlayout} [RETURN] / {Anordnung in Spalten} [RETURN]

Der dBASE IV-Berichtsgenerator ordnet nun die Datenfelder selbsttätig, spaltenweise in einem Berichtsformat an (Bild 5-9).

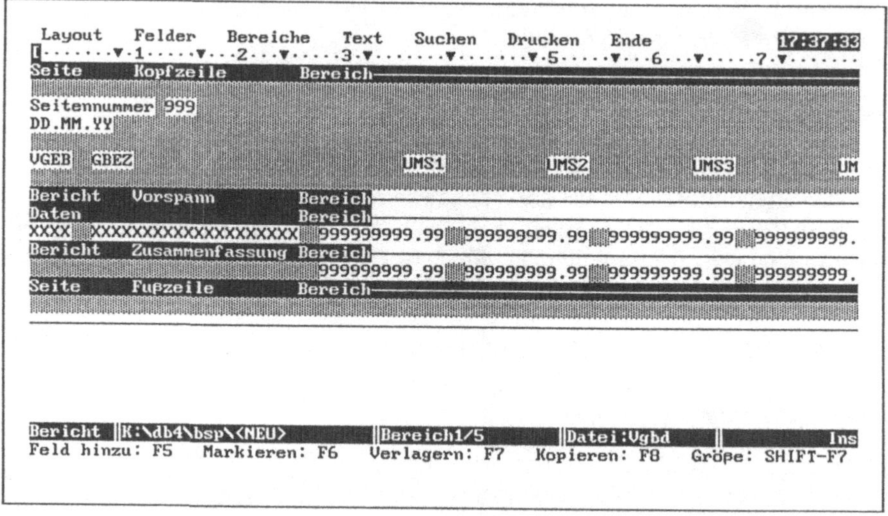

Bild 5-9: Das Standardlayout des Berichtsgenerators mit Spalten

4. Schritt: Anschließend läßt sich das Feinlayout durchführen. Zuerst ist die Bezeichnung "Seitennummer" in "Seite" zu ändern und alle Feldnamen sind durch verständliche Bezeichnungen zu ersetzen.

Seitennummer ändern

Der Cursor ist auf den Anfang von "nummer" zu positionieren und die [DEL]-Taste zu betätigen, bis die Buchstaben entfernt sind. Anschließend ist die Variable für den Seitenzähler an den Hinweis "Seite" heranzuziehen. Dafür wird der Cursor auf die erste Stelle der Variable positioniert, die Taste [F6] zum Markieren des zu verlagernen Feldes gedrückt und der Vorgang mit der [RETURN]-Taste abgeschlossen. Nachdem die Funktionstaste [F7] betätigt wurde, kann das Feld mit der Cursortaste verschoben werden.

Feldnamen in Spaltenbezeichnungen ändern

Hierfür sind sämtliche Feldnamen zu löschen. Dazu wird jeweils der Cursor auf die erste Stelle des Feldes gesetzt und anschließend mit der [DEL]-Taste der Feldname gelöscht. Nun können die Spaltenbezeichnungen eingefügt werden:

```
Spalte  0: Verkaufsgebiet
Spalte 29: I. Quartal
Spalte 43: II. Quartal
Spalte 56: III. Quartal
Spalte 71: IV. Quartal
```

Danach kann die Liste auf den Bildschirm oder Drucker ausgegeben werden.

Beispiel 2 - Individuelles Dokumentenlayout

Wesentlich mehr Definitionsaufwand als im vorhergehenden Beispiel erfordern "frei" gestaltete Dokumente. Mit Unterstützung der Option wird im nachfolgenden Beispiel ein Rechnungsfomular generiert.

1. Schritt: Für die Darstellung in der Rechnung werden Informationen aus den Datenbanken VKDD, VKDU und VART benötigt. Die entsprechenden Dateien sind über die Abfragen-Option zu verknüpfen und eine Felderliste mit folgenden Datenfeldern zu erstellen:

(Feldkennzeichnung: Alias->Feldname)

```
VKDD->KDNR
VKDD->TITL
VKDD->NAM1
VKDD->NAM2
VKDD->STPF
VKDD->PLZ
VKDD->ORT
VKDU->LIDA
VKDU->ARNR
VKDU->ANZA
VART->ABEZ
VART->VKPR
```

2. Schritt: Berichtsgenerator über die Option <neu> aktivieren.

```
{<neu>} [RETURN]
```

3. Schritt: Über die Standardlayout-Option die Funktion "Masken-Layout" nach der Verzweigung in den Report-Generator wählen.

```
{Standardlayout} [RETURN] / {Masken-Layout} [RETURN]
```

4. Schritt: Als erstes sind die standardmäßigen Angaben in der Kopfzeile zu löschen.

5. Schritt: Nachdem der Bereich frei ist, können die Absenderdaten (Firmendaten) für die Rechnung eingetragen werden.

6. Schritt: Die Rechnungsdaten sind in das Formular so lange einzutragen bis sich die Kundennummer ändert. Aus diesem Grund ist zunächst ein Gruppenbereich einzurichten. Dazu ist der Cursor auf das Band "Bericht Vorspann" zu positionieren und folgende Definition vorzunehmen:

```
[ALT]+[B] {Hinzufügen einer Gruppe} [RETURN]
{Feldinhalt} [RETURN] {KDNR} [RETURN]
```

und anschließend in den "Gruppe 1 Vorspannbereich zu verzweigen.

7. Schritt: Danach sind die Adressdaten in das Formular einzutragen:

(Nachfolgend Cursorposition: Zeile = Zl, Spalte = Sp)

```
Zl 1, Sp 0: [ALT]+[F] / {Hinzufügen} [RETURN]
            {TITL} [RETURN] / [STRG]+[ENDE]

Zl 2, Sp 0: [F10] / {Hinzufügen} [RETURN] / {NAM1} [RETURN]
            [STRG]+[ENDE]

Zl 3, Sp 0: [F10] / {Hinzufügen} [RETURN] / {NAM2} [RETURN]
            [STRG]+[ENDE]

Zl 4, Sp 0: [F10] / {Hinzufügen} [RETURN] / {STPF} [RETURN]
            [STRG]+[ENDE]

Zl 6, Sp 0: [F10] / {Hinzufügen} [RETURN] / {PLZ} [RETURN]
            [STRG]+[ENDE]

Zl 6, Sp 5: [F10] / {Hinzufügen} [RETURN] / {ORT} [RETURN]
            [STRG]+[ENDE]
```

8. Schritt: Nach der Eintragung des Adressbereiches sind Informationen wie Kundennummer, Rechnungsnummer und Rechnungsdatum einzufügen.

```
Zl 11, Sp 45: Kd.-Nr.

Zl 12, Sp 46: [ALT]+[F] / {Hinzufügen} [RETURN]
              {KDNR} [RETURN] / [STRG]+[ENDE]

Zl 11, Sp 54: R.-Nr.

Zl 12, Sp 55: [F10] / {Hinzufügen} [RETURN]
              [KALK'FELD <neu>] [RETURN]
              {Name:} [RETURN] {RNR} [RETURN]
              {Ausdruck:} [RETURN] {RNR + 1} [RETURN]
              {Schablone:} [RETURN] {999} [RETURN]
              [STRG]+[ENDE]
```

```
Zl 12, Sp 62: [F10] / {Hinzufügen} [RETURN]
              [VORGABEFELD  {Datum}] [RETURN]
              [STRG]+[ENDE]
```

9. Schritt: Anschließend ist das Dokument als Rechnung zu kennzeichnen:

```
Zl 18, Sp 0: --------------- [RETURN]
Zl 19, Sp 0: R E C H N U N G [RETURN]
Zl 20, Sp 0: --------------- [RETURN]
```

10. Schritt: Zur Kennzeichnung der Spalteninhalte sind diese mit Hinweistexten zu versehen:

```
Zl 22, Sp  0: Datum
Zl 22, Sp 10: Anz.  Art.Nr.  Artikel
Zl 22, Sp 57: EZ-Preis  Gesamt
Zl 23, Sp  0 bis Sp 76: Linie ziehen
```

Anschließend wird dieser Bereich verlassen und in den Datenbereich verzweigt. Alle Zeilen nach der Zeile 24 sind vorher allerdings noch zu löschen.

11. Schritt: Um die automatisch eingesetzten und nicht benötigten Datenfelder zu entfernen, ist der Datenbereich zu markieren - Taste [F6] - und mit der [DEL]-Taste der Inhalt zu löschen.

12. Schritt: Dann sind im Datenbereich alle für die wiederholte Datenausgabe benötigten Datenfelder anzuordnen. Dazu sind diese auf dem Formular zu verschieben.

```
Zl 0, Sp  0: VKDU->LIDA
      Sp 10: VKDU->ANZA
      Sp 16: VKDU->ARNR
      Sp 25: VART->ABEZ
      Sp 57: VART->VKPR
```

13. Schritt: Zur Berechnung des Gesamtpreises ist der Einzelpreis mit der Anzahl der verkauften Artikel zu multiplizieren:

```
Zl 0, Sp 67: [ALT]+[F] / {Hinzufügen} [RETURN]
             [KALK'FELD <neu>] [RETURN]
             {Name:} [RETURN] {GSP} [RETURN]
             {Ausdruck:} [RETURN] [SHIFT]+[F1]
             {ANZA} [RETURN] * [SHIFT]+[F1] {VKPR} [RETURN]
             {Schablone:} [RETURN] {999999.99} [RETURN]
             [STRG]+[ENDE]
```

14. Schritt: Für die Bildung der Rechnungssumme muß anschließend in den Bereich "Gruppe 1 Zusammenfassung" verzweigt werden. Es sind die Felder "Rechnungsbetrag - Netto", "Mehrwertsteuer" und "Rechnungssumme" einzurichten (Bild 5-10).

```
Zl 0, Sp 67: --------- [RETURN]

Zl 1, Sp 67: [ALT]+[F] / {Hinzufügen} [RETURN]
             {FORMELFELD  Summe} [RETURN]
             {Name} [RETURN] {RNB} [RETURN]
             {dB-Bezugsfeld} [RETURN] {GSP} [RETURN]
             {Schablone} [RETURN] {999999.99} [RETURN]
             [STRG]+[ENDE]

Zl 2, Sp 56: 14 % MWSt

Zl 2, Sp 67: [ALT]+[F] / {Hinzufügen} [RETURN]
             [KALK'FELD <neu>] [RETURN]
             {Name:} [RETURN] {MWST} [RETURN]
             {Ausdruck:} [RETURN] {RNB * 0.14} [RETURN]
             {Schablone:} [RETURN] {999999.99} [RETURN]
             [STRG]+[ENDE]

Zl 3, Sp 67: --------- [RETURN]

Zl 4, Sp 67: [ALT]+[F] / {Hinzufügen} [RETURN]
             [KALK'FELD <neu>] [RETURN]
             {Name:} [RETURN] {REB} [RETURN]
             {Ausdruck:} [RETURN] {RNB + MWST} [RETURN]
             {Schablone:} [RETURN] {99999.99} [RETURN]
             [STRG]+[ENDE]

Zl 5, Sp 67: =========
```

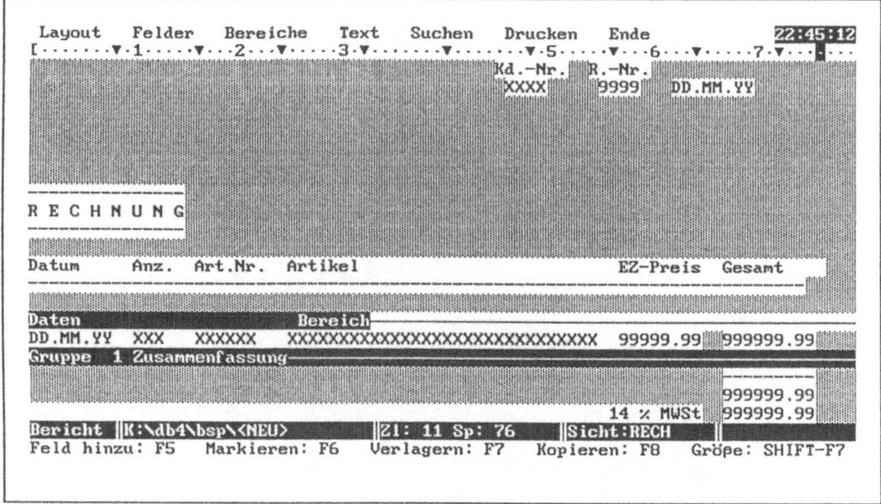

Bild 5-10: Die Gestaltung von Rechnungen mit dem Berichtsgenerator

15. Schritt: Zur Aktivierung des Seitenvorschubs ist ein Merker in der Zeile 6 zu setzen:

```
[ALT-T] {Neue Seite} [RETURN]
```

16. Schritt: Im Bereich "Fußzeile" lassen sich nun die Zahlungsbedingungen oder die Kontoverbindung individuell eintragen.

17. Schritt: Zum Schluß ist noch das Druckformat festzulegen, und das Rechnungsformular ist erstellt.

Beispiel 3 - Serienbriefe anfertigen

Eine häufige Anwendung in Verbindung mit den gespeicherten Kundendaten ist die Durchführung von Mailingaktionen. Beim Arbeiten mit dBASE IV muß hierfür kein zusätzliches Textsystem eingesetzt, sondern nur die Serienbrief-Option des Report-Generators aktiviert werden. Im nachfolgenden Beispiel wird in Verbindung mit den Adressen der VKDD-Datenbank ein Serienbrief entworfen.

1. Schritt: Datenbankdatei über die dB-Dateien-Tafel öffnen.

```
{VKDD} [RETURN]
```

2. Schritt: Berichtsgenerator über die Option <neu> aktivieren.

```
{<neu>} [RETURN]
```

3. Schritt: Über die Standardlayout-Option ist die Funktion "Serienbrief-Layout" nach der Verzweigung in den Report-Generator zu wählen.

```
{Standardlayout} [RETURN] / {Serienbrief-Layout} [RETURN]
```

dBASE IV schließt nun sämtliche Bereiche bis auf den Datenbereich. Im Gegensatz zu den anderen Layoutoptionen werden keine Datenfelder übergeben oder Variable angelegt.

4. Schritt: Als erstes sind die Datenfelder für die Adresse einzufügen (Bild 5-11).

```
Zl 4, Sp 0: [ALT]+[F] / {Hinzufügen} [RETURN]
            {TITL} [RETURN] / [STRG]+[ENDE]

Zl 5, Sp 0: [F10] / {Hinzufügen} [RETURN] / {NAM1} [RETURN]
            {E/A-Formate} [RETURN]
            {Unterdrücken von Leerzeichen = EIN}
            [STRG]+[ENDE] [STRG]+[ENDE]

Zl 5, Sp 31: [F10] / {Hinzufügen} [RETURN] / {NAM2} [RETURN]
             [STRG]+[ENDE]

Zl 6, Sp 0: [F10] / {Hinzufügen} [RETURN] / {KONT} [RETURN]
            [STRG]+[ENDE]
```

```
Zl 7, Sp 0: [F10] / {Hinzufügen} [RETURN] / {STPF} [RETURN]
            [STRG]+[ENDE]

Zl 9, Sp 0: [F10] / {Hinzufügen} [RETURN] / {PLZ} [RETURN]
            [STRG]+[ENDE]
Zl 9, Sp 5: [F10] / {Hinzufügen} [RETURN] / {ORT} [RETURN]
            [STRG]+[ENDE]
```

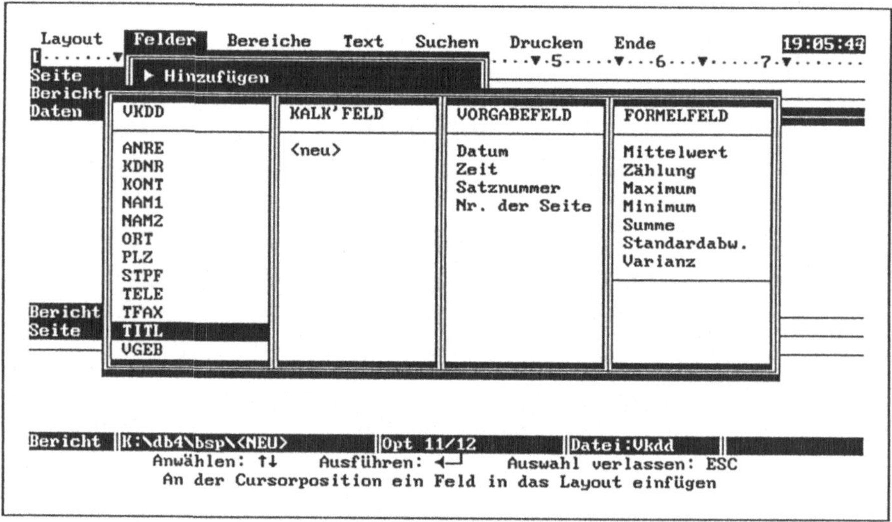

Bild 5-11: Die Serienbrief-Funktion des Berichtsgenerators

5. Schritt: Jeder Brief ist mit einem Datum zu versehen. Dieses kann entweder fest vorgegeben oder mittels einer Variablen übernommen werden.

```
Zl 14, Sp 60: [F10] / {Hinzufügen} [RETURN]
              {Vorgabefeld - Datum} [RETURN] [STRG]+[ENDE]
```

Ist in der CONFIG.DB-Datei der Parameter DATE = GERMAN gesetzt wird danach der Platzhalter für das Datum im Format "DD.MM.YY" angezeigt.

6. Schritt: Das "Betreff" für einen Brief ist wie beim Arbeiten mit einem Textsystem einzutippen.

```
Zl 20, Sp 0: Neues dBASE IV-Buch verfügbar
```

Um das Betreff hervorzuheben, läßt sich der Text auch "Fett" darstellen.

```
Zl 20, Sp 0: [F6]

Zl 20, Sp 28: [RETURN] / [ALT]+[T] / {Schriftart} [RETURN]
              {Fett - EIN} [RETURN]
```

7. Schritt: Felder lassen sich auch direkt mit Texten verbinden. Dadurch kann beispielsweise der fixe Text der Anrede vorgegeben, das Feld ANRE angehängt und danach das notwendige Komma gesetzt werden.

```
Zl 23, Sp 0: Sehr geehrt

Zl 23, Sp 11: [ALT]+[F] / {Hinzufügen} [RETURN] {ANRE} [RETURN]
              {E/A-Format:} §+
              {Unterdrücken von Leerzeichen = Ein}
              [STRG]+[ENDE] [STRG]+[ENDE]

Zl 23, Sp 31: ,
```

8. Schritt: Jetzt kann ein individueller Text eingegeben werden. Anschließend sind die Druckerparameter zu vergeben und das Serienbrief-Layout ist beendet.

Das Ergebnis einer Report-Generator-Sitzung speichert dBASE IV in zwei Dateien - dem .FRM- und dem .FRG-Files. In der Datei mit der Erweiterung .FRG wird das Ergebnis der Generator-Sitzung in editierbarem Programmcode gespeichert. Dieser läßt sich beliebig in Prozeduren einbinden und mittels eines Texteditors bearbeiten. Die Datei mit der Endung .FRM enthält dBASE-interne Steuerzeichen. Sie wird nur bei Änderung des Berichtsformats über den Report-Generator angepaßt. Änderungen des Berichtscodes über einen Texteditor haben keinen Einfluß auf die .FRM-Datei. Um einen Bericht über das Regiezentrum aufrufen zu können, müssen jedoch die .FRG-

und .FRM-Datei bei ersten Mal übereinstimmen. Für individuelle Ergänzungen ist deshalb die .FRG-Datei in eine zusätzliche Datei mit anderer Bezeichnung zu übertragen. Nach dem ersten Aufruf des Berichts mit REPORT FORM compiliert dBASE IV den Berichtscode und erstellt die Datei mit der Endung .FRO.

5.2.5 Der Etikettengenerator

Mit Unterstützung des Etikettengenerators lassen sich sowohl Labels drucken als auch einfache Datenlisten ausgeben. Das gesamte Layout geschieht über ein Fenster, in dem sich der Inhalt, so wie er später ausgegeben wird, darstellen läßt. Die Arbeit mit dem Etikettengenerator unterstützen sechs Fenster. Diese stellen folgende Funktionen zur Verfügung:

Layout

Hierüber läßt sich eine neue Datenbankdatei oder Sicht auswählen. Außerdem kann das Etikettenlayout zwischengespeichert werden. In diesem Fall wird eine Formatdatei mit der Erweiterung .LBG angelegt.

Maße

Über diese Option kann entweder ein bereits vorhandenes Etikettenformat ausgewählt oder ein individuelles bestimmt werden. Es läßt sich die Breite (max. 255 Zeichen), die Anzahl der Zeilen (max. 255), der Einzug (= Einrücken am Anfang der ersten Etikettenspalte (max. 250 Zeichen)), der Zeilenabstand zwischen den Labels (max. 16 Zeilen), der Abstand zwischen den Labels bei mehrbahnigen Etiketten (max. 120 Stellen) und die Anzahl der Etiketten nebeneinander (max. 15) frei bestimmen. Zu beachten ist lediglich, daß die Summe der Etikettenbreiten den Wert 255 Zeichen nicht überschreitet.

Felder

Die Felder-Option unterstützt bei der Übernahme der Datenfelder aus der gewählten Datenbankdatei oder Sicht in das Etikettenformat. Außerdem lassen sich Datenfelder mit Schablonen hinterlegen und Funktionen für die Darstellung des Feldinhaltes (z.B. Rechtsbündig, Leerzeichenunterdrückung) wählen (Bild 5-12). Zusätzlich zu den Datenbankfeldern sind sogenannte kalkulierte Felder (= Variable) einzufügen. Letzteres hat beispielsweise den Vorteil, daß sich Druckausgaben mit einem Datum oder einer laufenden Nummer versehen lassen.

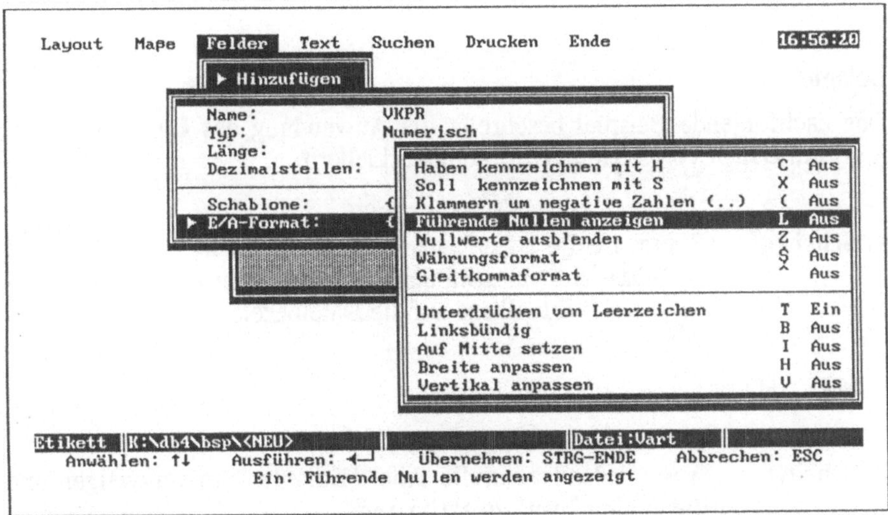

Bild 5-12: Das Menü des Etikettengenerators

Text

Über diese Option sind Feldinhalte, wie der Text beim Arbeiten mit einem Textsystem, mit Druckattributen (z.B. Fett, Kursiv) zu versehen. Zusätzlich lassen sich darüber Informationen aus einer Textdatei (z.B. Absenderangabe, Hinweistext) übernehmen.

Suchen

Besonders bei sehr großen Formaten ist die Option "Suchen" sehr hilfreich. Hiermit kann in einem Dokument eine Zeile gezielt "angesprungen" sowie nach Eintragungen vor- oder rückwärts gesucht werden. Außerdem sind Eintragungen gezielt durch andere Daten zu ersetzen.

Drucken

Sämtliche Einstellungen zur Drucksteuerung lassen sich über dieses Menü vornehmen. Ganz besonders hilfreich ist die Bestimmung der Zeichendichte. Auf diese Weise können über einen 15-Zoll-Drucker tatsächlich 255 Zeichen in einer Zeile dargestellt werden. Auch bestimmte Schriftfonts lassen sich durch Zuordnung der Steuerzeichen aktivieren. Außerdem ist das Ziel für die Ausgabe (Drucker, Druckdatei) oder aus den maximal vier vorgegebenen Druckertreibern der benötigte zu wählen. Bereits vorhandene Druckformate sind ebenso einzulesen, wie das aktuelle Format zur Wiederverwendung beim Druck anderer Labels zu speichern.

Beispiel:

Das nachfolgende Beispiel beschreibt die Anwendung des Etikettengenerators zum Druck von 2-bahnigen-Produktaufklebern.

1. Schritt: Zuerst ist die Datenbankdatei "VART.DBF" über die Tafel "dB-Dateien" auszuwählen. Das geschieht durch Positionierung des Lichtbalkens auf die Dateibezeichnung.

```
VART [RETURN]
```

2. Schritt: Anschließend ist in die Tafel "Etiketten" zu verzweigen und die Option "neu" zu aktivieren.

```
<neu> [RETURN]
```

3. Schritt: Danach wird die Formatgröße des Labels bestimmt. Hierzu ist das Menü "Maße" zu wählen und wie folgt vorzugehen:

```
Breite:             {40}  [RETURN]
Höhe:               {5}   [RETURN]
Einzug:             {0}   [RETURN]
Abstand in Zeilen:  {1}   [RETURN]
Spaltenabstand:     {1}   [RETURN]
Zahl der Spalten:   {2}   [RETURN]
```

Entsprechend den Vorgaben wird nach Beendigung der Definitionen am Bildschirm ein Fenster geöffnet.

4. Schritt: Nun sind die für die Ausgabe benötigten Felder in das Format einzutragen. Dazu ist der Cursor auf die entsprechende Anfangsposition im Format zu setzen und mit der Tastenkombination [ALT] + [F] das Felder-Menü zu öffnen und die Option "Hinzufügen" zu wählen. Der Vorgang muß für jedes Feld wiederholt werden.

Anfangsposition Zeile	Spalte	Feld	Aktionen
1	1	ARNR	[RETURN] / [STRG]+[ENDE]
1	9	ABEZ	[RETURN] / [STRG]+[ENDE]
3	31	VKPR	[RETURN]
			Schablone: [RETURN] {****9.99}
			[RETURN] / [STRG]+[ENDE]
			E/A-Format: [RETURN]
			Führende Nullen an... [RETURN]
			{Ein} 2 x [STRG]+[ENDE]

5. Schritt: Nach der Auswahl der Datenfelder ist vor dem Feld "VKPR" der Text "DM" (Zeile 3, Spalte 28) einzufügen (Bild 5-13).

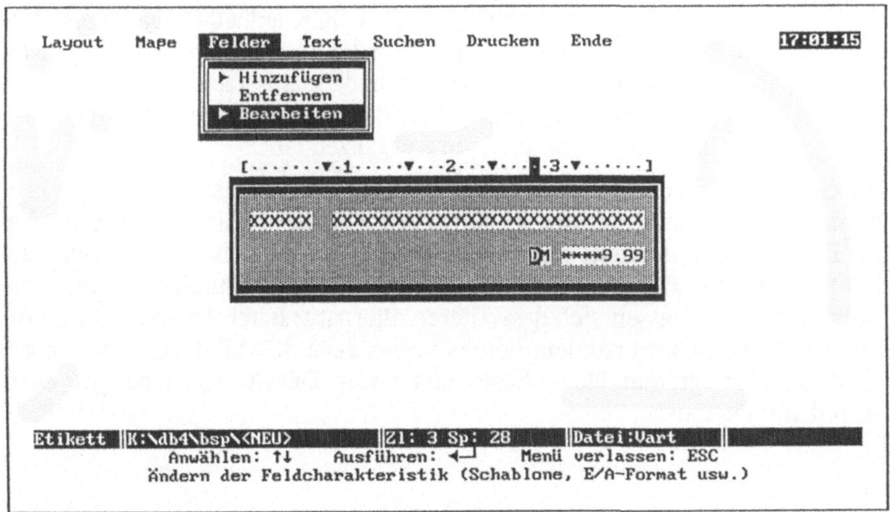

Bild 5-13: Der Entwurf eines Etikettes

6. Schritt: Zur hervorgehobenen Darstellung des Betrages ist die Felddefinition mit dem Attribut "Fett" zu versehen.

```
[ALT]+[T] / Schriftart [RETURN] / Fett [RETURN] {Ein} / [ESC]
```

Damit ist die Definition des Labelformats abgeschlossen. Je nach gewähltem Drucker ist das Druckformat (Option: Drucken) zu bestimmen. Mit Hilfe der Funktionen dieses Menüs läßt sich sowohl ein Probedruck starten, als auch die Ausgabe zum Test über den Bildschirm ausgeben.

Das Ergebnis der Sitzung wird in einer Datei mit der Erweiterung .LBL gespeichert. Nach dem ersten Aufruf des Formats zur Datenausgabe (LABEL FORM-Kommando) wird die Object-Code-Datei mit der Endung .LBO erzeugt. Der Inhalt dieser Datei ist verschlüsselt und kann deshalb im Gegensatz zur .LBL-Datei nicht verändert werden.

5.2.6 Der Anwendungsgenerator

Der dBASE IV-Anwendungsgenerator läßt sich nur bedingt in einer Mehrbenutzerumgebung einsetzen. Es kann immer nur ein LAN- Teilnehmer auf die Option zugreifen. Jedoch implementiert er bei der selbsttätigen Codierung des Programmcodes automatische und individuelle Zugriffssperren. So setzt er beispielsweise den SET EXCLUSIVE-Parameter auf OFF und aktiviert die automatische Satzsperre, indem er SET LOCK auf ON schaltet. Außerdem sind im Programmcode die konventionellen FLOCK()- und RLOCK()-Funktionen zur Zugriffssperre auf Dateien und Datensätze eingebunden. Zusätzlich bietet der Generator den Vorteil, daß sich der erzeugte Programmcode jederzeit individuell bearbeiten und ergänzen läßt.

Im Gegensatz zu dem beim Einsatz von dBASE III Plus verfügbaren Programmgenerator sind mit der dBASE IV-Variante komplexeste Applikation im Dialog zu generieren. Sogar individuelle Benutzeroberflächen mit Zeilen-, Popup- und Pull-Down-Menüs können ohne Programmierkenntnisse erstellt werden. Es lassen sich desweiteren alternativ Batch-Prozesse durch direkte Befehlseingabe erstellen, bereits vorhandene dBASE-Prozeduren in ein generiertes Programm übernehmen und sogar DOS-Programme aus einer Applikation heraus aufrufen.

Die wichtigsten Komponenten des Anwendungsgenerators sind:

Das Programmdefinitions-Fenster

Zu Beginn jeder neuen Anwendungsdefinition ist das Programmdefinitions-Fenster zu bearbeiten (Bild 5-14). Nur drei der sieben Abfragen müssen allerdings beantwortet werden. Unbedingt notwendig ist es, einen Namen, mit dem das Programm später aufgerufen wird, für die Applikation zu vergeben. Bereits an dieser Stelle muß der Typ des Hauptmenüs, mit dem sich die Applikation nach dem Aufruf meldet, festgelegt werden. Es besteht die Wahl zwischen einem Zeilen-, Fenster- oder individuell definierten Menü.

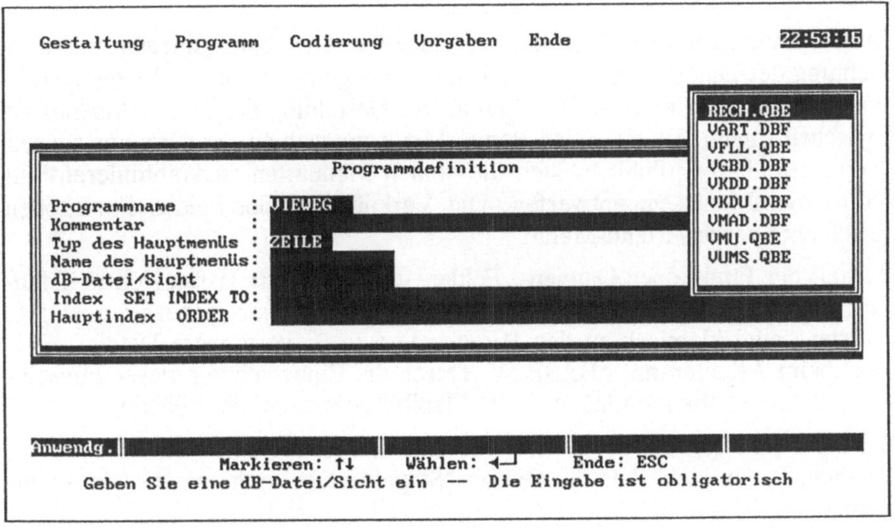

Bild 5-14: Das Menü des Anwendungsgenerators

Der Anwendungsgenerator verwaltet Menüs und Fenster als externe Objekte. Für die Zuordnung einer solchen Routine muß in der nächsten Zeile ein Name vergeben werden. Aus diesem Grund erfragt das Programmdefintions-Fenster auch die Bezeichnung des Hauptmenüs. Nur wenn die Objekte bereits vorhanden sind, sollte der Eintrag bereits an dieser Stelle vorgenommen werden. Alternativ ist es auch später nachzuholen.

Voraussetzung, um in die Arbeitsumgebung des Anwendungsgenerators verzweigen zu können, ist die Angabe einer Datenbankdatei oder Sicht, die das

Programm auswerten soll. Mit Hilfe der Tastenkombination [SHIFT]+[F1] läßt sich ein Hilfsfenster mit den verfügbaren Dateien einblenden. Letztendlich kann alternativ auch eine Index-Datei der oder den gewählten Datenbankdateien zugeordnet werden.

Das Grundeinstellungen-Menü

Hierüber sind die anwendungsübergreifenden SET-Parameter-Einstellungen vorzunehmen. Beispielsweise läßt sich damit die Darstellung eines Feldbereichs verändert, indem die Delimiter (= Begrenzer) für ein Feld frei definiert werden. Aufzurufen ist die Funktion über die "Vorgaben"-Option des Anwendungsgenerator-Menüs. Die durchgeführten Einstellungen setzt der Generator später am Anfang einer Applikation ein.

Das Gestaltungs-Menü

Die Optionen zur Definition der individuellen Anwendungsmenüs, zur Einrichtung der Dateiverzeichnisse und zur Festlegung der Batch-Prozesse stellt das Gestaltungs-Menü zur Verfügung. Für Gestaltung des Auswahlmenüs ist zwischen einem Zeilen- oder Popup-Menü zu wählen. Bei umfangreichen Applikationen empfiehlt es sich die beiden Menüarten zu kombinieren und Pull-Down-Menüs zu entwerfen. Die Verknüpfung der beiden Funktionen geschieht über das Menü-Menü.

Mittels der Funktionen Dateien-, Felder- und Werteliste lassen sich Hilfsfenster für die flexible Auswahl der einzelnen Objekte generieren. Diese "Listen" sind identisch zu den Hilfsfenstern (z.B. verfügbare Dateien, Felder) beim Arbeiten mit dBASE IV. Durch die Einbeziehung dieser Funktionen in eine Applikation läßt sich die Flexibilität wesentlich erhöhen.

Kleine Prozesse, beispielsweise zur Datensicherung oder globalen Datei-Update, lassen sich über die Option "Stapelverarbeitung" einem Objekt zuordnen.

Das Programm-Menü

Über das Programm-Menü werden alle allgemeinen Einstellungen für den Aufruf und Einsatz einer Applikation vorgenommen. Hierzu gehört insbesondere die Zuordnung des Programmvorspanns. Dieser wird in der Regel als erstes nach dem Verzweigen in das Arbeitsmenü des Programmgenerators erstellt. Über ein Programmvorspannfenster lassen sich sowohl optische Effekte erzielen, als auch nur der Programmname oder der Copyright-Vermerk einblenden.

Außerdem können hierüber generelle Änderungen bezüglich der Darstellung der Rahmen und der Zuordnung der Farbattribute vorgenommen werden.

Auch eine einfache Applikation in Verbindung mit einem Popup-Menü läßt sich darüber erstellen.

Das Menü-Menü

Sämtliche über die Optionen dieses Menüs vorzunehmenden Einstellungen betreffen die Steuerfunktionen der Applikation. Die Option steht in Verbindung zu den Menüdefinitionen. So lassen sich hierüber aktuelle Menüdefinitionen speichern und ablegen. Sämtliche Menüdefinitionen werden in separaten Dateien gespeichert und sind flexibel in die unterschiedlichsten Applikationen einzubinden.

Das Liste-Menü

Das Liste-Menü wird nur dann eingeblendet, wenn über das Gestaltungs-Menü eine Dateien-, Felder- oder Werteliste definiert wurde. Im Dialog lassen sich über die Optionen des Menüs die einzelnen Objekte für die Listen auswählen.

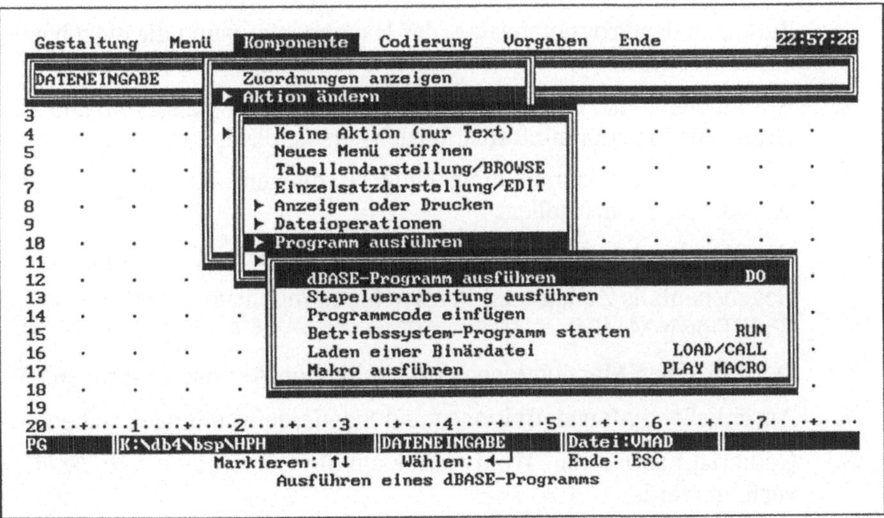

Bild 5-15: Das Menü Komponente im Anwendungsgenerator

Das Komponente-Menü

Die wichtigste Funktion für die Definition einer Applikation stellt das Komponente-Menü zur Verfügung. Es lassen sich hiermit nicht nur individuelle Aktionen auswählen beziehungsweise definieren, sondern auch sämtliche Prozeduren den Menüs zuordnen.

Über Untermenüs und Listen werden Befehle und Funktionen zur menügesteuerten Auswahl angezeigt. Außerdem lassen sich bereits vorhandene dBASE-Prozeduren und DOS-Programme, entsprechend dem DO- oder RUN-Kommando, einfügen (Bild 5-15). Weiterhin können Windows eingerichtet und Hinweistexte verfaßt sowie den einzelnen Menüoptionen zugeordnet werden. Auch die Positionierung des Satzzeigers in einer Datei ist hierüber zu bestimmen.

Strukturierte Vorgehensweise ist erforderlich

Die Algorithmen des Generators erfordern eine äußerst strukturierte Vorgehensweise. Der nachfolgende "rote Faden" beim Einsatz des Anwendungsgenerators hat sich in der Praxis bewährt.

1. Zuerst ist der Programmname, der Hauptmenütyp und die einzubeziehende Datenbank- bzw. View-Datei festzulegen.
2. Anschließend ist der Programmeröffnungstext einzugeben und die Größe des Programminformationsfensters zu bestimmen.
3. Danach ist die Programmumgebung festzulegen und die Bildschirmattribute sind einzustellen.
4. Der Typ des Anwendungsmenüs ist auszuwählen und zu gestalten.
5. Gegebenenfalls Zeilen- und Fenster-Menü miteinander verbinden (Pull-Down-Menüs).
6. Den einzelnen Menüoptionen der Applikation Aktionen zuordnen.
7. Anschließend Menüdefinitionen und Standardeinstellungen sichern.
8. Codierlauf aktivieren. Wahlweise kann die Codierung am Bildschirm verfolgt werden.
9. Danach Generator über "Speichern" verlassen.
10. Applikation starten und testen.

Wo sind die Definitionen gespeichert?

Das Ergebnis einer Anwendungsgenerator-Sitzung ist in folgenden Dateien gespeichert:

Dateinamen-erweiterung	Inhalt
.APP	Informationen über das generierte Objekt
.PRG	Der editierbare Programmcode
.DBO	Beim ersten Programmaufruf "compilierter" Programmcode
.BAR	Informationen über das Zeilenmenü
.POP	Informationen über ein Fenstermenü
.BCH	Informationen über einen individuell definierten Batch-Prozeß
.FIL	Inhalt der Dateienliste
.STR	Liste der einbezogenen Datenfelder
.VAL	Enthält die Werte eines in die Applikation einbezogenen Datenfeldes

Zum Editieren eines generierten Programms ist von der dBASE IV-Befehlsebene aus das Kommando

```
.MODIFY COMMAND <.PRG-Dateiname>
```

oder zur visuellen Anwendungsmodifikation

```
.MODIFY APPLICATION <.APP-Dateiname>
```

einzugeben.

5.3 Die dBASE IV-Hilfsprogramme

Neben dem bereits desöfteren erwähnten Konfigurationsprogramm DBSETUP, umfaßt der Lieferumfang der dBASE IV-Vollversion und des -Entwicklerpakets zahlreiche weitere, externe Hilfsprogramme. Diese sind:

CHRTMSTR.DBO

Das von der dBASE IV-Befehlsebene zu aktivierende Programm, dient zur grafischen Aufbereitung der Datenbankinformationen. Die erstellte Datei, mit Hinweisen auf die darzustellenden Werte und Diagrammtypen, kann vom Grafikprogramm Chart-Master ohne Ergänzungen ausgeführt werden.

DBLINK.EXE

Dahinter verbirgt sich der dBASE IV-Linker. Mit ihm lassen sich unabhängig vom Compiler logisch zusammengehörende Programme in eine Programmdatei verbinden. Das hat den Vorteil, daß bei komplexen Applikationen nicht zahlreiche, einzelne Module, sondern die komplette Anwendung ausgeliefert werden kann.

DCONVERT.EXE

Konvertiert dBASE II-Dateien und -Programme in dBASE III-Dateien und -Programme zur Übernahme in dBASE IV.

SCON.EXE

Konvertiert die amerikanischen soft carriage return's von Programm- (.PRG) und Textdatenbankdateien (.DBT) in europäische und umgekehrt.

Der Lieferumfang der Entwicklerversion umfaßt noch folgende zusätzlichen Programme:

BUILD.COM

Das Programm BUILD beinhaltet die Funktionen Linker und Pre-Compiler. Menügesteuert lassen sich damit komplexe Applikationsdateien durch Zusammenfassen von mehreren Programm-, Masken-, Berichts-, Etiketten- und

Abfragedateien erzeugen. Auszuführen sind die Applikationen entweder mittels dBASE IV oder in Verbindung mit dem Runtime-System.

Jedes dieser Programme steht, wenn es im zentralen Verzeichnis abgelegt ist, allen LAN-Teilnehmern zur Verfügung. Um den Anwenderkreis einzuschränken sind die Programme in einem separaten Verzeichnis zu speichern und der Zutritt zu diesem Unterverzeichnis beziehungsweise logischen Laufwerk, nur für einen bestimmten Anwenderkreis bereits auf Novell Netware-Ebene zu regeln (Siehe Kapitel 3.1).

RUNTIME.EXE

Im Lieferumfang der Entwicklerversion ist auch die inzwischen lizenzfrei einzusetzende und zu vervielfältigende dBASE IV-Runtime-Version (= Laufzeitumgebung) für die Ausführung von dBASE IV-Applikationen enthalten. Sie interpretiert den Programmcode, bietet aber keine Möglichkeit auf interaktive dBASE IV-Funktionen (z.B. Datenbankdefinition) zuzugreifen. Allerdings unterstützt sie den Einsatz des dBASE IV-PROTECT-Systems.

Mit der Runtime-Version lassen sich Applikationen sowohl im Einzel- als auch Mehrbenutzerbetrieb einsetzen. Die Programmausführung ist teilweise sogar schneller als beim Arbeiten mit der dBASE IV-Vollversion. Allerdings ist die Runtime-Version in einem lokalen Netzwerk nur mit Vorbehalt anzuwenden. So lange kein konkurrierender Zugriff auf eine Datenbankdatei erfolgt, entstehen keine Probleme. Arbeiten jedoch zwei Benutzer mit der gleichen Datenbank, ist die Datenintegrität nicht mehr sichergestellt. Wird von mehreren Stationen gleichzeitig eine vollkommen identische Datenbankeintragung abgespeichert, so erkennt das Runtime-System das nicht, beziehungsweise läßt zwei oder mehrere Eintragungen mit den gleichen Daten zu.

Aufgerufen wird das Runtime-System mit

```
RUNTIME <Applikation>
```

Um das dBASE IV-Eröffnungsmenü zu umgehen, kann auch hier der Systemaufruf in Verbindung mit dem "/T"-Parameter erfolgen.

Die Schablonensprache

Ebenfalls nur mit der Entwicklerversion kann die dBASE IV-Schablonensprache (= Programmier-Module) genutzt werden. Beim Arbeiten mit den Generatoren wird für die Generierung der entsprechenden Objekte (z.B.

Applikation, Bericht) auf ein Template zugegriffen. Ein solches Template ist eine Zusammenfassung von Kommandos, die nach bestimmten Regeln arbeiten. Um diese Regeln zu ändern, können mittels der integrierten dBASE IV-Schablonensprache eigene Algorithmen definiert werden.

Die Definition eines Templates geschieht über einen ASCII-Texteditor. Der Source-Code eines Templates ist mit der Erweiterung .COD zu kennzeichen. Damit der entsprechende dBASE-Generator auf das Template zugreifen kann, ist der Source-Code mit DTC.EXE, dem Schablonensprachen-Compiler, zu compilieren und mit der Endung .GEN zu versehen. Wichtig ist das, weil sonst die dBASE IV-Generatoren das Template nicht erkennen können. Zum Einsatz von Templates, auch außerhalb von dBASE IV, besteht Zugriff auf den Template Language-Interpreter DGEN.EXE.

Im Gegensatz zu den anderen Hilfsprogrammen kann die Schablonensprache allerdings nur im Single-User-Betrieb genutzt werden. Aus diesem Grund sind die Programmier-Module auch auf einem LAN-unabhängigen Laufwerk zu installieren.

6 Entwicklung einer Netzwerkapplikation

6.1 Was ist zu beachten?

Eine dBASE IV-LAN-Applikation unterscheidet sich im Prinzip nicht von einer dBASE IV-Single-User-Applikation. Trotzdem bedarf es zahlreicher Anpassungen und organisatorischer Überlegungen. Diese lassen sich wie folgt zusammenfassen:

- Sicherstellung der Performance
- Schutz vor unberechtigtem Zugriff auf den Datenbestand
- Sicherung der Datenintegrität
- Vermeidung von Datenkollisionen bei gleichzeitigem Zugriff
- Datenrekonstruktion bei fehlerhaften Transaktionen.

Sicherstellung der Performance

Die Verarbeitungsgeschwindigkeit beim Einsatz einer Applikation in einem lokalen Netzwerk wird zwar wesentlich, aber nicht nur, durch die eingesetzte Hardware bestimmt. Insbesondere komplexe Datenupdates, Druckausgaben oder Löschvorgänge senken erheblich die Zugriffsgeschwindigkeit. Es ist deshalb beim Anwendungsdesign zu prüfen, welche Tätigkeiten tatsächlich im Mehrbenutzerbetrieb durchzuführen sind. Die Auswertung von Buchhaltungsdaten oder der Druck von Serienbriefen kann beispielsweise auch außerhalb einer Mehrbenutzerumgebung erfolgen. Hierzu sind die Anwendungen mit Hilfsroutinen zu versehen, die die Daten entweder für eine "externe" Bearbeitung bereitstellen, oder mit denen sich die Daten in einem Stapellauf einlesen lassen.

Schutz vor unberechtigtem Zugriff auf den Datenbestand

Beim Arbeiten in einem lokalen Netzwerk erfolgt die Speicherung der Programme und Daten auf einem zentralen Medium, dem File Server. Wenn auch nicht alle, so haben doch zahlreiche Benutzer Zugriff auf den zentral geführten Datenbestand. Die entsprechende Berechtigung vorausgesetzt, können Programme oder Datenbankdateien ohne Kontrolle kopiert oder gelöscht werden. Es ist deshalb darauf zu achten, daß sämtliche Dateien in verschlüsselter Form gespeichert werden. Das bedeutet, daß sich nur Programme im Object-Code (= .DBO-Files) auf dem File Server befinden dürfen. Sämtliche .PRG-Source-Dateien sind nach der Fertigstellung einer Applikation vollkommen vom File Server zu entfernen. Außerdem sollten Schlüsselprogramme in nicht sichtbarer Form (= Hidden-Files) auf der Festplatte abgelegt werden. Auf diese Weise wird das Kopieren und das Weiterverwenden von Applikationen deutlich erschwert.

Das gleiche gilt für Datenbankdateien. Nicht verschlüsselte Dateien können problemlos auf einem anderen System weiterverarbeitet werden. Anders ist das bei verschlüsselt gespeicherten Informationen. Zur Verschlüsselung der DBF-Dateien stellt dBASE IV das PROTECT-System zur Verfügung. Allerdings wird nur der Inhalt von .DBF-Dateien und die Brücke zu den .DBT-Dateien automatisch verschlüsselt. Indexdateien sind nachträglich zu verschlüsseln. Hierzu ist in der Regel das REINDEX-Kommando zu verwenden. Auch bei Neueingaben erfolgt eine Verschlüsselung der Indexdatei.

Alle diese Maßnahmen sind jedoch ohne Wirkung, wenn jedermann mit der Applikation arbeiten kann. Aus diesem Grunde ist der Zutritt zu einer Netzwerkapplikation grundsätzlich durch ein Paßwortsystem zu schützen. Das läßt sich entweder durch individuelle Programmierung oder mittels PROTECT realisieren.

Sicherung der Datenintegrität

Um zu vermeiden, daß gleichzeitig mehrere Benutzer den Inhalt eines Datensatzes ändern können, ist dieser beim Schreibvorgang zu sperren und der aktuelle Inhalt sofort dem anderen Benutzer anzuzeigen. dBASE IV stellt hierfür die Kommandos SET LOCK und RLOCK() beziehungsweise LOCK() zur Verfügung. Durch Sperrung des Datensatzes beim Schreibvorgang wird verhindert, daß ein Wert gleichzeitig von zwei Benutzern verändert werden kann.

Vermeidung von Datenkollisionen bei gleichzeitigem Zugriff

Der gleichzeitige Zugriff auf eine Datei kann zu Datenkollisionen führen. Das bedeutet, daß kein Benutzer die benötigte Information lesen kann. Es entsteht die sogenannte Deadlocksituation, die zu einem endlosen Zugriff führt. Diese Situation läßt sich durch den Einbau von Sperrmechanismen wie Datei- und Satzsperre verhindern. Allerdings sollte die Funktion der Dateisperre nur wenn unbedingt notwendig, beispielsweise bei Lösch-, Selektions- oder Rechenvorgängen, verwendet werden. Das wahllose Sperren von Dateien kann zu unzumutbaren Wartezeiten bei anderen Benutzern führen. Wenn möglich, sollte immer nur ein Datensatz gesperrt werden. Beim Datenbank- und Applikationsdesign ist deshalb darauf zu achten, daß nur ein Minimum an Dateien- und Datensätzen bei der Verarbeitung gesperrt werden müssen.

Datenrekonstruktion bei fehlerhaften Transaktionen

Gerade in einem lokalen Netzwerk kann es zu zahlreichen, unvorhersehbaren Störungen bei der Verarbeitung der Daten kommen. Insbesondere bei umfangreichen Updates kann ein Systemausfall zu aufwendigen Rekonstruktionsarbeiten führen. Abhilfe schafft hier die Log-Datei bei der Transaktionsverarbeitung. dBASE IV stellt diese Technik zur Verfügung (siehe Kapitel 3.3). Allerdings sollte sie nicht wahllos, sondern nur bei schwer nachvollziehbaren Vorgängen benutzt werden. Denn das Führen der Log-Datei kostet zusätzliche Rechenzeit und Speicherplatz.

Vorgehensweise bei der Anwendungsentwicklung

Folgende Vorgehensweise hat sich bei der Anwendungsentwicklung als besonders vorteilhaft herausgestellt:

1. Definition der Aufgabenstellung
2. Ermittlung der Anzahl der LAN-Teilnehmer
3. Selektion der Mehrbenutzeraufgaben
4. Anwendungsdesign
5. Festlegung der Zugangsberechtigungen

6.2 Beispiel: "Termin- und Aufgaben-Management"

Anhand der nachfolgenden Applikation TEAM (= **TE**rmin- und **A**ufgaben-**M**anagement) läßt sich die Anwendung der verschiedenen dBASE IV-Kommandos für den Mehrbenutzerbetrieb nachvollziehen. Außerdem wurden alle wichtigen neuen dBASE IV-Kommandos in die Anwendungsentwicklung einbezogen. Hierzu zählen insbesondere die Menü- und Window-Kommandos, sowie die erweiterten Funktionen zur Manipulation des Datums. Um die Applikation individuell einsetzen zu können, wurde auf die Einbeziehung von PROTECT verzichtet und ein eigener Zugriffsschutz in die TEAM-LAN-Version implementiert.

Die Applikation setzt sich aus den Bereichen Termine, Aufgaben, Übersicht, Kalender und Hilfen zusammen. Der Aufruf sämtlicher Funktionen geschieht über eine gleichbleibende Benutzeroberfläche (Bild 6-1). Beim Einsatz in einem lokalen Netzwerk lassen sich mit TEAM von einem LAN-Teilnehmer (z.B. Sekretärin) die Terminkalender mehrerer Benutzer verwalten. Trotzdem können die einzelnen Kalenderinhaber von einem anderen Arbeitsplatz ebenfalls ihre Terminkalender führen. Durch das Paßwortsystem ist sichergestellt, daß jeder Mitarbeiter nur seinen eigenen Kalender einsehen kann. Dagegen besteht für die Person mit der allgemeinen Kalenderzugriffsberechtigung Zugang zu allen Terminkalendern.

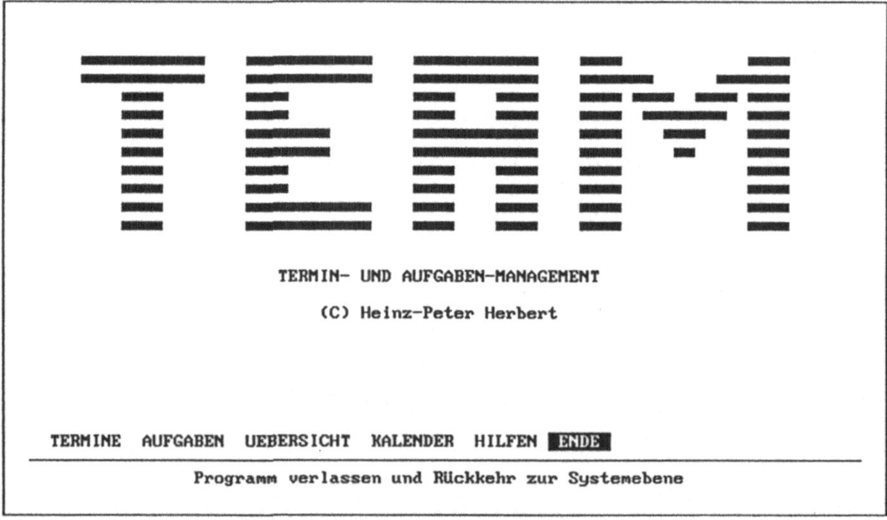

Bild 6-1: Das Einstiegsbild der Applikation TEAM

Die TEAM-Applikation setzt sich aus 28 Modulen (Bild 6-2) und 8 Datendateien (.DBF, .DBT, .MDX) zusammen. Zur Übertragung der Programme auf den File Server ist auf ihm das dBASE IV-Unterverzeichnis "TEAM" einzurichten,

```
H:\DB4->MD TEAM

H:\DB4->MAP J:=SYS:DB4/TEAM

H:\DB4->J:
```

um anschließend die Programme von einer beliebigen Arbeitsstation auf den File Server in das Verzeichnis "TEAM" zu übertragen:

```
J:\DB4\TEAM->NCOPY A:*:*
```

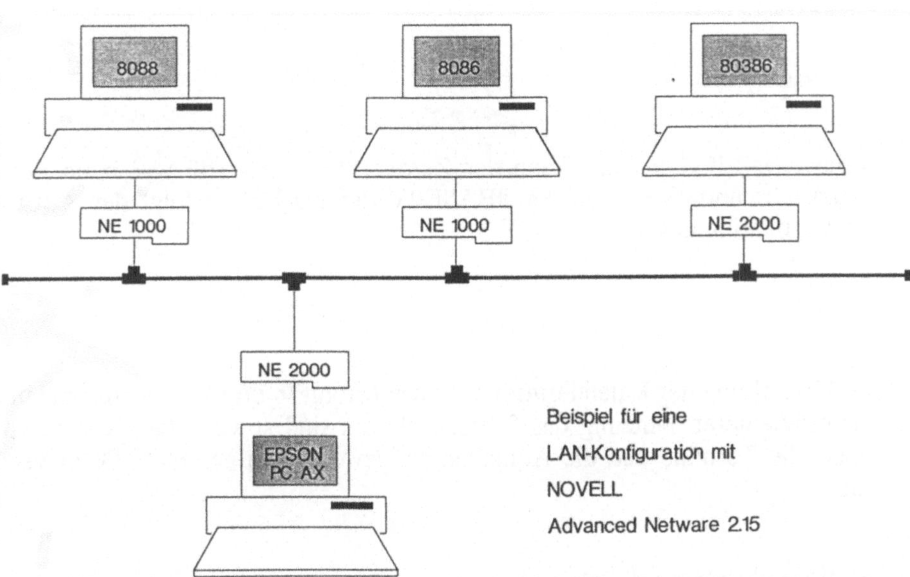

Bild 6-2: Modul-Überblick zur Applikation TEAM

Soweit nicht über das TEAM-Hauptprogramm reglementiert, lassen sich individuelle Voreinstellungen über die dBASE IV CONFIG.DB-Datei vereinbaren. Dazu ist, wie bereits in Kapitel 2 beschrieben ein weiteres, eigenes Unterverzeichnis auf dem File Server einzurichten und die Applikation von diesem Verzeichnis aus zu starten. Dabei ist unbedingt darauf zu achten, daß der Parameter

```
DEFAULT = J
```

oder entsprechend einem anderen logischen Verzeichnis in dem TEAM installiert wurde, gesetzt ist. Ansonsten kann TEAM von dem dBASE/TEAM-Unterverzeichnis nicht aktiviert werden.

Aufrufen läßt sich TEAM entweder direkt von der Systemebene mit

```
K:\DB4\TEAM\USER1->DBASE/T TP
```

indem der Name des Startprogramms dem dBASE-Programmnamen hinzugeordnet wird. Der Zusatz "/T" bewirkt, daß die "große" dBASE IV-Lizenzmaske beim Laden übergangen wird. Durch die Eintragung des Parameters

```
COMMAND = TP
```

in die CONFIG.DB-Datei kann der Zusatz "TP" hinter dBASE beim Programmstart entfallen. Von der dBASE IV-Befehlsebene erfolgt der Aufruf der Applikation mit

```
.DO TP
```

Die Verwaltung der Kalenderinformationen erfolgt in drei Datenbankdateien. Zur effizienteren Nutzung des Speicherplatzes sind sowohl die Kalenderinhaber, die Termine und die Aufgaben auf jeweils eine getrennte Datei verteilt.

Die Kalenderstammdaten

Nur wenn ein Teilnehmer in der Kalenderdatei eingetragen ist, kann er die Funktionen der TEAM-Applikation nutzen. Deshalb werden die Eintragungen in der TKAL-Datenbank vor jedem Prozeduraufruf abgefragt. Eintragungen und auch Veränderungen an der Kalenderstammdatei können nur Benutzer mit allgemeiner Kalenderzugriffsberechtigung "TEAMkal" vornehmen.

Die TEAM-Kalenderstammdatei hat folgende Struktur:

Datei: TKAL.DBF Index: TKAL.MDX

Nr.	Name	Typ	Länge	Dez	Index	Hinweis
1	TKAL	Z	1		J	Kalendernummer
2	NAME	Z	25		N	Name des Kalenderinhabers

Die Termine-Datenbank

Die Verwaltung sämtlicher Termine erfolgt in der nachfolgenden Datei. Jeder Datensatz enthält neben der Kalender-Nummer und den "echten" Daten, Informationen zur schnelleren Selektion der Eintragungen. Um das Datum in einem sortierbaren Begriff speichern zu können, wird das Datumsformat bei der Erfassung mit dem Kommando DTOS in eine Sequenz mit dem Aufbau JJJJMMTT umgewandelt. Um die Zeit leichter sortieren zu können, wird diese zusätzlich ohne Trennung in den Datensatz eingetragen. Die Kennzeichnung eines Termins erfolgt über die Kurzform. Diese wird in den entsprechenden Auswertungsprogrammen zur Darstellung verwendet. Weit ausführlichere Informationen über die Tätigkeit und sogar in ASCII-Dateien abgespeicherte Texte (z.B. Schriftverkehr) läßt sich über das Memo-Feld verwalten. Maximal 16 Termine zwischen 07:00 und 22:59 sind pro Tag für einen Kalenderinhaber zu verwalten.

Die TEAM-Termine-Datenbank hat folgende Struktur:

Datei: TERM.DBF/.DBT Index: TERM.MDX

Nr.	Name	Typ	Länge	Dez	Index	Hinweis
1	TKAL	Z	1		J	Kalendernummer
2	TTAG	D	8		N	Termin (Datum)
3	STAG	Z	8		J	Termin-Sortierdatum
4	ZEIT	Z	5		N	Termin (Uhrzeit)
5	SZEI	Z	4		J	Termin-Sortierzeit
6	TART	Z	1		N	Art des Termins (G/P)
7	TKUR	Z	25		N	Beschreibung des Termins
8	TLAN	M	10		N	Ausführliche Termin-Beschreibung

Die Aufgaben-Datenbank

Außer Terminen, lassen sich mit TEAM auch Aufgaben verwalten. Wie bei den Terminen wird zur schnelleren Sortierung das Datum als Sequenz zusätzlich gespeichert. Die Reihenfolge bei der Bildschirmdarstellung regelt die Eintragung im Prioritäten-Feld. Es lassen sich sowohl Ziffern (0-9), als auch Zeichen (A-Z) zur Kennzeichnung verwenden. Außerdem dient die eingetragene Priorität als Zuordnung beim Löschen und Bearbeiten sowie Verschieben. Wie bei den Terminen kann zu jeder Aufgabe ein maximal 64.000 Zeichen langer Text (oder Unterlagen) im Memo-Feld gespeichert werden. Maximal zehn Aufgaben sind pro Kalender für einen Tag zugelassen.

Die TEAM-Aufgaben-Datenbank hat folgende Struktur:

```
Datei: TAUF.DBF/.DBT     Index: TAUF.MDX

Nr. Name  Typ Länge  Dez Index   Hinweis
---------------------------------  -----------------------
 1  TKAL   Z    1          J     Kalendernummer
 2  ATAG   D    8          N     Aufgabe (Datum)
 3  STAG   Z    8          J     Aufgabe-Sortierdatum
 4  APRI   Z    1          J     Priorität (Aufgabe)
 5  AKUR   Z   20          N     Kurzbeschreibung
                                 der Aufgabe
 6  ALAN   M   10          N     Ausführliche
                                 Aufgaben-Beschreibung
```

Mit dBASE IV können Programmzeilen bis zu 1024 Zeichen lang sein. Wohl kaum jemand wird diese Länge jemals nutzen. Zeilen mit einer maximalen Länge von 200 oder 300 Zeichen sind jedoch gerade bei der Definition umfangreicher Entscheidungen nicht selten. Aus drucktechnischen Gründen, beziehungsweise bedingt durch das Buchformat, lassen sich extrem lange Programmzeilen nicht in einer Zeile darstellen. Damit der Zusammenhang trotzdem nicht verloren geht, wurde das zur Trennung für dBASE IV-Programmzeilen erlaubte Semikolon (;) verwendet.

6.2.1 Start- und Hilfsprozeduren

(TP.PRG / TPFM.PRG / TPDS.PRG / TPSS.PRG)

Das zentrale Programm der Beispielapplikation ist TP.PRG. Es stellt die Benutzerschnittstelle zu den einzelnen Detailfunktionen her. Ohne dieses

Programm können in dieser Konstellation die einzelnen Module nicht aktiviert werden. Das Hauptprogramm setzt sich aus den drei Bereichen

- Einstellen der Arbeitsumgebung
- Paßwortsystem und
- Benutzeroberfläche

zusammen.

Das Hauptprogramm TP.PRG

Im ersten Bereich werden die wichtigsten SET-Parameter für die Applikation verbindlich eingestellt. Das stellt sicher, daß eine von "außen" vorgenommene Parametereinstellung keinen Einfluß auf die Applikation hat. Der SET BORDER-Parameter regelt die Darstellung des Rahmens der Windows und Menüs. Er setzt sich aus acht ASCII-Zeichen zusammen, die die einzelnen Rahmenteile kennzeichnen (siehe hierzu dBASE IV-Programmierhandbuch, Vieweg-Verlag 1989). Da sich herausgestellt hat, daß diese Struktur in den einzelnen dBASE IV-Versionen nicht identisch ist, wurden zwei Parameter vorgegeben. Der für Ihre Applikation jeweils benötigte ist individuell auszuwählen.

```
* T E A M . prg
* TErmin- und Aufgaben-Management
CLEAR ALL
SET BORDER TO 220, 223, 221, 222, 220, 220, 223, 223
* SET BORDER TO 223, 220, 222, 221, 223, 223, 220, 220
SET CATALOG OFF
SET CENTURY OFF
SET CURRENCY TO " DM "
SET CURRENCY LEFT
SET DATE GERMAN
SET DEBUG OFF
SET DECIMALS TO 2
SET DELETED OFF
SET DELIMITERS OFF
SET DESIGN ON
SET ECHO OFF
SET ESCAPE OFF
SET EXACT OFF
```

```
*
* Über den Parameter SET EXCLUSIVE ON/OFF läßt sich
* vereinbaren, ob eine Datenbankdatei einem oder mehreren
* Benutzer gleichzeitig für den Zugriff zur Verfügung
* steht. Um diese Vereinbarung individuell treffen zu
* können, wurde er an dieser Stelle auf OFF gesetzt.
* Das gleiche gilt für den SET LOCK ON/OFF-Parameter.
*
SET EXCLUSIVE OFF
SET FULLPATH OFF
SET HEADING OFF
SET HOURS TO 24
SET INSTRUCT OFF
SET INTENSITY ON
SET LOCK OFF
SET MARK TO "."
SET MEMOWIDTH TO 60
SET NEAR OFF
SET POINT TO ","
SET PRECISION TO 10
*
* Die Voreinstellung des SET REPROCESS-Parameters regelt
* den wiederholten Zugriff auf eine Datenbankdatei im
* Mehrbenutzerbetrieb.
*
SET REPROCESS TO 10
SET SAFETY OFF
SET SCOREBOARD OFF
SET SEPARATOR TO "."
SET SPACE ON
SET STATUS OFF
SET STEP OFF
SET TALK OFF
SET TRAP OFF
SET UNIQUE OFF
*
* Die Applikation läßt sich sowohl mit Color-, als auch
* Monochrombildschirmen einsetzen. Die neue dBASE IV-
* ISCOLOR()-Funktion ermittelt, ob ein Farbbildschirm
* vorhanden ist. Trifft das zu, werden die nach-
* folgenden Parameter für die Colorierung gesetzt.
*
IF ISCOLOR()
   SET DISPLAY TO EGA25
```

```
   SET COLOR OF NORMAL TO R+
   SET COLOR OF HIGHLIGHT TO GR+/BG
   SET COLOR OF MESSAGES TO R
   SET COLOR OF TITLES TO RG+
   SET COLOR OF FIELDS TO N/BG
   SET COLOR OF INFORMATION TO B/W
   SET COLOR OF BOX TO BG
ENDIF
CLEAR
*
* Die nachfolgenden Kommandos dienen zur Einrichtung
* der Benutzeroberfläche und Menüfenster.
*
DEFINE MENU tp
DEFINE PAD tp1 OF tp PROMPT "TERMINE" AT 22,1
DEFINE PAD tp2 OF tp PROMPT "AUFGABEN" AT 22,10
DEFINE PAD tp3 OF tp PROMPT "UEBERSICHT" AT 22,20
DEFINE PAD tp4 OF tp PROMPT "KALENDER" AT 22,32
DEFINE PAD tp5 OF tp PROMPT "HILFEN" AT 22,42
DEFINE PAD tp6 OF tp PROMPT "ENDE" AT 22,50 MESSAGE;
 "Programm verlassen und Rückkehr zur Systemebene"
* Popup-Fenster 1
DEFINE POPUP ptp1 FROM 12,1 TO 17,15
DEFINE BAR 1 OF ptp1 PROMPT " Erfassen" MESSAGE;
 "Termine aufnehmen"
DEFINE BAR 2 OF ptp1 PROMPT " Bearbeiten" MESSAGE;
 "Termineintragungen ändern und ergänzen"
DEFINE BAR 3 OF ptp1 PROMPT " Verschieben" MESSAGE;
 "Termine verschieben"
DEFINE BAR 4 OF ptp1 PROMPT " Löschen" MESSAGE;
 "Termine global oder gezielt löschen"
ON SELECTION POPUP ptp1 DO tpm1
* Popup-Fenster 2
DEFINE POPUP ptp2 FROM 12,10 TO 17,24
DEFINE BAR 1 OF ptp2 PROMPT " Erfassen" MESSAGE;
 "Aufgaben definieren"
DEFINE BAR 2 OF ptp2 PROMPT " Bearbeiten" MESSAGE;
 "Aufgaben ändern und ergänzen"
DEFINE BAR 3 OF ptp2 PROMPT " Verschieben" MESSAGE;
 "Aufgaben verschieben"
DEFINE BAR 4 OF ptp2 PROMPT " Löschen"  MESSAGE;
 "Aufgaben global oder gezielt löschen"
ON SELECTION POPUP ptp2 DO tpm2
* Popup-Fenster 3
```

```
DEFINE POPUP ptp3 FROM 12,20 TO 17,38
DEFINE BAR 1 OF ptp3 PROMPT " Tagesübersicht"
DEFINE BAR 2 OF ptp3 PROMPT " Wochenübersicht"
DEFINE BAR 3 OF ptp3 PROMPT " Monatsübersicht"
DEFINE BAR 4 OF ptp3 PROMPT " Jahresübersicht"
ON SELECTION POPUP ptp3 DO tpm3
* Popup-Fenster 4
DEFINE POPUP ptp4 FROM 12,32 TO 17,54
DEFINE BAR 1 OF ptp4 PROMPT " Kalender hinzufügen" MESSAGE;
 "Neuen Terminkalender einrichten"
DEFINE BAR 2 OF ptp4 PROMPT " Kalender bearbeiten" MESSAGE;
 "Bezeichnung Kalenderinhaber ändern"
DEFINE BAR 3 OF ptp4 PROMPT " Kalender anzeigen" MESSAGE;
 "Geführte Terminkalender anzeigen"
DEFINE BAR 4 OF ptp4 PROMPT " Kalender entfernen" MESSAGE;
 "Terminkalender löschen"
ON SELECTION POPUP ptp4 DO tpm4
* Popup-Fenster 5
DEFINE POPUP ptp5 FROM 12,42 TO 16,59
DEFINE BAR 1 OF ptp5 PROMPT " Datensicherung"
DEFINE BAR 2 OF ptp5 PROMPT REPLICATE("",18) SKIP
DEFINE BAR 3 OF ptp5 PROMPT " Druckerauswahl"
ON SELECTION POPUP ptp5 DO tpm5
* Popup-Fenster zuordnen
ON PAD tp1 OF tp ACTIVATE POPUP ptp1
ON PAD tp2 OF tp ACTIVATE POPUP ptp2
ON PAD tp3 OF tp ACTIVATE POPUP ptp3
ON PAD tp4 OF tp ACTIVATE POPUP ptp4
ON PAD tp5 OF tp ACTIVATE POPUP ptp5
ON SELECTION PAD tp6 OF tp QUIT
TEXT
     ████████████    ████████████    ████████████    ;
████            ████
     ████████████    ████████████    ████████████    ;
███████      ███████
         ████        ████            ████    ████    ████ ;
████  ████ ████
         ████        ████            ████    ████    ;
████  ████████  ████
         ████        ████████        ████████████    ;
████    ████    ████
         ████        ████████        ████████████    ;
████     ██     ████
         ████        ████            ████    ████    ;
```

```
████            ████
         ████        ████            ████    ████       ;
████            ████
         ████        ████████████    ████    ████       ;
████            ████
         ████        ████████████    ████    ████       ;
████            ████


                        TERMIN- UND AUFGABEN-MANAGEMENT

                              (C) Heinz-Peter Herbert
ENDTEXT
@ 23,0 SAY REPLICATE("-",80)
*
* Die NETWORK-Funktion stellt fest, ob überhaupt eine
* Mehrbenutzerversion von dBASE IV installiert ist.
* Auf diese Weise läßt sich von Anfang an eine
* Fehlerquelle ausschließen.
*
DEFINE WINDOW elog FROM 16, 0 TO 22,79
ACTIVATE WINDOW elog
IF .NOT. NETWORK()
   ? CHR(7)+CHR(7)+CHR(7)
   @ 2,14 SAY "KEINE dBASE IV-MEHRBENUTZERVERSION;
 INSTALLIERT !!!"
   ? CHR(7)+CHR(7)+CHR(7)
   WAIT " "
   DEACTIVATE WINDOW elog
   RELEASE WINDOW elog
   CLEAR
   RETURN
ENDIF
*
* Mit Hilfe des Paßwortsystems läßt sich, gerade beim
* Einsatz in einer Mehrbenutzerumgebung, der Zutritt zur
* Applikaton individuell regeln (Bild 6-3). Der SET
* COLOR-Parameter sorgt dafür, daß blaue Zeichen auf
* blauem Hintergrund dargestellt werden. Auf diese Weise
* sind die Eingaben nicht sichtbar. Das Passwort "lanTEAM"
* ist jederzeit zu ändern. Da dBASE IV ausschließlich
* Object-Code (= .DBO-Dateien) ausführt, läßt es sich über
* den Programmcode nicht einsehen.
*
```

```
pasw = SPACE(12)
@ 2,10 SAY "Ihre Zugriffsberechtigung bitte: "
IF ISCOLOR()
   SET COLOR OF HIGHLIGHT TO B/B
ELSE
   SET COLOR OF HIGHLIGHT TO N/N
ENDIF
@ 2,44 GET pasw
READ
IF TRIM(pasw) <> "lanTEAM"
   CLEAR
   ? CHR(7)+CHR(7)+CHR(7)
   @ 2,18 SAY "SIE HABEN KEINE ZUGRIFFSBERECHTIGUNG !!!"
   ? CHR(7)+CHR(7)+CHR(7)
   WAIT " "
   DEACTIVATE WINDOW elog
   RELEASE WINDOW elog
   CLEAR
   RETURN
ENDIF
CLEAR
*
* Der nächste Teil des Zutrittschutzes regelt die Kalender-
* zugriffsberechtigung. Nur durch Eingabe des "TEAMkal"-
* Kennwortes kann auf alle Kalender und die Kalender-
* verwaltungsoptionen zugegriffen werden.
*
kazb = SPACE(12)
@ 2,10 SAY "Ihre Kalenderberechtigung bitte: " GET kazb
READ
IF TRIM(kazb) = "TEAMkal"
   kakw = "A"
ELSE
   kakw = " "
   kana = SPACE(30)
   USE tkal ORDER tkal
   CLEAR
   @ 2,10 SAY "Ihr Terminkalenderkennzeichen bitte: ";
 GET kakw
   READ
   SEEK kakw
   IF FOUND()
      SET FILTER TO tkal = kakw
      CLEAR
```

```
    @ 2,10 SAY "Ihren Namen bitte: " GET kana
    READ
    IF TRIM(name) <> TRIM(kana) .OR. kana = " "
       CLEAR
       @ 2,10 SAY "Ihren Namen bitte: " GET kana
       READ
       IF TRIM(name) <> TRIM(kana) .OR. kana = " "
          CLEAR
          ? CHR(7)+CHR(7)+CHR(7)
          @ 2,18 SAY "SIE HABEN KEINE;
ZUGRIFFSBERECHTIGUNG !!!"
          ? CHR(7)+CHR(7)+CHR(7)
          WAIT " "
          DEACTIVATE WINDOW elog
          RELEASE WINDOW elog
          CLEAR ALL
          CLEAR
          RETURN
       ENDIF
    ENDIF
  ELSE
    CLEAR
    ? CHR(7)+CHR(7)+CHR(7)
    @ 2,18 SAY "SIE HABEN KEINE;
ZUGRIFFSBERECHTIGUNG !!!"
    ? CHR(7)+CHR(7)+CHR(7)
    WAIT " "
    DEACTIVATE WINDOW elog
    RELEASE WINDOW elog
    CLEAR ALL
    CLEAR
    RETURN
  ENDIF
ENDIF
IF ISCOLOR()
   SET COLOR OF HIGHLIGHT TO GR+/BG
ELSE
   SET COLOR OF HIGHLIGHT TO N/W
ENDIF
DEACTIVATE WINDOW elog
RELEASE WINDOW elog
RELEASE pasw, kazb
ON ERROR DO tpfm
ACTIVATE MENU tp
```

```
CLEAR ALL
CLEAR
SET TALK ON
RETURN
```

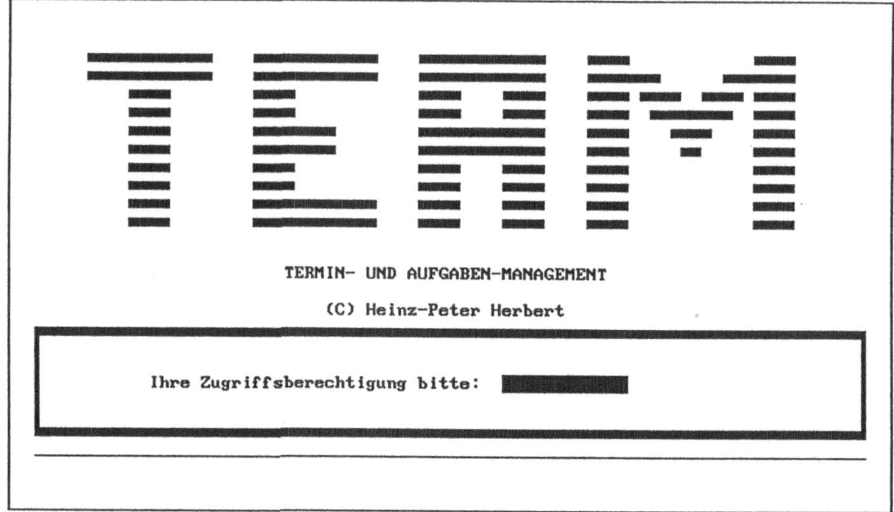

Bild 6-3: Eingabe der Zugriffsberechtigung

Die Fehlerroutinen (TPFM.PRG / TPDS.PRG / TPSS.PRG)

Der Parameter "ON ERROR DO tpfm" im Hauptprogramm TP.PRG legt fest, wie sich das Programm beim Auftreten eines Fehlers verhalten soll. Damit können Systemfehlermeldungen unterdrückt und individuelle Prozeduren sowie benutzerverständliche Meldungen festgelegt werden. Für die Zuordnung der Routinen zu einer Fehlermeldung, wird der sogenannte ERROR-Code benötigt. Dieser ERROR-Code ist mit der Funktion ERROR() abzufragen. Die Bedeutung der einzelnen Meldungen und Codes läßt sich den dBASE IV-Handbüchern entnehmen. Beispielsweise bedeuten die Meldungen 108 sowie 372, daß eine Datei nicht gesperrt werden kann. Diese Meldung gibt dBASE IV immer dann, wenn eine Datei gesperrt werden soll, die aber bereits von einem anderen Benutzer gesperrt wurde. Das nachfolgende Beispiel fragt die für das Beispielprogramm notwendigen Meldungen ab und gibt über ein Fenster eine Fehlermeldung aus. Ausgelöst werden diese Fehlermeldung in der Regel vom SET EXCLUSIVE ON-Parameter.

```
* T P F M . prg
* Fehlerroutine
PROCEDURE tpfm
DEFINE WINDOW fehl FROM 12,54 TO 21,79 DOUBLE
antw = " "
DO CASE
   CASE ERROR() = 108
      ACTIVATE WINDOW fehl
      @ 1,1 SAY "Datei ist gesperrt !"
      ?? CHR(7) + CHR(7) + CHR(7)
      @ 3,1 SAY "Zugriff wiederholen ?"
      @ 5,1 SAY "---> " GET antw FUNCTION "M J,N"
      READ
      IF antw = "J"
         DEACTIVATE WINDOW fehl
         RETRY
      ENDIF
   CASE error() = 109
      ACTIVATE WINDOW fehl
      @ 1,1 SAY "Satz ist gesperrt !"
      ?? CHR(7) + CHR(7) + CHR(7)
      @ 3,1 SAY "Zugriff wiederholen ?"
      @ 5,1 SAY "---> " GET antw FUNCTION "M J,N"
      READ
      IF antw = "J"
         DEACTIVATE WINDOW fehl
         RETRY
      ENDIF
   CASE ERROR() = 372
      ACTIVATE WINDOW fehl
      @ 1,1 SAY "Datei ist gesperrt !"
      ?? CHR(7) + CHR(7) + CHR(7)
      @ 3,1 SAY "Zugriff wiederholen ?"
      @ 5,1 SAY "---> " GET antw FUNCTION "M J,N"
      READ
      IF antw = "J"
         DEACTIVATE WINDOW fehl
         RETRY
      ENDIF
   CASE error() = 373
      ACTIVATE WINDOW fehl
      @ 1,1 SAY "Satz ist gesperrt !"
      ?? CHR(7) + CHR(7) + CHR(7)
      @ 3,1 SAY "Zugriff wiederholen ?"
```

```
        @ 5,1 SAY "---> " GET antw FUNCTION "M J,N"
        READ
        IF antw = "J"
           DEACTIVATE WINDOW fehl
           RETRY
        ENDIF
     CASE error() = 124
        ACTIVATE WINDOW fehl
        @ 2,1 SAY "Druckerzuordnung"
        @ 4,1 SAY "überprüfen !!!"
        ?? CHR(7) + CHR(7) + CHR(7)
        WAIT " "
     CASE error() = 148
        ACTIVATE WINDOW fehl
        @ 2,1 SAY "Netzwerk-Server"
        @ 4,1 SAY "überlastet !!!"
        ?? CHR(7) + CHR(7) + CHR(7)
        WAIT " "
ENDCASE
DEACTIVATE WINDOW fehl
RELEASE WINDOW fehl
RELEASE antw
RETURN
```

Im Gegensatz zum SET EXCLUSIVE-Parameter liefern die Funktionen FLOCK() oder RLOCK() keine Fehlermeldung, sondern nur die "Zustände" "True" oder "False". Deshalb werden hierfür zusätzliche "Fehlerroutinen" benötigt.

```
* T P D S . prg
* Fehler bei Dateisperre
PROCEDURE tpds
DEFINE WINDOW feh2 FROM 14,56 TO 20,78 DOUBLE
ACTIVATE WINDOW feh2
@ 1,2 SAY "Datei ist bereits"
@ 3,2 SAY "gesperrt !"
?? CHR(7) + CHR(7) + CHR(7)
WAIT " "
DEACTIVATE WINDOW feh2
RELEASE WINDOW feh2
RETURN
```

```
* T P S S . prg
* Fehler bei Satzsperre
PROCEDURE tpss
DEFINE WINDOW feh3 FROM 14,56 TO 20,77 DOUBLE
ACTIVATE WINDOW feh3
@ 1,2 SAY "Satz ist bereits"
@ 3,2 SAY "gesperrt !"
?? CHR(7) + CHR(7) + CHR(7)
WAIT " "
DEACTIVATE WINDOW feh3
RELEASE WINDOW feh3
RETURN
```

6.2.2 Bereich "Termine"

Über das Hauptprogramm werden die Menüfenster deklariert. Die Zuordnung der einzelnen Menüoptionen erfolgt mittels der "TPM"-Prozeduren. Diese Prozeduren ermitteln den Wert des jeweils ausgewählten Lichtbalkens. Anschließend vollzieht sich die Auswertung innerhalb eines CASE-Konstrukts. Im ersten Arbeitsbereich erfolgt die Zuweisung mit

```
ON SELECTION POPUP ptp1 DO tpm1
```

vom Hauptprogramm aus. Aufgerufen wird das Programm-Modul TPM1.PRG, daß folgende Anweisungen umfaßt:

```
* T P M 1 . prg
* Programmaufruf Termin-Menü
PROCEDURE tpm1
DO CASE
   CASE BAR() = 1
      DO tp11
   CASE BAR() = 2
      DO tp12
   CASE BAR() = 3
      DO tp13
   CASE BAR() = 4
      DO tp14
ENDCASE
RETURN
```

Der erste Arbeitsbereich dient zur Neuanlage und Verwaltung der Termine. Da die Funktion am häufigsten benötigt wird, steht sie auch am Anfang der Menüoptionen. Die Optionen umfassen vier Tätigkeiten (Bild 6-4), die aufeinander aufbauen.

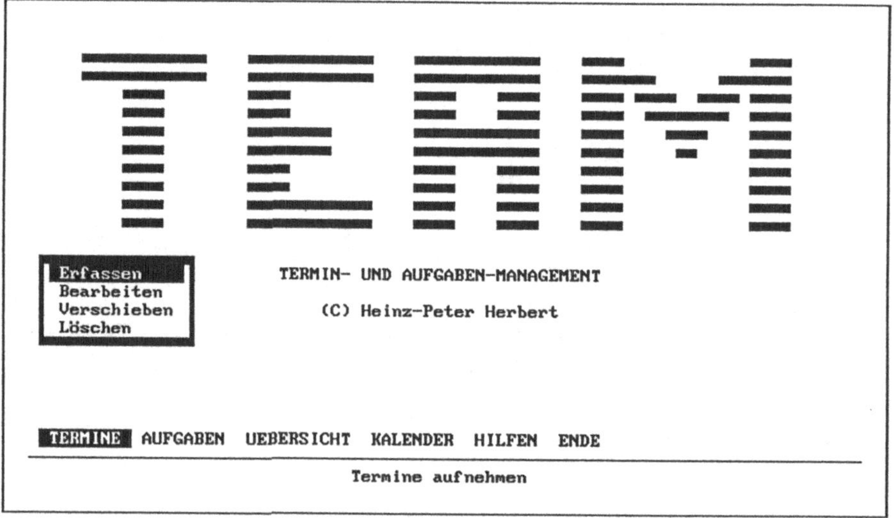

Bild 6-4: Der Bereich TERMINE

6.2.2.1 Option "Erfassen" (TP11.PRG / TPEM.PRG)

Neben dem Hauptprogramm ist das wichtigste Teilprogramm TP11.PRG. Es regelt die Neuanlage der Termine und alternativ auch der Aufgaben. Damit die Benutzeroberfläche beziehungsweise Menüsteuerung nicht überschrieben wird, öffnet das System für die Ausführung der meisten Unterfunktionen das Fenster "BILD". Dieses Fenster überlagert die vorhergehende Maske. Die Eintragung erfolgt über ein weiteres Fenster. Dieses Window überlagert einige Eintragungen. Damit auch diese eingesehen werden können, läßt es sich durch Selektion der "D"-Option aus der Grundstellung heraus kurzfristig ausblenden.

Zusätzlich zu den bereits eingetragenen Terminen und Aufgaben wird ein Kalender eingeblendet (Bild 6-5). Diese Funktion steht über eine ausgelagerte Prozedur (TPEM.PRG) zur Verfügung. Geladen wird sie aus dem

Erfassungsprogramm heraus mit DO tpem. Es können gleichzeitig mehrere Benutzer Daten erfassen. Dafür sorgt die Satzsperre mittels des SET LOCK-Parameters. Nur beim Neuaufbau der Maske (Prozedur TPEM.PRG) werden die Dateien kurzfristig komplett gesperrt.

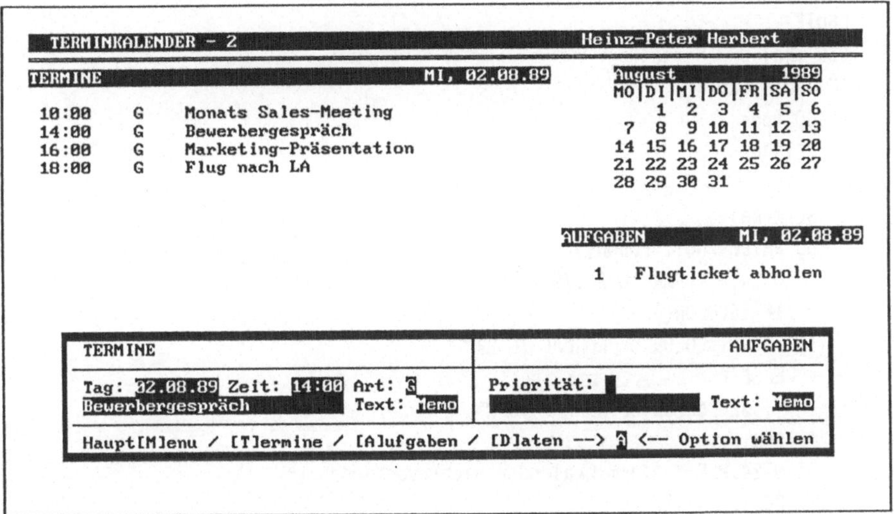

Bild 6-5: Die Einblendung des Kalenders (rechts oben)

```
*TP11.prg
* Termine erfassen
PROCEDURE tp11
DEFINE WINDOW bild FROM  0, 0 TO 24,79 NONE
DEFINE WINDOW eing FROM 16, 3 TO 23,76
DEFINE WINDOW meld FROM 18,20 TO 21,60 DOUBLE
kale = " "
tday = DTOC(date())
zahl = 1
@ 24,0 CLEAR TO 24,79
@ 24,2 SAY "Terminkalender wählen ([0] = Beenden) ";
 GET kale PICTURE "9"
READ
IF kakw <> "A" .AND. kakw <> kale
   @ 24, 0 CLEAR TO 24,79
   @ 24,2 SAY "IHRE ZUGRIFFSSTUFE BERECHTIGT NICHT ZUM;
```

```
 AUFRUF !!!"
   ?? CHR(7) + CHR(7) + CHR(7) + CHR(7) + CHR(7) + CHR(7);
 + CHR(7) + CHR(7)
   RETURN
ENDIF
IF kale = "0"
   RELEASE kale, tday, zahl
   RELEASE WINDOW bild, eing, meld
   RETURN
ENDIF
USE tkal ORDER tkal
IF .NOT. FLOCK()
   DO tpds
   RETURN
ELSE
   SEEK kale
   DO WHILE .NOT. FOUND()
      @ 24,0 CLEAR TO 24,79
      IF ISCOLOR()
         SET COLOR OF NORMAL TO R+*
      ELSE
         SET COLOR OF NORMAL TO W*
      ENDIF
      @ 24,2 SAY "Terminkalender nicht vorhanden !"
      DO WHILE zahl < 500
         zahl = zahl + 1
      ENDDO
      IF ISCOLOR()
         SET COLOR OF NORMAL TO R+
      ELSE
         SET COLOR OF NORMAL TO W
      ENDIF
      RELEASE kale, tday, zahl
      RELEASE WINDOW bild, eing, meld
      RETURN
   ENDDO
ENDIF
UNLOCK
@ 24,0 CLEAR TO 24,79
@ 24,2 SAY "Tagesdatum übernehmen oder individuelles;
 eingeben " GET tday PICTURE "99.99.99"
READ
DO WHILE SUBSTR(tday,1,2) > "31" .OR. SUBSTR(tday,4,2) >;
 "12" .OR. SUBSTR(tday,7,2) = "  "
```

```
   @ 24, 0 CLEAR TO 24,79
   @ 24,2 SAY "Tagesdatum übernehmen oder individuelles;
 eingeben " GET tday PICTURE "99.99.99"
   READ
ENDDO
@ 24,0 CLEAR TO 24,79
tday = CTOD(tday)
twot = UPPER(SUBSTR(CDOW(tday),1,2))
das = DTOS(tday)
ACTIVATE WINDOW bild
IF ISCOLOR()
   SET COLOR OF NORMAL TO /BG
ELSE
   SET COLOR OF NORMAL TO /W
ENDIF
@  0, 0 SAY "  TERMINKALENDER - " + tkal
@  0,20 SAY SPACE(33)
@  0,53 SAY name
@  0,78 SAY SPACE(2)
IF ISCOLOR()
   SET COLOR OF NORMAL TO R+
ELSE
   SET COLOR OF NORMAL TO W
ENDIF
@ 1, 0 SAY REPLICATE("=",80)
SET LOCK ON
DO tpem
ents = " "
tda2 = tday
DO WHILE ents <> "M"
   ACTIVATE WINDOW eing
   @ 0, 1 SAY "TERMINE"
   @ 0,38 SAY "|"
   @ 0,63 SAY "AUFGABEN"
   @ 1, 0 SAY REPLICATE("-",72)
   @ 1,38 SAY "┼"
   @ 2, 1 SAY "Tag:"
   @ 2,15 SAY "Zeit:"
   @ 2,27 SAY "Art:"
   @ 2,38 SAY "|"
   @ 2,40 SAY "Priorität:"
   @ 3,27 SAY "Text:"
   @ 3,38 SAY "|"
   @ 3,61 SAY "Text:"
```

```
   @ 4, 0 SAY REPLICATE("-",72)
   @ 4,38 SAY "┴"
   @ 5, 1 SAY "Haupt[M]enu / [T]ermine / [A]ufgaben /;
 [D]aten -->"
   @ 5,54 SAY "<-- Option wählen"
   @ 5,52 GET ents FUNCTION "M T,A,D,M"
   READ
*
* Die nachfolgenden Anweisungen regeln die Neuanlage der
* Termine. Jeder Termin ist als geschäftlicher (= "G") oder
* privater (= "P") zu kennzeichen. Die Werte sind über den
* FUNCTION-Zusatz vorgegeben. Außer einer Kennzeichnung des
* Termins lassen sich auch umfangreiche, bis zu 64.000
* Zeichen lange Texte einem Termin zuordnen. Hierfür ist
* das Memo-Feld in den Datensatz integriert.
*
   IF ents = "T"
      zei = SPACE(5)
      art = " "
      kur = SPACE(25)
      SELECT A
      COUNT TO etrl
      IF etrl >= 16
         ACTIVATE WINDOW meld
         @ 0,1 SAY "Bereits 16 Eintragungen vorhanden !!!"
         verl = " "
         @ 1,1 SAY "Programm verlassen ? " GET;
verl FUNCTION "M N,J"
         READ
         IF verl = "J"
            DEACTIVATE WINDOW meld
            DEACTIVATE WINDOW eing
            DEACTIVATE WINDOW bild
            RELEASE WINDOW bild, eing, meld
            RELEASE zahl, tday, kale, ents, tda2, zei, art
            RELEASE etrl, twot, das, tcar, tka2, tsj1, tsj2
            RELEASE lia, lit, mon, mk, jk, tk, zk, t, kur
            CLOSE ALL
            RETURN
         ENDIF
         DEACTIVATE WINDOW meld
      ENDIF
      @ 2, 6 GET tday
      READ
```

```
      IF tday <> tda2
         ACTIVATE WINDOW bild
         DO tpem
         ACTIVATE WINDOW eing
      ELSE
         das = DTOS(tday)
      ENDIF
      tda2 = tday
      @ 2,21 GET zei PICTURE "99:99" RANGE "07:00", "22:59"
      READ
      DO WHILE SUBSTR(zei,4,2) > "59" .OR. SUBSTR(zei,4,2);
= "  " .OR. SUBSTR(zei,5,1) = " " .OR. SUBSTR(zei,4,1) = " "
         @  2,21 GET zei PICTURE "99:99" RANGE;
"07:00", "22:59"
         READ
      ENDDO
      sor = SUBSTR(zei,1,2)+SUBSTR(zei,4,2)
      SEEK sor
      DO WHILE FOUND()
         @  2,21 GET zei PICTURE "99:99" RANGE;
"07:00", "22:59"
         READ
         sor = SUBSTR(zei,1,2)+SUBSTR(zei,4,2)
         SEEK sor
      ENDDO
      @ 2,32 GET art FUNCTION "M G,P"
      @ 3, 1 GET kur
      READ
      APPEND BLANK
      @ 3,33 GET tlan
      READ
      REPLACE A->tkal WITH kale
      REPLACE A->tart WITH art
      REPLACE A->ttag WITH tday
      REPLACE A->stag WITH das
      REPLACE A->zeit WITH zei
      REPLACE A->szei WITH sor
      REPLACE A->tkur WITH kur
      ACTIVATE WINDOW bild
      DO tpem
      ACTIVATE WINDOW eing
      CLEAR GETS
   ENDIF
*
```

```
* Die nächste IF-Verzweigung regelt den Zugang zum
* Fensterbereich "Aufgaben erfassen"
*
   IF ents = "A"
      SELECT B
      COUNT TO etr2
      IF etr2 >= 10
         ACTIVATE WINDOW meld
         @ 0,4 SAY "Bereits 10 Aufgaben definiert !!!"
         @ 1,6 SAY "Rückkehr zur Termineintragung!"
         zahl = 1
         DO WHILE zahl < 300
            zahl = zahl + 1
         ENDDO
         DEACTIVATE WINDOW meld
         ents = "T"
      ELSE
         APPEND BLANK
         @ 2,51 GET apri PICTURE "N"
         @ 3,40 GET akur
         @ 3,67 GET alan
         READ
         REPLACE B->tkal WITH kale
         REPLACE B->atag WITH tday
         REPLACE B->stag WITH das
         ACTIVATE WINDOW bild
         DO tpem
         ACTIVATE WINDOW eing
      ENDIF
   ENDIF
*
* Die nachfolgenden Anweisungen erlauben das
* Erfassungsfenster ein- oder auszublenden.
*
   IF ents = "D"
      ACTIVATE WINDOW bild
      SET CONSOLE OFF
      WAIT
      SET CONSOLE ON
      ACTIVATE WINDOW eing
   ENDIF
ENDDO
SET LOCK OFF
CLEAR GETS
```

```
CLOSE DATABASES
DEACTIVATE WINDOW eing
DEACTIVATE WINDOW bild
RELEASE WINDOW bild, eing, meld
RELEASE kale, tday, zahl, twot, tcar, tka2, tsjl, tsj2
RELEASE tda2, das, sor, ents, etr2, etrl, mk, zk, tk, jk
RELEASE zei, art, kur, lit, lia, mon, t
RETURN
```

Der Kalender (TPEM.PRG)

Die Prozedur TPEM.PRG wird vom Erfassungsprogramm TP11.PRG aktiviert. Es folgt der Aufbau des Bildschirminhaltes sowie die Ermittlung der Kalenderdaten.

```
* T P E M . prg
* Inhalt Erfassungmaske
PROCEDURE tpem
twot = UPPER(SUBSTR(CDOW(tday),1,2))
das = DTOS(tday)
@ 2,0 CLEAR TO 24,79
IF ISCOLOR()
   SET COLOR OF NORMAL TO /BG
ELSE
   SET COLOR OF NORMAL TO /W
ENDIF
@ 2, 0 SAY "TERMINE"
@ 2, 7 SAY SPACE(31)
@ 2,38 SAY twot
@ 2,40 SAY ", "
@ 2,42 SAY tday
tcar = DTOC(tday)
tka2 = CTOD("01."+SUBSTR(tcar,4,5))
mk = CMONTH(tka2)
jk = "19"+SUBSTR(tcar,7,2)
tk = 1
zk = 4
IF DOW(tka2) = 2
   sk = 56
ELSE
   sk = ((DOW(tka2-2))*3)+56
ENDIF
mon = SUBSTR(tcar,4,2)
tsjl = SUBSTR(tcar,7,2)
tsj2 = SUBSTR(DTOC(CTOD("01.03."+tsjl)-1),1,2)
```

```
IF mon = "02" .OR. mon = "04" .OR. mon = "06" .OR.;
 mon = "09" .OR. mon = "11"
   t = 1
ELSE
   t = 0
ENDIF
IF mon = "02"
   t = t + 1
ENDIF
IF tsj2 = "28" .AND. mon = "02"
   t = t + 1
ENDIF
t = (31 - t) + 1
@ 2,56 SAY SPACE(12)
@ 2,56 SAY mk PICTURE "XXXXXXXXXXXXXXXX"
@ 2,72 SAY jk
IF ISCOLOR()
   SET COLOR OF NORMAL TO R+
ELSE
   SET COLOR OF NORMAL TO W
ENDIF
@ 3,56 SAY "MO|DI|MI|DO|FR|SA|SO"
DO WHILE tk < t
   @ zk,sk SAY tk PICTURE "99"
   tk = tk + 1
   sk = sk + 3
   IF sk > 74
      zk = zk + 1
      sk = 56
   ENDIF
ENDDO
IF ISCOLOR()
   SET COLOR OF NORMAL TO /BG
ELSE
   SET COLOR OF NORMAL TO /W
ENDIF
@ 11,51 SAY "AUFGABEN"
@ 11,59 SAY SPACE(9)
@ 11,68 SAY twot
@ 11,70 SAY ", "
@ 11,72 SAY tday
IF ISCOLOR()
   SET COLOR OF NORMAL TO R+
ELSE
```

```
    SET COLOR OF NORMAL TO W
ENDIF
lit = 4
SELECT A
USE term ORDER szei
IF .NOT. FLOCK()
   DEACTIVATE WINDOW eing
   DEACTIVATE WINDOW bild
   RETURN TO tpml
ENDIF
SET FILTER TO A->stag = das .AND. A->tkal = kale
LOCATE FOR A->stag = das
DO WHILE .NOT. EOF()
   @ lit, 1 SAY A->zeit
   @ lit,10 SAY A->tart
   @ lit,15 SAY A->tkur
   lit = lit + 1
   SKIP
ENDDO
UNLOCK
lia = 13
SELECT B
USE tauf ORDER apri
IF .NOT. FLOCK()
   DEACTIVATE WINDOW eing
   DEACTIVATE WINDOW bild
   RETURN TO tpml
ENDIF
SET FILTER TO B->stag = das .AND. B->tkal = kale
LOCATE FOR B->stag = das
DO WHILE .NOT. EOF()
   @ lia,54 SAY B->apri
   @ lia,58 SAY B->akur
   IF lia < 24
      lia = lia + 1
   ENDIF
   SKIP
ENDDO
UNLOCK
SELECT A
RETURN
```

6.2.2.2 Option "Bearbeiten" (TP12.PRG)

Um Termine zu ändern oder dem Memo-Feld zusätzliche Informationen hinzuzufügen, ist die Prozedur TP12.PRG zu aktivieren. Wie beim Erfassungsprogramm erfolgt die Eintragung der Daten über ein Window (Bild 6-6). Zur Orientierung werden sämtliche Termine eines Tages zusätzlich eingeblendet. Mit dem SET LOCK ON-Parameter wird die automatische Sperrung vereinbart. Auf diese Weise können mehrere Benutzer gleichzeitig Eintragungen vornehmen. Zur Wahrung der Datenintegrität wird jedoch ein Datensatz beim "Schreiben" gesperrt.

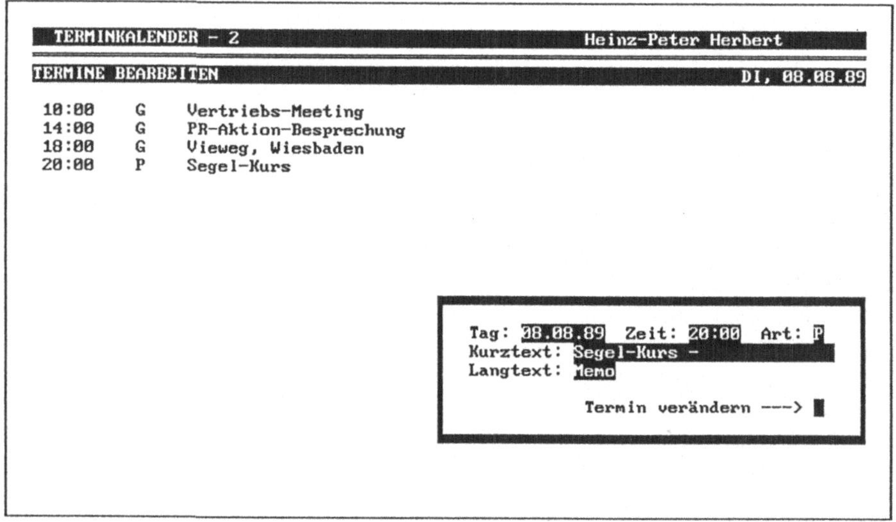

Bild 6-6: Dateieingabe über Fenster

```
* T P 1 2 . prg
* Termine bearbeiten
PROCEDURE tp12
DEFINE WINDOW bild FROM  0, 0 TO 24,79 NONE
DEFINE WINDOW eing FROM 14,39 TO 22,79
kale = " "
tday = DTOC(date())
zahl = 1
@ 24,0 CLEAR TO 24,79
@ 24,2 SAY "Terminkalender wählen ([0] = Beenden) ";
```

```
GET kale PICTURE "9"
READ
IF kakw <> "A" .AND. kakw <> kale
   @ 24, 0 CLEAR TO 24,79
   @ 24,2 SAY "IHRE ZUGRIFFSSTUFE BERECHTIGT NICHT;
 ZUM AUFRUF !!!"
   ?? CHR(7) + CHR(7) + CHR(7) + CHR(7) + CHR(7) + CHR(7) +;
 CHR(7) + CHR(7)
   RETURN
ENDIF
IF kale = "0"
   RELEASE kale, tday, zahl
   RELEASE WINDOW bild, eing
   RETURN
ENDIF
USE tkal ORDER tkal
IF .NOT. FLOCK()
   DO tpds
   RETURN
ELSE
   SEEK kale
   DO WHILE .NOT. FOUND()
      @ 24,0 CLEAR TO 24,79
      IF ISCOLOR()
         SET COLOR OF NORMAL TO R+*
      ELSE
         SET COLOR OF NORMAL TO W*
      ENDIF
      @ 24,2 SAY "Terminkalender nicht vorhanden !"
      DO WHILE zahl < 500
         zahl = zahl + 1
      ENDDO
      IF ISCOLOR()
         SET COLOR OF NORMAL TO R+
      ELSE
         SET COLOR OF NORMAL TO W
      ENDIF
      RELEASE kale, tday, zahl
      RELEASE WINDOW bild, eing
      RETURN
   ENDDO
ENDIF
UNLOCK
knam = name
```

```
@ 24, 0 CLEAR TO 24,79
@ 24,2 SAY "Tagesdatum übernehmen oder individuelles;
 eingeben " GET tday PICTURE "99.99.99"
READ
DO WHILE SUBSTR(tday,1,2) > "31" .OR. SUBSTR(tday,4,2) > "12"
   @ 24, 0 CLEAR TO 24,79
   @ 24,2 SAY "Tagesdatum übernehmen oder individuelles;
 eingeben " GET tday PICTURE "99.99.99"
   READ
ENDDO
tday = CTOD(tday)
twot = UPPER(SUBSTR(CDOW(tday),1,2))
tda2 = tday
das = DTOS(tday)
SET LOCK ON
USE term ORDER stag
IF .NOT. FLOCK()
   DO tpds
   RETURN
ENDIF
SET FILTER TO stag = das .AND. tkal = kale
SEEK das
IF .NOT. FOUND()
   @ 24, 0 CLEAR TO 24,79
   @ 24, 2 SAY "Keine Eintragungen gefunden !!! [RETURN];
 Rückkehr zum Hauptmenü"
   SET CONSOLE OFF
   WAIT
   SET CONSOLE ON
   RELEASE kale, tday, zahl, knam, twot, tda2, das
   RETURN
ENDIF
SET ORDER TO szei
ACTIVATE WINDOW bild
IF ISCOLOR()
   SET COLOR OF NORMAL TO /BG
ELSE
   SET COLOR OF NORMAL TO /W
ENDIF
@  0, 0 SAY "  TERMINKALENDER - " + tkal
@  0,20 SAY SPACE(33)
@  0,53 SAY knam
@  0,78 SAY SPACE(2)
IF ISCOLOR()
```

```
      SET COLOR OF NORMAL TO R+
   ELSE
      SET COLOR OF NORMAL TO W
   ENDIF
   @ 1, 0 SAY REPLICATE("=",80)
   IF ISCOLOR()
      SET COLOR OF NORMAL TO /BG
   ELSE
      SET COLOR OF NORMAL TO /W
   ENDIF
   @ 2, 0 SAY "TERMINE BEARBEITEN"
   @ 2,18 SAY SPACE(51)
   @ 2,68 SAY twot
   @ 2,70 SAY ", "
   @ 2,72 SAY tday
   IF ISCOLOR()
      SET COLOR OF NORMAL TO R+
   ELSE
      SET COLOR OF NORMAL TO W
   ENDIF
   lit = 4
   LOCATE FOR stag = das
   DO WHILE .NOT. EOF()
      @ lit, 1 SAY zeit
      @ lit,10 SAY tart
      @ lit,15 SAY tkur
      lit = lit + 1
      SKIP
   ENDDO
   ent2 = " "
   ents = "J"
   zei = "     "
   DO WHILE ents <> "N"
      ACTIVATE WINDOW eing
      @  1, 2 SAY "Tag:"
      @  1,17 SAY "Zeit:"
      @  1,30 SAY "Art:"
      @  2, 2 SAY "Kurztext:"
      @  3, 2 SAY "Langtext:"
      @  1, 7 GET tday
      READ
      IF tday <> tda2
         tda2 = tday
         das = DTOS(tday)
```

```
    SET ORDER TO stag
    SEEK das
    DO WHILE .NOT. FOUND()
       @  1, 7 GET tday
       READ
       das = DTOS(tday)
       SEEK das
    ENDDO
    SET ORDER TO szei
    DEACTIVATE WINDOW eing
    twot = UPPER(SUBSTR(CDOW(tday),1,2))
    IF ISCOLOR()
       SET COLOR OF NORMAL TO /BG
    ELSE
       SET COLOR OF NORMAL TO /W
    ENDIF
    @ 2,68 SAY twot
    @ 2,70 SAY ", "
    @ 2,72 SAY tday
    IF ISCOLOR()
       SET COLOR OF NORMAL TO R+
    ELSE
       SET COLOR OF NORMAL TO W
    ENDIF
    @ 4,0 CLEAR TO 23,79
    lit = 4
    SET FILTER TO stag = das .AND. tkal = kale
    LOCATE FOR stag = das
    DO WHILE .NOT. EOF()
       @ lit, 1 SAY zeit
       @ lit,10 SAY tart
       @ lit,15 SAY tkur
       lit = lit + 1
       SKIP
    ENDDO
    ACTIVATE WINDOW eing
    @  1, 2 SAY "Tag:"
    @  1,17 SAY "Zeit:"
    @  1,30 SAY "Art:"
    @  2, 2 SAY "Kurztext:"
    @  3, 2 SAY "Langtext:"
    @  1, 7 SAY tday
ENDIF
SET FILTER TO stag = das .AND. tkal = kale
```

```
@ 1,23 GET zei PICTURE "99:99" RANGE "07:00", "22:59"
READ
DO WHILE SUBSTR(zei,4,2) > "59" .OR. SUBSTR(zei,4,2) = " ";
.OR. SUBSTR(zei,4,1) = " " .OR. SUBSTR(zei,5,1) = " "
   @ 1,23 GET zei PICTURE "99:99" RANGE "07:00", "22:59"
   READ
ENDDO
sor = SUBSTR(zei,1,2)+SUBSTR(zei,4,2)
SEEK sor
DO WHILE .NOT. FOUND()
   @ 1,23 GET zei PICTURE "99:99" RANGE "07:00", "22:59"
   READ
   sor = SUBSTR(zei,1,2)+SUBSTR(zei,4,2)
   SEEK sor
ENDDO
@ 1,35 GET tart FUNCTION "M G,P"
@ 2,12 GET tkur
@ 3,12 GET tlan
@ 5,13 SAY "Termin verändern --->"
@ 5,35 GET ent2 FUNCTION "M N,J"
READ
IF ent2 = "J"
   REPLACE tkal WITH kale
   REPLACE tart WITH tart
   REPLACE ttag WITH tday
   REPLACE stag WITH das
   REPLACE zeit WITH zei
   REPLACE szei WITH sor
   REPLACE tkur WITH tkur
   REPLACE tlan WITH tlan
ENDIF
@ 5, 4 SAY "Weitere Termine verändern --->"
@ 5,35 GET ents FUNCTION "M N,J"
READ
IF ents = "J"
   DEACTIVATE WINDOW eing
   lit = 4
   LOCATE FOR stag = das
   DO WHILE .NOT. EOF()
      @ lit, 1 SAY zeit
      @ lit,10 SAY tart
      @ lit,15 SAY tkur
      lit = lit + 1
      SKIP
```

```
        ENDDO
      ENDIF
    ENDDO
    SET LOCK OFF
    CLOSE DATABASES
    DEACTIVATE WINDOW eing
    DEACTIVATE WINDOW bild
    RELEASE kale, zahl, twot, tday, tda2, knam
    RELEASE das, sor, lit, ent2, ents, zei
    RELEASE WINDOW bild, eing
    RETURN
```

6.2.2.3 Option "Verschieben" (TP13.PRG)

Sehr oft müssen Termine auf einen anderen Tag verschoben werden. Mit dem Unterprogramm TP13.PRG lassen sich jedoch nicht nur Termine verschieben, sondern gleichzeitig am Bildschirm prüfen, ob überhaupt der neue vorgeschlagene Zeitpunkt eine Terminvereinbarung zuläßt. Hierzu sind über ein Erfassungsfenster sowohl die alten als auch neuen Termine einzugeben (Bild 6-7). Durch Anwendung des SET LOCK-Parameters ist die Datenintegrität beim Zugriff mehrerer Benutzer sichergestellt.

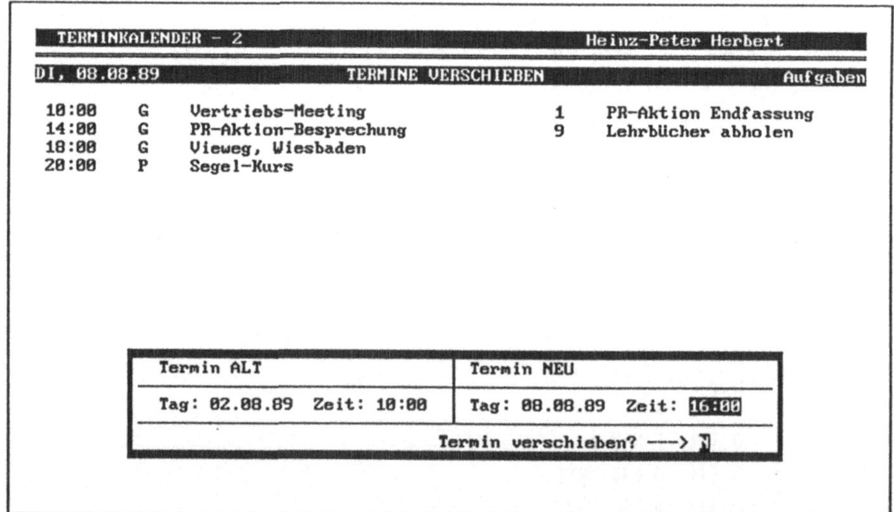

Bild 6-7: Das Verschieben von Terminen

```
* T P 1 3 . prg
* Termine verschieben
PROCEDURE tp13
DEFINE WINDOW bild FROM  0, 0 TO 24,79 NONE
DEFINE WINDOW neut FROM 17, 9 TO 23,71
kale = " "
aday = DTOC(date())
nday = DTOC(date())
zahl = 1
@ 24,0 CLEAR TO 24,79
@ 24,2 SAY "Terminkalender wählen ([0] = Beenden) ";
 GET kale PICTURE "9"
READ
IF kakw <> "A" .AND. kakw <> kale
   @ 24, 0 CLEAR TO 24,79
   @ 24,2 SAY "IHRE ZUGRIFFSSTUFE BERECHTIGT NICHT ZUM;
 AUFRUF !!!"
   ?? CHR(7) + CHR(7) + CHR(7) + CHR(7) + CHR(7) + CHR(7) +;
 CHR(7) + CHR(7)
   RETURN
ENDIF
IF kale = "0"
   RELEASE kale, aday, zahl, nday
   RELEASE WINDOW bild, neut
   RETURN
ENDIF
USE tkal ORDER tkal
IF .NOT. FLOCK()
   DO tpds
   RETURN
ELSE
   SEEK kale
   DO WHILE .NOT. FOUND()
      @ 24,0 CLEAR TO 24,79
      IF ISCOLOR()
         SET COLOR OF NORMAL TO R+*
      ELSE
         SET COLOR OF NORMAL TO W*
      ENDIF
      @ 24,2 SAY "Terminkalender nicht vorhanden !"
      DO WHILE zahl < 500
         zahl = zahl + 1
      ENDDO
      IF ISCOLOR()
```

```
          SET COLOR OF NORMAL TO R+
       ELSE
          SET COLOR OF NORMAL TO W
       ENDIF
       RELEASE kale, aday, zahl, nday
       RELEASE WINDOW bild, neut
       RETURN
    ENDDO
ENDIF
UNLOCK
knam = name
@ 24, 0 CLEAR TO 24,79
@ 24, 2 SAY "Datum / Zeit (Termin ALT) - übernehmen oder;
 eingeben"
@ 24,56 GET aday PICTURE "99.99.99"
READ
DO WHILE SUBSTR(aday,1,2) > "31" .OR. SUBSTR(aday,4,2) > "12"
   @ 24, 0 CLEAR TO 24,79
   @ 24, 2 SAY "Datum / Zeit (Termin ALT) - übernehmen oder;
 eingeben "
   @ 24,56 GET aday PICTURE "99.99.99"
   READ
ENDDO
aday = CTOD(aday)
adas = DTOS(aday)
SET LOCK ON
USE term ORDER stag
IF .NOT. FLOCK()
   DO tpds
   RETURN
ENDIF
SET FILTER TO stag = adas .AND. tkal = kale
SEEK adas
IF .NOT. FOUND()
   @ 24, 0 CLEAR TO 24,79
   @ 24, 2 SAY "Keine Eintragungen gefunden !!! [RETURN];
 Rückkehr zum Hauptmenü"
   SET CONSOLE OFF
   WAIT
   SET CONSOLE ON
   RELEASE aday, adas, kale, zahl, knam
   RETURN
ENDIF
UNLOCK
```

```
azei = SUBSTR(time(),1,5)
@ 24,66 GET azei PICTURE "99:99" RANGE "07:00","22:59"
READ
DO WHILE SUBSTR(azei,4,2) > "59" .OR. SUBSTR(azei,4,2);
 = "  " .OR. SUBSTR(azei,5,1) = " " .OR. SUBSTR(azei,4,1);
 = " "
   @ 24,66 GET azei PICTURE "99:99" RANGE "07:00", "22:59"
   READ
ENDDO
zei = SUBSTR(azei,1,2)+SUBSTR(azei,4,2)
SET ORDER TO szei
SEEK zei
IF .NOT. FOUND()
   @ 24, 0 CLEAR TO 24,79
   @ 24, 2 SAY "Keine Eintragungen gefunden !!! [RETURN];
 Rückkehr zum Hauptmenü"
   SET CONSOLE OFF
   WAIT
   SET CONSOLE ON
   RETURN
ENDIF
@ 24, 0 CLEAR TO 24,79
@ 24, 2 SAY "Datum / Zeit (Termin NEU) - übernehmen oder;
 eingeben"
@ 24,56 GET nday PICTURE "99.99.99"
READ
DO WHILE SUBSTR(nday,1,2) > "31" .OR. SUBSTR(nday,4,2) > "12"
   @ 24, 0 CLEAR TO 24,79
   @ 24, 2 SAY "Datum / Zeit (Termin NEU) - übernehmen;
 oder eingeben "
   @ 24,56 GET nday PICTURE "99.99.99"
   READ
ENDDO
nday = CTOD(nday)
ndas = DTOS(nday)
nzei = SUBSTR(time(),1,5)
nwot = UPPER(SUBSTR(CDOW(nday),1,2))
@ 24,66 GET nzei PICTURE "99:99" RANGE "07:00","22:59"
READ
DO WHILE SUBSTR(nzei,4,2) > "59" .OR. SUBSTR(nzei,4,2);
 = "  " .OR. SUBSTR(nzei,5,1) = " " .OR. SUBSTR(nzei,4,1);
 = " "
   @ 24,66 GET nzei PICTURE "99:99" RANGE "07:00", "22:59"
   READ
```

```
ENDDO
nsoz = SUBSTR(nzei,1,2)+SUBSTR(nzei,4,2)
SET ORDER TO szei
SET FILTER TO stag = ndas .AND. tkal = kale
SEEK nsoz
IF FOUND()
   ents = " "
   @ 24, 0 CLEAR TO 24,79
   @ 24, 2 SAY "Gewünschter Termin bereits belegt! Trotzdem;
 weiter " GET ents FUNCTION "M N,J"
   READ
   IF ents = "N"
      RELEASE ents
      RELEASE WINDOW bild, neut
      RETURN
   ENDIF
ENDIF
ACTIVATE WINDOW bild
IF ISCOLOR()
   SET COLOR OF NORMAL TO /BG
ELSE
   SET COLOR OF NORMAL TO /W
ENDIF
@  0, 0 SAY "  TERMINKALENDER - " + kale
@  0,20 SAY SPACE(33)
@  0,53 SAY knam
@  0,78 SAY SPACE(2)
IF ISCOLOR()
   SET COLOR OF NORMAL TO R+
ELSE
   SET COLOR OF NORMAL TO W
ENDIF
@ 1, 0 SAY REPLICATE("=",80)
IF ISCOLOR()
   SET COLOR OF NORMAL TO /BG
ELSE
   SET COLOR OF NORMAL TO /W
ENDIF
@ 2, 0 SAY nwot
@ 2, 2 SAY ", "
@ 2, 4 SAY nday
@ 2,12 SAY SPACE(18)
@ 2,30 SAY "TERMINE VERSCHIEBEN"
@ 2,49 SAY SPACE(23)
```

```
@ 2,72 SAY "Aufgaben"
IF ISCOLOR()
   SET COLOR OF NORMAL TO R+
ELSE
   SET COLOR OF NORMAL TO W
ENDIF
SET FILTER TO stag = ndas .AND. tkal = kale
lit = 4
LOCATE FOR stag = ndas
DO WHILE .NOT. EOF()
   @ lit, 1 SAY zeit
   @ lit,10 SAY tart
   @ lit,15 SAY tkur
   lit = lit + 1
   SKIP
ENDDO
lit = 4
USE tauf ORDER apri
IF .NOT. FLOCK()
   RETURN
ENDIF
SET FILTER TO stag = ndas .AND. tkal = kale
LOCATE FOR stag = ndas
DO WHILE .NOT. EOF()
   @ lit,50 SAY apri
   @ lit,55 SAY akur
   lit = lit + 1
   SKIP
ENDDO
USE term ORDER szei
IF .NOT. FLOCK()
   RETURN
ENDIF
ents = "J"
ent2 = " "
DO WHILE ents <> "N"
   ACTIVATE WINDOW neut
   @  0, 2 SAY "Termin ALT"
   @  0,30 SAY "|"
   @  0,32 SAY "Termin NEU"
   @  1, 0 SAY REPLICATE("-",61)
   @  1,30 SAY "┼"
   @  2, 2 SAY "Tag:"
   @  2, 7 SAY aday
```

```
@ 2,17 SAY "Zeit:"
@ 2,23 SAY azei
@ 2,30 SAY "|"
@ 2,32 SAY "Tag:"
@ 2,47 SAY "Zeit:"
@ 3, 0 SAY REPLICATE("-",61)
@ 3,30 SAY "┴"
@ 2,37 SAY nday
@ 2,53 GET nzei PICTURE "99:99" RANGE "07:00","22:59"
READ
DO WHILE SUBSTR(nzei,4,2) > "59" .OR. SUBSTR(nzei,4,2);
= "  " .OR. SUBSTR(nzei,5,1) = " " .OR. SUBSTR(nzei,4,1);
= " "
   @ 2,53 GET nzei PICTURE "99:99" RANGE "07:00", "22:59"
   READ
ENDDO
nsoz = SUBSTR(nzei,1,2) + SUBSTR(nzei,4,2)
SET FILTER TO stag = ndas .AND. tkal = kale
SEEK nsoz
IF FOUND()
   @ 4, 6 SAY "Termin bereits belegt!"
ENDIF
@ 4,29 SAY "Termin verschieben? --->"
@ 4,54 GET ent2 FUNCTION "M N,J"
READ
IF ent2 = "J"
   SET FILTER TO stag = adas .AND. tkal = kale
   SEEK zei
   REPLACE ttag WITH nday
   REPLACE stag WITH DTOS(nday)
   REPLACE zeit WITH nzei
   REPLACE szei WITH nsoz
ENDIF
@ 4, 0 CLEAR TO 4,57
@ 4,20 SAY "Weitere Termine verschieben? --->"
@ 4,54 GET ents FUNCTION "M N,J"
READ
IF ents = "J"
   IF zei <> nsoz
      ACTIVATE WINDOW bild
      SET FILTER TO stag = ndas .AND. tkal = kale
      lit = 4
      @ 3,0 CLEAR TO 23,78
      LOCATE FOR stag = ndas
```

```
    DO WHILE .NOT. EOF()
       @ lit, 1 SAY zeit
       @ lit,10 SAY tart
       @ lit,15 SAY tkur
       lit = lit + 1
       SKIP
    ENDDO
    ACTIVATE WINDOW neut
ENDIF
nda2 = nday
@  4, 0 CLEAR TO 4,57
@  2, 7 GET aday
READ
adas = DTOS(aday)
SET FILTER TO stag = adas .AND. tkal = kale
SET ORDER TO stag
SEEK adas
DO WHILE .NOT. FOUND()
   @  4, 2 SAY "Keine Eintragungen gefunden !!!"
   @  2, 7 GET aday
   READ
   adas = DTOS(aday)
   SET FILTER TO stag = adas .AND. tkal = kale
   SEEK adas
ENDDO
@  4, 1 CLEAR TO 4,40
awot = UPPER(SUBSTR(CDOW(aday),1,2))
SET ORDER TO szei
ACTIVATE WINDOW bild
IF ISCOLOR()
   SET COLOR OF NORMAL TO /BG
ELSE
   SET COLOR OF NORMAL TO /W
ENDIF
@ 2, 0 SAY awot
@ 2, 2 SAY ", "
@ 2, 4 SAY aday
IF ISCOLOR()
   SET COLOR OF NORMAL TO R+
ELSE
   SET COLOR OF NORMAL TO W
ENDIF
lit = 4
@ 3,0 CLEAR TO 23,78
```

```
      LOCATE FOR stag = adas
      DO WHILE .NOT. EOF()
         @ lit, 1 SAY zeit
         @ lit,10 SAY tart
         @ lit,15 SAY tkur
         lit = lit + 1
         SKIP
      ENDDO
      lit = 4
      USE tauf ORDER apri
      IF .NOT. FLOCK()
         RETURN
      ENDIF
      SET FILTER TO stag = adas .AND. tkal = kale
      LOCATE FOR stag = adas
      DO WHILE .NOT. EOF()
         @ lit,50 SAY apri
         @ lit,55 SAY akur
         lit = lit + 1
         SKIP
      ENDDO
      USE term ORDER szei
      IF .NOT. FLOCK()
         RETURN
      ENDIF
      SET FILTER TO stag = adas .AND. tkal = kale
      ACTIVATE WINDOW neut
      @  2,23 GET azei PICTURE "99:99" RANGE "07:00","22:59"
      READ
      DO WHILE SUBSTR(azei,4,2) > "59" .OR. SUBSTR(azei,4,2);
= "  " .OR. SUBSTR(azei,5,1) = " " .OR. SUBSTR(azei,4,1);
= " "
         @ 2,53 GET azei PICTURE "99:99" RANGE;
"07:00", "22:59"
         READ
      ENDDO
      zei = SUBSTR(azei,1,2)+SUBSTR(azei,4,2)
      SEEK zei
      DO WHILE .NOT. FOUND()
         been = " "
         @  4, 2 SAY "Keine Eintragungen gefunden! Beenden";
GET been FUNCTION "M N,J"
         READ
         IF been = "J"
```

```
          DEACTIVATE WINDOW neut
          DEACTIVATE WINDOW bild
          RELEASE been
          RETURN
        ENDIF
        @  4, 1 CLEAR TO  4,40
        @  2,23 GET azei PICTURE "99:99" RANGE;
"07:00","22:59"
        READ
        DO WHILE SUBSTR(azei,4,2) > "59" .OR.;
SUBSTR(azei,4,2) = "  " .OR. SUBSTR(azei,5,1) = " " .OR.;
SUBSTR(azei,4,1) = " "
          @ 2,53 GET azei PICTURE "99:99" RANGE;
"07:00", "22:59"
          READ
        ENDDO
        zei = SUBSTR(azei,1,2)+SUBSTR(azei,4,2)
        SEEK zei
        @  4, 0 CLEAR TO 4,57
      ENDDO
      @  2,37 GET nday
      READ
      IF nday <> aday
        ndas = DTOS(nday)
        SET FILTER TO stag = ndas .AND. tkal = kale
        nwot = UPPER(SUBSTR(CDOW(nday),1,2))
        ACTIVATE WINDOW bild
        IF ISCOLOR()
           SET COLOR OF NORMAL TO /BG
        ELSE
           SET COLOR OF NORMAL TO /W
        ENDIF
        @ 2, 0 SAY nwot
        @ 2, 2 SAY ", "
        @ 2, 4 SAY nday
        IF ISCOLOR()
           SET COLOR OF NORMAL TO R+
        ELSE
           SET COLOR OF NORMAL TO W
        ENDIF
        lit = 4
        @ 3,0 CLEAR TO 23,78
        LOCATE FOR stag = ndas
        DO WHILE .NOT. EOF()
```

```
            @ lit, 1 SAY zeit
            @ lit,10 SAY tart
            @ lit,15 SAY tkur
            lit = lit + 1
            SKIP
         ENDDO
         lit = 4
         USE tauf ORDER apri
         IF .NOT. FLOCK()
            RETURN
         ENDIF
         SET FILTER TO stag = ndas .AND. tkal = kale
         LOCATE FOR stag = ndas
         DO WHILE .NOT. EOF()
            @ lit,50 SAY apri
            @ lit,55 SAY akur
            lit = lit + 1
            SKIP
         ENDDO
         USE term ORDER szei
             IF .NOT. FLOCK()
                RETURN
             ENDIF
         SET FILTER TO stag = ndas .AND. tkal = kale
         ACTIVATE WINDOW neut
      ENDIF
   ENDIF
ENDDO
SET LOCK OFF
CLOSE DATABASES
DEACTIVATE WINDOW neut
DEACTIVATE WINDOW bild
RELEASE kale, zahl, awot, aday, nday, knam, nwot, nda2
RELEASE adas, lit, ent2, ents, azei, zei, nzei, nsoz
RELEASE WINDOW bild, neut
RETURN
```

6.2.2.4 Option "Löschen" (TP14.PRG)

Mit dieser Prozedur lassen sich Eintragungen aus der Datenbank entfernen. Zur Sicherheit wird beim Löschvorgang der Kurztext mit eingeblendet. Die Entscheidung "Termin löschen - JA/NEIN" verhindert unbeabsichtiges Löschen (Bild 6-8). Durch die Schalterstellung ON des SET DELETED-Parameters werden gelöschte Datensätze beim erneuten Bildschirmaufbau nicht mehr angezeigt. Zur Beschleunigung des Löschvorgangs lassen sich Informationen gezielt, monatsweise oder für das ganze Jahr löschen. Am Ende des Programms werden mit Hilfe des PACK-Kommandos alle markierten Daten gelöscht. Hierfür muß die Datenbankdatei TERM exklusiv gesperrt sein. Zu beachten ist, daß in diesem Fall kein anderer Benutzer auf die Datei zugreifen kann.

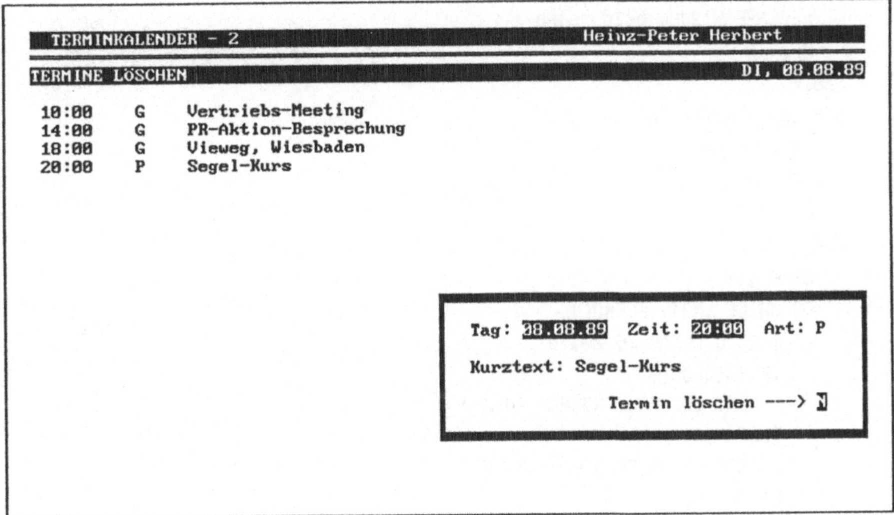

Bild 6-8: Das Löschen von Terminen

```
* T P 1 4 . prg
* Termine löschen
PROCEDURE tp14
IF SET("DELETED") = "OFF"
   SET DELETED ON
ENDIF
DEFINE WINDOW bild FROM  0, 0 TO 24,79 NONE
DEFINE WINDOW eing FROM 14,39 TO 22,79
kale = " "
tday = DTOC(date())
zahl = 1
@ 24,0 CLEAR TO 24,79
@ 24,2 SAY "Terminkalender wählen ([0] = Beenden) ";
 GET kale PICTURE "9"
```

```
READ
IF kakw <> "A" .AND. kakw <> kale
   @ 24, 0 CLEAR TO 24,79
   @ 24,2 SAY "IHRE ZUGRIFFSSTUFE BERECHTIGT NICHT ZUM;
 AUFRUF !!!"
   ?? CHR(7) + CHR(7) + CHR(7) + CHR(7) + CHR(7) + CHR(7);
 + CHR(7) + CHR(7)
   RETURN
ENDIF
IF kale = "0"
   RELEASE kale, tday, zahl
   RELEASE WINDOW bild, eing
   RETURN
ENDIF
USE tkal ORDER tkal
IF .NOT. FLOCK()
   DO tpds
   RETURN
ELSE
   SEEK kale
   DO WHILE .NOT. FOUND()
      @ 24,0 CLEAR TO 24,79
      IF ISCOLOR()
         SET COLOR OF NORMAL TO R+*
      ELSE
         SET COLOR OF NORMAL TO W*
      ENDIF
      @ 24,2 SAY "Terminkalender nicht vorhanden !"
      DO WHILE zahl < 500
         zahl = zahl + 1
      ENDDO
      IF ISCOLOR()
         SET COLOR OF NORMAL TO R+
      ELSE
         SET COLOR OF NORMAL TO W
      ENDIF
      RELEASE kale, tday, zahl
      RELEASE WINDOW bild, eing
      RETURN
   ENDDO
ENDIF
UNLOCK
loes = " "
@ 24,0 CLEAR TO 24,79
```

```
@ 24,2 SAY "[J]ahr, [M]onat oder einen [T]ag löschen ?";
 GET loes FUNCTION "M T,M,J"
READ
SET EXCLUSIVE ON
*
* Mit den Anweisungen innerhalb dieser Routine lassen
* sich die Eintragungen für ein ganzes Jahr löschen.
*
IF loes = "J"
   ljhr = "  "
   ljh2 = " "
   @ 24,0 CLEAR TO 24,79
   @ 24,2 SAY "Jahreszahl eingeben {JJ} eingeben: ";
 GET ljhr PICTURE "99"
   READ
   @ 24, 0 CLEAR TO 24,79
   @ 24, 2 SAY "Terminkalender - " + kale
   @ 24,21 SAY "- ALLE TERMINE 19" + ljhr
   @ 24,41 SAY "löschen ? " GET ljh2 FUNCTION "M N,J"
   READ
   IF ljh2 = "J"
      USE term ORDER stag
      IF .NOT. FLOCK()
         RETURN
      ENDIF
      LOCATE FOR SUBSTR(stag,3,2) = ljhr .AND. tkal = kale
      IF .NOT. FOUND()
         @ 24, 0 CLEAR TO 24,79
         @ 24, 2 SAY "Keine Eintragungen gefunden !!! [RETURN];
 Rückkehr zum Hauptmenü"
         SET CONSOLE OFF
         WAIT
         SET CONSOLE ON
         RETURN
      ELSE
         @ 24, 0 CLEAR TO 24,79
         @ 24, 2 SAY "Die TERMINE für 19" + ljhr
         @ 24,23 SAY "werden gelöscht !!!"
         DELETE ALL FOR SUBSTR(stag,3,2) = ljhr .AND.;
 tkal = kale
         PACK
         lauf = " "
         @ 24, 0 CLEAR TO 24,79
         @ 24, 2 SAY "Auch die AUFGABEN zu diesem Termin;
```

```
löschen ? " GET lauf FUNCTION "M N,J"
        READ
        IF lauf = "J"
           USE tauf ORDER stag
           IF .NOT. FLOCK()
              RETURN
           ENDIF
           LOCATE FOR SUBSTR(stag,3,2) = ljhr .AND.;
tkal = kale
           IF .NOT. FOUND()
              @ 24, 0 CLEAR TO 24,79
              @ 24, 2 SAY "Keine Eintragungen;
gefunden !!! [RETURN] Rückkehr zum Hauptmenü"
              SET CONSOLE OFF
              WAIT
              SET CONSOLE ON
              RETURN
           ELSE
              @ 24, 0 CLEAR TO 24,79
              @ 24, 2 SAY "Die AUFGABEN für 19" + ljhr
              @ 24,24 SAY "werden gelöscht !!!"
              DELETE ALL FOR SUBSTR(stag,3,2) = ljhr .AND.;
tkal = kale
              PACK
              RETURN
           ENDIF
        ELSE
           RETURN
        ENDIF
     ENDIF
  ELSE
     RETURN
  ENDIF
  RELEASE loes, ljhr, ljh2, lauf
ENDIF
*
* Mit den nächsten Anweisungen wir die monatliche
* Löschung der Daten geregelt.
*
IF loes = "M"
   lmon = "    "
   lmn2 = " "
   @ 24,0 CLEAR TO 24,79
   @ 24,2 SAY "Monat und Jahr eingeben {MMJJ} eingeben: ";
```

```
GET lmon PICTURE "9999"
  READ
  @ 24, 0 CLEAR TO 24,79
  @ 24, 2 SAY "Terminkalender - " + kale
  @ 24,21 SAY "- ALLE TERMINE " + SUBSTR(lmon,1,2)
  @ 24,38 SAY "/"
  @ 24,39 SAY SUBSTR(lmon,3,2)
  @ 24,42 SAY "löschen ? " GET lmn2 FUNCTION "M N,J"
  READ
  IF lmn2 = "J"
     lmn3 = SUBSTR(lmon,3,2) + SUBSTR(lmon,1,2)
     USE term ORDER stag
     IF .NOT. FLOCK()
        RETURN
     ENDIF
     LOCATE FOR SUBSTR(stag,3,4) = lmn3 .AND. tkal = kale
     IF .NOT. FOUND()
        @ 24, 0 CLEAR TO 24,79
        @ 24, 2 SAY "Keine Eintragungen gefunden !!! [RETURN];
 Rückkehr zum Hauptmenü"
        SET CONSOLE OFF
        WAIT
        SET CONSOLE ON
        RETURN
     ELSE
        @ 24, 0 CLEAR TO 24,79
        @ 24, 2 SAY "Die Termine für " + SUBSTR(lmon,1,2)
        @ 24,20 SAY "/" + SUBSTR(lmon,3,2)
        @ 24,24 SAY "werden gelöscht !!!"
        DELETE ALL FOR SUBSTR(stag,3,4) = lmn3 .AND.;
  tkal = kale
        PACK
        lauf = " "
        @ 24, 0 CLEAR TO 24,79
        @ 24, 2 SAY "Auch die AUFGABEN zu diesem Termin;
  löschen ? " GET lauf FUNCTION "M N,J"
        READ
        IF lauf = "J"
           USE tauf ORDER stag
           IF .NOT. FLOCK()
              RETURN
           ENDIF
           LOCATE FOR SUBSTR(stag,3,4) = lmn3 .AND.;
  tkal = kale
```

```
            IF .NOT. FOUND()
               @ 24, 0 CLEAR TO 24,79
               @ 24, 2 SAY "Keine Eintragungen;
 gefunden !!! [RETURN] Rückkehr zum Hauptmenü"
               SET CONSOLE OFF
               WAIT
               SET CONSOLE ON
               RETURN
            ELSE
               @ 24, 0 CLEAR TO 24,79
               @ 24, 2 SAY "Die AUFGABEN für ";
 + SUBSTR(lmon,1,2)
               @ 24,21 SAY "/" + SUBSTR(lmon,3,2)
               @ 24,25 SAY "werden gelöscht !!!"
               DELETE ALL FOR SUBSTR(stag,3,4) = lmn3 .AND.;
 tkal = kale
               PACK
               RETURN
            ENDIF
         ELSE
            RETURN
         ENDIF
      ENDIF
   ELSE
      RETURN
   ENDIF
   RELEASE loes, lmon, lmn2, lauf
ENDIF
*
* Ab hier beginnt die Definition der Prozedur zum
* individuellen Löschen der Termine.
*
knam = name
@ 24, 0 CLEAR TO 24,79
@ 24,2 SAY "Tagesdatum übernehmen oder individuelles;
 eingeben " GET tday PICTURE "99.99.99"
READ
DO WHILE SUBSTR(tday,1,2) > "31" .OR.;
 SUBSTR(tday,4,2) > "12"
   @ 24, 0 CLEAR TO 24,79
   @ 24,2 SAY "Tagesdatum übernehmen oder individuelles;
 eingeben " GET tday PICTURE "99.99.99"
   READ
ENDDO
```

```
tday = CTOD(tday)
twot = UPPER(SUBSTR(CDOW(tday),1,2))
tda2 = tday
das = DTOS(tday)
USE term ORDER stag
IF .NOT. FLOCK()
   RETURN
ENDIF
SET FILTER TO stag = das .AND. tkal = kale
SEEK das
IF .NOT. FOUND()
   @ 24, 0 CLEAR TO 24,79
   @ 24, 2 SAY "Keine Eintragungen gefunden !!! [RETURN];
 Rückkehr zum Hauptmenü"
   SET CONSOLE OFF
   WAIT
   SET CONSOLE ON
   RETURN
ENDIF
SET ORDER TO szei
ACTIVATE WINDOW bild
IF ISCOLOR()
   SET COLOR OF NORMAL TO /BG
ELSE
   SET COLOR OF NORMAL TO /W
ENDIF
@  0, 0 SAY "  TERMINKALENDER - " + tkal
@  0,20 SAY SPACE(33)
@  0,53 SAY knam
@  0,78 SAY SPACE(2)
IF ISCOLOR()
   SET COLOR OF NORMAL TO R+
ELSE
   SET COLOR OF NORMAL TO W
ENDIF
@ 1, 0 SAY REPLICATE("=",80)
IF ISCOLOR()
   SET COLOR OF NORMAL TO /BG
ELSE
   SET COLOR OF NORMAL TO /W
ENDIF
@ 2, 0 SAY "TERMINE LÖSCHEN"
@ 2,15 SAY SPACE(53)
@ 2,68 SAY twot
```

```
@ 2,70 SAY ", "
@ 2,72 SAY tday
IF ISCOLOR()
   SET COLOR OF NORMAL TO R+
ELSE
   SET COLOR OF NORMAL TO W
ENDIF
lit = 4
LOCATE FOR stag = das
DO WHILE .NOT. EOF()
   @ lit, 1 SAY zeit
   @ lit,10 SAY tart
   @ lit,15 SAY tkur
   lit = lit + 1
   SKIP
ENDDO
ent2 = " "
ents = "J"
zei = "     "
DO WHILE ents <> "N"
   ACTIVATE WINDOW eing
   @  1, 2 SAY "Tag:"
   @  1,17 SAY "Zeit:"
   @  1,30 SAY "Art:"
   @  3, 2 SAY "Kurztext:"
   @  1, 7 GET tday
   READ
   IF tday <> tda2
      tda2 = tday
      das = DTOS(tday)
      SET ORDER TO stag
      SEEK das
      DO WHILE .NOT. FOUND()
         @  1, 7 GET tday
         READ
         das = DTOS(tday)
         SEEK das
      ENDDO
      SET ORDER TO szei
      DEACTIVATE WINDOW eing
      twot = UPPER(SUBSTR(CDOW(tday),1,2))
      IF ISCOLOR()
         SET COLOR OF NORMAL TO /BG
      ELSE
```

```
      SET COLOR OF NORMAL TO /W
   ENDIF
   @ 2,68 SAY twot
   @ 2,70 SAY ", "
   @ 2,72 SAY tday
   IF ISCOLOR()
      SET COLOR OF NORMAL TO R+
   ELSE
      SET COLOR OF NORMAL TO W
   ENDIF
   @ 4,0 CLEAR TO 23,79
   lit = 4
   SET FILTER TO stag = das .AND. tkal = kale
   LOCATE FOR stag = das
   DO WHILE .NOT. EOF()
      @ lit, 1 SAY zeit
      @ lit,10 SAY tart
      @ lit,15 SAY tkur
      lit = lit + 1
      SKIP
   ENDDO
   ACTIVATE WINDOW eing
   @  1, 2 SAY "Tag:"
   @  1,17 SAY "Zeit:"
   @  1,30 SAY "Art:"
   @  3, 2 SAY "Kurztext:"
   @  1, 7 SAY tday
ENDIF
SET FILTER TO stag = das .AND. tkal = kale
@  1,23 GET zei PICTURE "99:99" RANGE "07:00", "22:59"
READ
DO WHILE SUBSTR(zei,4,2) > "59"
   @  1,23 GET zei PICTURE "99:99" RANGE "07:00", "22:59"
   READ
ENDDO
sor = SUBSTR(zei,1,2)+SUBSTR(zei,4,2)
SEEK sor
DO WHILE .NOT. FOUND()
   @  1,23 GET zei PICTURE "99:99" RANGE "07:00", "22:59"
   READ
   sor = SUBSTR(zei,1,2)+SUBSTR(zei,4,2)
   SEEK sor
ENDDO
@  1,35 SAY tart
```

```
    @  3,12 SAY tkur
    @  5,15 SAY "Termin löschen --->"
    @  5,35 GET ent2 FUNCTION "M N,J"
    READ
    IF ent2 = "J"
       DELETE
    ENDIF
    @  5, 6 SAY "Weitere Termine löschen --->"
    @  5,35 GET ents FUNCTION "M N,J"
    READ
    @  5, 0 CLEAR TO 5,36
ENDDO
PACK
SET EXCLUSIVE OFF
UNLOCK
CLOSE DATABASES
DEACTIVATE WINDOW eing
DEACTIVATE WINDOW bild
RELEASE kale, zahl, twot, tday, tda2, knam, lauf, lmon, lmn2
RELEASE loes, ljhr, ljh2, das, sor, lit, ent2, ents,zei,lmn3
RELEASE WINDOW bild, eing
IF SET("DELETED") = "ON"
   SET DELETED OFF
ENDIF
RETURN
```

6.2.3 Bereich "Aufgaben"

Der Bereich "Aufgaben" dient zur alternativen (schnelleren) Erfassung und zur Bearbeitung der Aufgaben. Es stehen sämtliche Leistungsmerkmale, wie im Bereich "Termine", zur Verfügung. Definiert ist das Optionenfenster (Bild 6-9) im Hauptprogramm TP.PRG. Die Zuordnung der Unterprogramme erfolgt mit der Anweisung

ON SELECTION POPUP ptp2 DO tpm2

die das Programm-Modul TPM2.PRG aktiviert. Dieses fragt, wie TPM1.PRG, die jeweils aktivierte Menüoption ab und lädt selbsttätig das zugeordnete Unterprogramm.

```
* T P M 2 . prg
* Programmaufruf Aufgaben-Menü
PROCEDURE tpm2
DO CASE
   CASE BAR() = 1
      DO tp21
   CASE BAR() = 2
      DO tp22
   CASE BAR() = 3
      DO tp23
   CASE BAR() = 4
      DO tp24
ENDCASE
RETURN
```

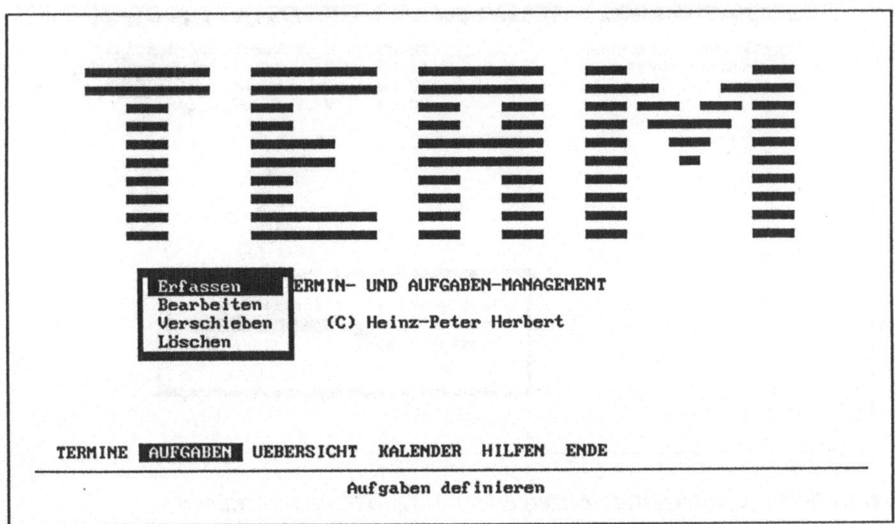

Bild 6-9: Der Bereich AUFGABEN

6.2.3.1 Option "Erfassen" (TP21.PRG)

Aufgaben und Termine stehen in Abhängigkeit zueinander. Sind bereits für einen Tag sehr viele Termine vereinbart, so können insbesondere umfangreiche Aufgaben an diesem Tag nicht realisiert werden. Aus diesem Grund werden zusätzlich zu den Aufgaben die bereits für diesen Tag vereinbarten Termine angezeigt (Bild 6-10). Die Aufgaben lassen sich über ein Fenster erfassen. Für Eingaben in ein Memo-Feld ist der Cursor auf dem Feld "Langtext" zu positionieren und mittels der Tastenkombination [STRG] + [POS1] der Memo-Feld-Editor zu aktivieren. Es besteht nun entweder Zugriff auf den dBASE IV-Editor oder ein mit der "WP="-Option in der CONFIG.DB-Datei zugeordnetes Textprogramm. Zum Verlassen des Memo-Feldes ist die Tastenkombination [STRG] + [ENDE] zu betätigen.

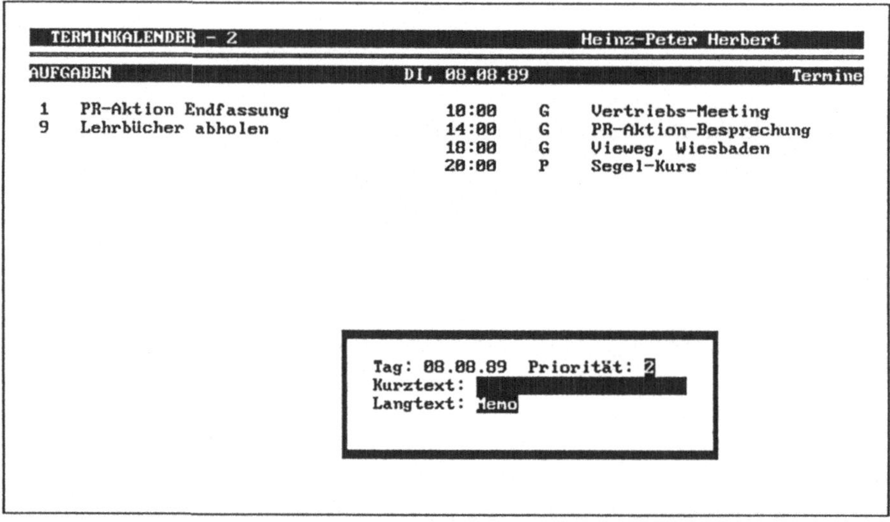

Bild 6-10: Gleichzeitige Anzeige von Aufgaben und Terminen

```
*T P 2 1 . prg
* Aufgaben erfassen
PROCEDURE tp21
DEFINE WINDOW bild FROM  0, 0 TO 24,79 NONE
DEFINE WINDOW eing FROM 16,30 TO 23,65
kale = " "
aday = DTOC(date())
```

```
zahl = 1
@ 24,0 CLEAR TO 24,79
@ 24,2 SAY "Terminkalender wählen ([0] = Beenden) ";
 GET kale PICTURE "9"
READ
IF kakw <> "A" .AND. kakw <> kale
   @ 24, 0 CLEAR TO 24,79
   @ 24,2 SAY "IHRE ZUGRIFFSSTUFE BERECHTIGT NICHT ZUM;
 AUFRUF !!!"
   ?? CHR(7) + CHR(7) + CHR(7) + CHR(7) + CHR(7) + CHR(7) +;
 CHR(7) + CHR(7)
   RETURN
ENDIF
IF kale = "0"
   RELEASE kale, aday, zahl
   RELEASE WINDOW bild, eing
   RETURN
ENDIF
USE tkal ORDER tkal
IF .NOT. FLOCK()
   DO tpds
   RETURN
ELSE
   SEEK kale
   DO WHILE .NOT. FOUND()
      @ 24,0 CLEAR TO 24,79
      IF ISCOLOR()
         SET COLOR OF NORMAL TO R+*
      ELSE
         SET COLOR OF NORMAL TO W*
      ENDIF
      @ 24,2 SAY "Terminkalender nicht vorhanden !"
      DO WHILE zahl < 500
         zahl = zahl + 1
      ENDDO
      IF ISCOLOR()
         SET COLOR OF NORMAL TO R+
      ELSE
         SET COLOR OF NORMAL TO W
      ENDIF
      RELEASE kale, aday, zahl
      RELEASE WINDOW bild, eing
      RETURN
   ENDDO
```

```
ENDIF
UNLOCK
@ 24,0 CLEAR TO 24,79
@ 24,2 SAY "Tagesdatum übernehmen oder individuelles;
 eingeben " GET aday PICTURE "99.99.99"
READ
DO WHILE SUBSTR(aday,1,2) > "31" .OR.;
 SUBSTR(aday,4,2) > "12"
   @ 24, 0 CLEAR TO 24,79
   @ 24,2 SAY "Tagesdatum übernehmen oder individuelles;
 eingeben " GET aday PICTURE "99.99.99"
   READ
ENDDO
aday = CTOD(aday)
awot = UPPER(SUBSTR(CDOW(aday),1,2))
adas = DTOS(aday)
ACTIVATE WINDOW bild
IF ISCOLOR()
   SET COLOR OF NORMAL TO /BG
ELSE
   SET COLOR OF NORMAL TO /W
ENDIF
@  0, 0 SAY "  TERMINKALENDER - " + tkal
@  0,20 SAY SPACE(33)
@  0,53 SAY name
@  0,78 SAY SPACE(2)
IF ISCOLOR()
   SET COLOR OF NORMAL TO R+
ELSE
   SET COLOR OF NORMAL TO W
ENDIF
@ 1, 0 SAY REPLICATE("=",80)
IF ISCOLOR()
   SET COLOR OF NORMAL TO /BG
ELSE
   SET COLOR OF NORMAL TO /W
ENDIF
@ 2, 0 SAY "AUFGABEN"
@ 2, 8 SAY SPACE(28)
@ 2,36 SAY awot
@ 2,38 SAY ", "
@ 2,40 SAY aday
@ 2,48 SAY SPACE(25)
@ 2,73 SAY "Termine"
```

```
IF ISCOLOR()
   SET COLOR OF NORMAL TO R+
ELSE
   SET COLOR OF NORMAL TO W
ENDIF
lit = 4
SET LOCK ON
SELECT A
USE tauf ORDER apri
IF .NOT. FLOCK()
   DO tpds
   DEACTIVATE WINDOW bild
   RETURN
ENDIF
SET FILTER TO A->stag = adas .AND. A->tkal = kale
COUNT to etr2
UNLOCK
IF etr2 >= 10
   ? CHR(7)+CHR(7)+CHR(7)
   @ 20,25 SAY "Bereits 10 Aufgaben definiert!!!"
   @ 22,28 SAY "Rückkehr zum Hauptmenü!!!"
   zahl = 0
   DO WHILE zahl < 200
      zahl = zahl + 1
   ENDDO
   DEACTIVATE WINDOW bild
   RELEASE WINDOW bild, eing
   RELEASE aday, kale, awot, zahl, adas, lit, etr2
   RETURN
ENDIF
LOCATE FOR A->stag = adas
DO WHILE .NOT. EOF()
   @ lit, 1 SAY A->apri
   @ lit, 5 SAY A->akur
   lit = lit + 1
   SKIP
ENDDO
lit = 4
SELECT B
USE term ORDER szei
IF .NOT. FLOCK()
   DO tpds
   DEACTIVATE WINDOW bild
   RETURN
```

```
ENDIF
SET FILTER TO B->stag = adas .AND. B->tkal = kale
LOCATE FOR B->stag = adas
DO WHILE .NOT. EOF()
   @ lit,40 SAY B->zeit
   @ lit,49 SAY B->tart
   @ lit,54 SAY B->tkur
   lit = lit + 1
   SKIP
ENDDO
UNLOCK
ents = "J"
DO WHILE ents <> "N"
   ACTIVATE WINDOW eing
   SELECT A
   APPEND BLANK
   @  1, 2 SAY "Tag:"
   @  1, 7 SAY aday
   @  1,17 SAY "Priorität:"
   @  2, 2 SAY "Kurztext:"
   @  3, 2 SAY "Langtext:"
   @  1,28 GET A->apri PICTURE "N"
   @  2,12 GET A->akur
   @  3,12 GET A->alan
   READ
   REPLACE A->atag WITH aday
   REPLACE A->tkal WITH kale
   REPLACE A->stag WITH adas
   COUNT to etr2
   IF etr2 >= 10
      DEACTIVATE WINDOW eing
      ? CHR(7)+CHR(7)+CHR(7)
      @ 20,25 SAY "Bereits 10 Aufgaben definiert!!!"
      @ 22,28 SAY "Rückkehr zum Hauptmenü!!!"
      zahl = 0
      DO WHILE zahl < 200
         zahl = zahl + 1
      ENDDO
      DEACTIVATE WINDOW bild
      RELEASE WINDOW bild, eing
      RELEASE aday, ents, kale, awot, zahl, adas, lit, etr2
      RETURN
   ENDIF
   @  5,11 SAY "Eingabe fortsetzen?" GET ents FUNCTION;
```

```
"M J,N"
  READ
  IF ents = "J"
     ACTIVATE WINDOW bild
     @  3, 0 CLEAR TO 23,79
     lit = 4
     LOCATE FOR A->stag = adas
     DO WHILE .NOT. EOF()
        @ lit, 1 SAY A->apri
        @ lit, 5 SAY A->akur
        lit = lit + 1
        SKIP
     ENDDO
     lit = 4
     SELECT B
     LOCATE FOR B->stag = adas
     DO WHILE .NOT. EOF()
        @ lit,40 SAY B->zeit
        @ lit,49 SAY B->tart
        @ lit,54 SAY B->tkur
        lit = lit + 1
        SKIP
     ENDDO
     ACTIVATE WINDOW eing
  ENDIF
ENDDO
SET LOCK OFF
CLOSE DATABASE
DEACTIVATE WINDOW eing
DEACTIVATE WINDOW bild
RELEASE aday, ents, kale, awot, zahl, adas, lit, etr2
RELEASE WINDOW bild, eing
RETURN
```

6.2.3.2 Option "Bearbeiten" (TP22.PRG)

Ebenso wie die Termine, lassen sich auch die Aufgaben nachträglich neu definieren. Außerdem können über das Memo-Feld zusätzliche Informationen hinzugefügt werden. Es dürfen mehrere Benutzer gleichzeitig auf die Datei zugreifen. Erst beim Schreiben sperrt der SET LOCK-Parameter den Datensatz.

```
* T P 2 2 . prg
* Aufgaben bearbeiten
PROCEDURE tp22
DEFINE WINDOW bild FROM  0, 0 TO 24,79 NONE
DEFINE WINDOW eing FROM 14,39 TO 22,79
kale = " "
tday = DTOC(date())
zahl = 1
@ 24,0 CLEAR TO 24,79
@ 24,2 SAY "Terminkalender wählen ([0] = Beenden) ";
 GET kale PICTURE "9"
READ
IF kakw <> "A" .AND. kakw <> kale
   @ 24, 0 CLEAR TO 24,79
   @ 24,2 SAY "IHRE ZUGRIFFSSTUFE BERECHTIGT NICHT;
 ZUM AUFRUF !!!"
   ?? CHR(7) + CHR(7) + CHR(7) + CHR(7) + CHR(7) + CHR(7);
 + CHR(7) + CHR(7)
   RETURN
ENDIF
IF kale = "0"
   RELEASE kale, tday, zahl
   RELEASE WINDOW bild, eing
   RETURN
ENDIF
USE tkal ORDER tkal
IF .NOT. FLOCK()
   DO tpds
   RETURN
ELSE
   SEEK kale
   DO WHILE .NOT. FOUND()
      @ 24,0 CLEAR TO 24,79
      IF ISCOLOR()
         SET COLOR OF NORMAL TO R+*
      ELSE
         SET COLOR OF NORMAL TO W*
      ENDIF
      @ 24,2 SAY "Terminkalender nicht vorhanden !"
      DO WHILE zahl < 500
         zahl = zahl + 1
      ENDDO
      IF ISCOLOR()
         SET COLOR OF NORMAL TO R+
```

```
        ELSE
           SET COLOR OF NORMAL TO W
        ENDIF
        RELEASE kale, tday, zahl
        RELEASE WINDOW bild, eing
        RETURN
     ENDDO
  ENDIF
  UNLOCK
  knam = name
  @ 24, 0 CLEAR TO 24,79
  @ 24,2 SAY "Tagesdatum übernehmen oder individuelles;
   eingeben " GET tday PICTURE "99.99.99"
  READ
  DO WHILE SUBSTR(tday,1,2) > "31" .OR. SUBSTR(tday,4,2) > "12"
     @ 24, 0 CLEAR TO 24,79
     @ 24,2 SAY "Tagesdatum übernehmen oder individuelles;
   eingeben " GET tday PICTURE "99.99.99"
     READ
  ENDDO
  tday = CTOD(tday)
  twot = UPPER(SUBSTR(CDOW(tday),1,2))
  tda2 = tday
  das = DTOS(tday)
  SET LOCK ON
  USE tauf ORDER stag
  IF .NOT. FLOCK()
     RETURN
  ENDIF
  SET FILTER TO stag = das .AND. tkal = kale
  SEEK das
  IF .NOT. FOUND()
     @ 24, 0 CLEAR TO 24,79
     @ 24, 2 SAY "Keine Eintragungen gefunden !!! [RETURN];
   Rückkehr zum Hauptmenü"
     SET CONSOLE OFF
     WAIT
     SET CONSOLE ON
     RETURN
  ENDIF
  SET ORDER TO apri
  ACTIVATE WINDOW bild
  IF ISCOLOR()
     SET COLOR OF NORMAL TO /BG
```

```
ELSE
   SET COLOR OF NORMAL TO /W
ENDIF
@  0, 0 SAY "  TERMINKALENDER - " + tkal
@  0,20 SAY SPACE(33)
@  0,53 SAY knam
@  0,78 SAY SPACE(2)
IF ISCOLOR()
   SET COLOR OF NORMAL TO R+
ELSE
   SET COLOR OF NORMAL TO W
ENDIF
@ 1, 0 SAY REPLICATE("=",80)
IF ISCOLOR()
   SET COLOR OF NORMAL TO /BG
ELSE
   SET COLOR OF NORMAL TO /W
ENDIF
@ 2, 0 SAY "AUFGABEN BEARBEITEN"
@ 2,19 SAY SPACE(50)
@ 2,68 SAY twot
@ 2,70 SAY ", "
@ 2,72 SAY tday
IF ISCOLOR()
   SET COLOR OF NORMAL TO R+
ELSE
   SET COLOR OF NORMAL TO W
ENDIF
lit = 4
LOCATE FOR stag = das
DO WHILE .NOT. EOF()
   @ lit, 2 SAY apri
   @ lit, 6 SAY akur
   lit = lit + 1
   SKIP
ENDDO
GO TOP
ent2 = " "
ents = "J"
zei = "      "
prio = " "
DO WHILE ents <> "N"
   ACTIVATE WINDOW eing
   @  1, 2 SAY "Tag:"
```

```
@  1,17 SAY "Priorität:"
@  2, 2 SAY "Kurztext:"
@  3, 2 SAY "Langtext:"
@  1, 7 GET tday
READ
IF tday <> tda2
   tda2 = tday
   das = DTOS(tday)
   GO TOP
   SET ORDER TO stag
   SEEK das
   DO WHILE .NOT. FOUND()
      @  1, 7 GET tday
      READ
      das = DTOS(tday)
      SEEK das
   ENDDO
   SET ORDER TO apri
   DEACTIVATE WINDOW eing
   twot = UPPER(SUBSTR(CDOW(tday),1,2))
   IF ISCOLOR()
      SET COLOR OF NORMAL TO /BG
   ELSE
      SET COLOR OF NORMAL TO /W
   ENDIF
   @ 2,68 SAY twot
   @ 2,70 SAY ", "
   @ 2,72 SAY tday
   IF ISCOLOR()
      SET COLOR OF NORMAL TO R+
   ELSE
      SET COLOR OF NORMAL TO W
   ENDIF
   @ 4,0 CLEAR TO 23,79
   lit = 4
   GO TOP
   SET FILTER TO stag = das .AND. tkal = kale
   LOCATE FOR stag = das
   DO WHILE .NOT. EOF()
      @ lit, 2 SAY apri
      @ lit, 6 SAY akur
      lit = lit + 1
      SKIP
   ENDDO
```

```
      ACTIVATE WINDOW eing
      @  1, 2 SAY "Tag:"
      @  1,17 SAY "Priorität:"
      @  2, 2 SAY "Kurztext:"
      @  3, 2 SAY "Langtext:"
      @  1, 7 SAY tday
   ENDIF
   GO TOP
   SET FILTER TO stag = das .AND. tkal = kale
   @  1,28 GET prio PICTURE "N"
   READ
   SET ORDER TO apri
   SEEK prio
   DO WHILE .NOT. FOUND()
      @  1,28 GET prio PICTURE "N"
      READ
      GO TOP
      SEEK prio
   ENDDO
   @  2,12 GET akur
   @  3,12 GET alan
   @  5,12 SAY "Aufgabe verändern --->"
   @  5,35 GET ent2 FUNCTION "M N,J"
   READ
   IF ent2 = "J"
      REPLACE tkal WITH kale
      REPLACE atag WITH tday
      REPLACE stag WITH das
      REPLACE apri WITH prio
      REPLACE akur WITH akur
      REPLACE alan WITH alan
   ENDIF
   @  5, 3 SAY "Weitere Aufgaben verändern --->"
   @  5,35 GET ents FUNCTION "M N,J"
   READ
   IF ents = "J"
      DEACTIVATE WINDOW eing
      lit = 4
      LOCATE FOR stag = das
      DO WHILE .NOT. EOF()
         @ lit, 2 SAY apri
         @ lit, 6 SAY akur
         lit = lit + 1
         SKIP
```

```
      ENDDO
    ENDIF
ENDDO
SET LOCK OFF
USE
DEACTIVATE WINDOW eing
DEACTIVATE WINDOW bild
RELEASE kale, zahl, twot, tday, tda2, knam
RELEASE das, lit, ent2, ents, zei, prio
RELEASE WINDOW bild, eing
RETURN
```

6.2.3.3 Option "Verschieben" (TP23.PRG)

Nicht nur Termine, sondern auch Aufgaben können verschoben werden. Zur Kontrolle werden sowohl die Aufgaben, als auch die Termine eines Tages angezeigt. Anhand der Termine und der bereits eingetragenen Aufgaben ist festzustellen, ob die Aufgabenverschiebung auf den neuen Tag überhaupt realisierbar ist. Die Datei- und Satzsperre ist identisch zu den beiden vorhergehenden Prozeduren und wird mittels FLOCK() und SET LOCK ON geregelt.

```
* T P 2 3 . prg
* Aufgaben verschieben
PROCEDURE tp23
DEFINE WINDOW bild FROM  0, 0 TO 24,79 NONE
DEFINE WINDOW neua FROM 17, 9 TO 23,71
kale = " "
aday = DTOC(date())
nday = DTOC(date())
zahl = 1
@ 24,0 CLEAR TO 24,79
@ 24,2 SAY "Terminkalender wählen ([0] = Beenden) ";
 GET kale PICTURE "9"
READ
IF kakw <> "A" .AND. kakw <> kale
   @ 24, 0 CLEAR TO 24,79
   @ 24,2 SAY "IHRE ZUGRIFFSSTUFE BERECHTIGT NICHT;
 ZUM AUFRUF !!!"
   ?? CHR(7) + CHR(7) + CHR(7) + CHR(7) + CHR(7) + CHR(7);
 + CHR(7) + CHR(7)
   RETURN
ENDIF
IF kale = "0"
```

```
      RELEASE kale, aday, nday, zahl
      RELEASE WINDOW bild, neua
      RETURN
   ENDIF
   USE tkal ORDER tkal
   IF .NOT. FLOCK()
      DO tpds
      RETURN
   ELSE
      SEEK kale
      DO WHILE .NOT. FOUND()
         @ 24,0 CLEAR TO 24,79
         IF ISCOLOR()
            SET COLOR OF NORMAL TO R+*
         ELSE
            SET COLOR OF NORMAL TO W*
         ENDIF
         @ 24,2 SAY "Terminkalender nicht vorhanden !"
         DO WHILE zahl < 500
            zahl = zahl + 1
         ENDDO
         IF ISCOLOR()
            SET COLOR OF NORMAL TO R+
         ELSE
            SET COLOR OF NORMAL TO W
         ENDIF
         RELEASE kale, aday, nday, zahl
         RELEASE WINDOW bild, neua
         RETURN
      ENDDO
   ENDIF
   UNLOCK
   pria = " "
   knam = name
   @ 24, 0 CLEAR TO 24,79
   @ 24, 2 SAY "Datum / Priorität (Aufgabe ALT) -;
    übernehmen oder eingeben"
   @ 24,62 GET aday PICTURE "99.99.99"
   READ
   DO WHILE SUBSTR(aday,1,2) > "31" .OR. SUBSTR(aday,4,2) > "12"
      @ 24, 0 CLEAR TO 24,79
      @ 24, 2 SAY "Datum / Priorität (Aufgabe ALT) -;
    übernehmen oder eingeben "
      @ 24,62 GET aday PICTURE "99.99.99"
```

```
   READ
ENDDO
aday = CTOD(aday)
adas = DTOS(aday)
SET LOCK ON
USE tauf ORDER stag
IF .NOT. FLOCK()
   RETURN
ENDIF
SET FILTER TO stag = adas .AND. tkal = kale
SEEK adas
IF .NOT. FOUND()
   @ 24, 0 CLEAR TO 24,79
   @ 24, 2 SAY "Keine Eintragungen gefunden !!! [RETURN];
 Rückkehr zum Hauptmenü"
   SET CONSOLE OFF
   WAIT
   SET CONSOLE ON
   RETURN
ENDIF
@ 24,72 GET pria PICTURE "N"
READ
SET ORDER TO apri
SEEK pria
IF .NOT. FOUND()
   @ 24, 0 CLEAR TO 24,79
   @ 24, 2 SAY "Keine Eintragungen gefunden !!! [RETURN];
 Rückkehr zum Hauptmenü"
   SET CONSOLE OFF
   WAIT
   SET CONSOLE ON
   RELEASE kale, aday, nday, zahl, pria, knam, adas
   RETURN
ENDIF
@ 24, 0 CLEAR TO 24,79
@ 24, 2 SAY "Datum (Aufgabe NEU) - übernehmen oder eingeben"
@ 24,50 GET nday PICTURE "99.99.99"
READ
DO WHILE SUBSTR(nday,1,2) > "31" .OR. SUBSTR(nday,4,2) > "12"
   @ 24, 0 CLEAR TO 24,79
   @ 24, 2 SAY "Datum (Aufgabe NEU) - übernehmen oder;
 eingeben "
   @ 24,50 GET nday PICTURE "99.99.99"
   READ
```

```
ENDDO
nday = CTOD(nday)
ndas = DTOS(nday)
nwot = UPPER(SUBSTR(CDOW(nday),1,2))
ACTIVATE WINDOW bild
IF ISCOLOR()
   SET COLOR OF NORMAL TO /BG
ELSE
   SET COLOR OF NORMAL TO /W
ENDIF
@  0, 0 SAY "  TERMINKALENDER - " + kale
@  0,20 SAY SPACE(33)
@  0,53 SAY knam
@  0,78 SAY SPACE(2)
IF ISCOLOR()
   SET COLOR OF NORMAL TO R+
ELSE
   SET COLOR OF NORMAL TO W
ENDIF
@ 1, 0 SAY REPLICATE("=",80)
IF ISCOLOR()
   SET COLOR OF NORMAL TO /BG
ELSE
   SET COLOR OF NORMAL TO /W
ENDIF
@ 2, 0 SAY nwot
@ 2, 2 SAY ", "
@ 2, 4 SAY nday
@ 2,12 SAY SPACE(18)
@ 2,30 SAY "AUFGABEN VERSCHIEBEN"
@ 2,50 SAY SPACE(23)
@ 2,73 SAY "Termine"
IF ISCOLOR()
   SET COLOR OF NORMAL TO R+
ELSE
   SET COLOR OF NORMAL TO W
ENDIF
SET FILTER TO stag = ndas .AND. tkal = kale
lit = 4
LOCATE FOR stag = ndas
DO WHILE .NOT. EOF()
   @ lit, 1 SAY apri
   @ lit, 5 SAY akur
   lit = lit + 1
```

```
    SKIP
ENDDO
lit = 4
USE term ORDER szei
IF .NOT. FLOCK()
   RETURN
ENDIF
SET FILTER TO stag = ndas .AND. tkal = kale
LOCATE FOR stag = ndas
DO WHILE .NOT. EOF()
   @ lit,41 SAY zeit
   @ lit,50 SAY tart
   @ lit,55 SAY tkur
   lit = lit + 1
   SKIP
ENDDO
npri = " "
USE tauf ORDER apri
IF .NOT. FLOCK()
   RETURN
ENDIF
SET FILTER TO stag = ndas .AND. tkal = kale
ents = "J"
ent2 = " "
been = " "
DO WHILE ents <> "N"
   ACTIVATE WINDOW neua
   @  0, 2 SAY "Aufgabe ALT"
   @  0,30 SAY "|"
   @  0,32 SAY "Aufgabe NEU"
   @  1, 0 SAY REPLICATE("-",61)
   @  1,30 SAY "┼"
   @  2, 2 SAY "Tag:"
   @  2, 7 SAY aday
   @  2,17 SAY "Priorität:"
   @  2,28 SAY pria
   @  2,30 SAY "|"
   @  2,32 SAY "Tag:"
   @  2,47 SAY "Priorität:"
   @  3, 0 SAY REPLICATE("-",61)
   @  3,30 SAY "┴"
   @  2,37 SAY nday
   @  2,58 GET npri PICTURE "N"
   READ
```

```
SEEK npri
IF FOUND()
   @ 4, 6 SAY "Priorität bereits vorhanden!"
ENDIF
@  4,35 SAY "Priorität OK? --->"
@  4,54 GET ent2 FUNCTION "M N,J"
READ
DO WHILE ent2 = "N"
   @  2,58 GET npri PICTURE "N"
   READ
   SEEK npri
   @  4, 0 CLEAR TO 4,57
   IF FOUND()
      @ 4, 6 SAY "Priorität bereits vorhanden!"
   ENDIF
   @  4,35 SAY "Priorität OK? --->"
   @  4,54 GET ent2 FUNCTION "M N,J"
   READ
ENDDO
@  4, 0 CLEAR TO 4,57
IF ent2 = "J"
   SET FILTER TO stag = adas .AND. tkal = kale
   SET ORDER to apri
   SEEK pria
   REPLACE atag WITH nday
   REPLACE stag WITH DTOS(nday)
   REPLACE apri WITH npri
ENDIF
@  4, 0 CLEAR TO 4,57
@  4,19 SAY "Weitere Aufgaben verschieben? --->"
@  4,54 GET ents FUNCTION "M N,J"
READ
IF ents = "J"
   ACTIVATE WINDOW bild
   ndas = DTOS(nday)
   SET FILTER TO stag = ndas .AND. tkal = kale
   nwot = UPPER(SUBSTR(CDOW(nday),1,2))
   IF ISCOLOR()
      SET COLOR OF NORMAL TO /BG
   ELSE
      SET COLOR OF NORMAL TO /W
   ENDIF
   @ 2, 0 SAY nwot
   @ 2, 2 SAY ", "
```

```
@ 2, 4 SAY nday
IF ISCOLOR()
   SET COLOR OF NORMAL TO R+
ELSE
   SET COLOR OF NORMAL TO W
ENDIF
lit = 4
@ 3,0 CLEAR TO 23,78
GO TOP
LOCATE FOR stag = ndas
DO WHILE .NOT. EOF()
   @ lit, 1 SAY apri
   @ lit, 5 SAY akur
   lit = lit + 1
   SKIP
ENDDO
lit = 4
USE term ORDER szei
IF .NOT. FLOCK()
   RETURN
ENDIF
SET FILTER TO stag = ndas .AND. tkal = kale
LOCATE FOR stag = ndas
DO WHILE .NOT. EOF()
   @ lit,41 SAY zeit
   @ lit,50 SAY tart
   @ lit,55 SAY tkur
   lit = lit + 1
   SKIP
ENDDO
USE tauf ORDER apri
IF .NOT. FLOCK()
   RETURN
ENDIF
SET FILTER TO stag = ndas .AND. tkal = kale
ACTIVATE WINDOW neua
@  4, 0 CLEAR TO 4,57
@  2, 7 GET aday
READ
adas = DTOS(aday)
SET FILTER TO stag = adas .AND. tkal = kale
SET ORDER TO stag
SEEK adas
DO WHILE .NOT. FOUND()
```

```
      @  4, 2 SAY "Keine Eintragungen gefunden !!!"
      @  2, 7 GET aday
      READ
      adas = DTOS(aday)
      SET FILTER TO stag = adas .AND. tkal = kale
      SEEK adas
   ENDDO
   @  4, 1 CLEAR TO 4,40
   SET ORDER TO apri
   IF aday <> nday
      ACTIVATE WINDOW bild
      awot = UPPER(SUBSTR(CDOW(aday),1,2))
      IF ISCOLOR()
         SET COLOR OF NORMAL TO /BG
      ELSE
         SET COLOR OF NORMAL TO /W
      ENDIF
      @ 2, 0 SAY awot
      @ 2, 2 SAY ", "
      @ 2, 4 SAY aday
      IF ISCOLOR()
         SET COLOR OF NORMAL TO R+
      ELSE
         SET COLOR OF NORMAL TO W
      ENDIF
      SET ORDER TO apri
      lit = 4
      @ 3,0 CLEAR TO 23,78
      LOCATE FOR stag = adas
      DO WHILE .NOT. EOF()
         @ lit, 1 SAY apri
         @ lit, 5 SAY akur
         lit = lit + 1
         SKIP
      ENDDO
      lit = 4
      USE term ORDER szei
      IF .NOT. FLOCK()
         RETURN
      ENDIF
      SET FILTER TO stag = adas .AND. tkal = kale
      LOCATE FOR stag = adas
      DO WHILE .NOT. EOF()
         @ lit,41 SAY zeit
```

```
            @ lit,50 SAY tart
            @ lit,55 SAY tkur
            lit = lit + 1
            SKIP
         ENDDO
         USE tauf ORDER apri
         IF .NOT. FLOCK()
            RETURN
         ENDIF
         SET FILTER TO stag = adas .AND. tkal = kale
      ENDIF
      ACTIVATE WINDOW neua
      @  2,28 GET pria PICTURE "N"
      READ
      SEEK pria
      DO WHILE .NOT. FOUND()
         @  4, 2 SAY "Keine Eintragungen gefunden! Beenden?";
GET been FUNCTION "M N,J"
         READ
         IF been = "J"
            DEACTIVATE WINDOW neua
            DEACTIVATE WINDOW bild
            RELEASE been
            RETURN
         ENDIF
         @  4, 1 CLEAR TO  4,40
         @  2,28 GET pria PICTURE "N"
         READ
         SEEK pria
      ENDDO
      @ 2,37 GET nday
      READ
      ndas = DTOS(nday)
      SET FILTER TO stag = ndas .AND. tkal = kale
      SET ORDER TO stag
      IF nday <> aday
         ACTIVATE WINDOW bild
         nwot = UPPER(SUBSTR(CDOW(nday),1,2))
         IF ISCOLOR()
            SET COLOR OF NORMAL TO /BG
         ELSE
            SET COLOR OF NORMAL TO /W
         ENDIF
         @ 2, 0 SAY nwot
```

```
            @ 2, 2 SAY ", "
            @ 2, 4 SAY nday
            IF ISCOLOR()
               SET COLOR OF NORMAL TO R+
            ELSE
               SET COLOR OF NORMAL TO W
            ENDIF
            SET ORDER TO apri
            lit = 4
            @ 3,0 CLEAR TO 23,78
            LOCATE FOR stag = ndas
            DO WHILE .NOT. EOF()
               @ lit, 1 SAY apri
               @ lit, 5 SAY akur
               lit = lit + 1
               SKIP
            ENDDO
            lit = 4
            USE term ORDER szei
            IF .NOT. FLOCK()
               RETURN
            ENDIF
            SET FILTER TO stag = ndas .AND. tkal = kale
            LOCATE FOR stag = ndas
            DO WHILE .NOT. EOF()
               @ lit,41 SAY zeit
               @ lit,50 SAY tart
               @ lit,55 SAY tkur
               lit = lit + 1
               SKIP
            ENDDO
         ENDIF
         USE tauf ORDER apri
         IF .NOT. FLOCK
            RETURN
         ENDIF
         SET FILTER TO stag = ndas .AND. tkal = kale
         ACTIVATE WINDOW neua
      ENDIF
   ENDDO
   SET LOCK OFF
   CLOSE DATABASES
   DEACTIVATE WINDOW neua
   DEACTIVATE WINDOW bild
```

```
RELEASE kale, zahl, awot, nwot, aday, nday, knam
RELEASE adas, ndas, lit, ent2, ents, been, pria, npri
RELEASE WINDOW bild, neua
RETURN
```

6.2.3.4 Option "Löschen" (TP24.PRG)

Mit dieser Prozedur lassen sich Aufgaben gezielt löschen. Als Selektionskriterium dient der Prioritätenschlüssel. Da der Parameter SET DELETED auf ON gesetzt ist, werden immer nur die Datensätze angezeigt, die noch nicht gelöscht sind. Allerdings vollzieht sich das erst nach erneutem Bildschirmaufbau beim Wechsel des Datums. Außer auf einen Tag bezogen, lassen sich Aufgaben für ein ganzes Jahr oder auch gezielt für einen Monat löschen. Da das dBASE PACK-Kommando eine exklusiv gekennzeichnete Datei benötigt, wird für dieses Beispiel der Schalter des SET EXCLUSIVE-Parameters auf ON gesetzt.

```
* T P 2 4 . prg
* Aufgaben löschen
PROCEDURE tp24
IF SET("DELETED") = "OFF"
   SET DELETED ON
ENDIF
DEFINE WINDOW bild FROM  0, 0 TO 24,79 NONE
DEFINE WINDOW eing FROM 14,39 TO 22,79
kale = " "
tday = DTOC(date())
zahl = 1
@ 24,0 CLEAR TO 24,79
@ 24,2 SAY "Terminkalender wählen ([0];
 = Beenden) " GET kale PICTURE "9"
READ
IF kakw <> "A" .AND. kakw <> kale
   @ 24, 0 CLEAR TO 24,79
   @ 24,2 SAY "IHRE ZUGRIFFSSTUFE BERECHTIGT NICHT ZUM;
  AUFRUF !!!"
   ?? CHR(7) + CHR(7) + CHR(7) + CHR(7) + CHR(7) +;
  CHR(7) + CHR(7) + CHR(7)
   RETURN
ENDIF
IF kale = "0"
   RELEASE kale, tday, zahl
   RELEASE WINDOW bild, eing
```

```
   RETURN
ENDIF
USE tkal ORDER tkal
IF .NOT. FLOCK()
   DO tpds
   RETURN
ELSE
   SEEK kale
   DO WHILE .NOT. FOUND()
      @ 24,0 CLEAR TO 24,79
      IF ISCOLOR()
         SET COLOR OF NORMAL TO R+*
      ELSE
         SET COLOR OF NORMAL TO W*
      ENDIF
      @ 24,2 SAY "Terminkalender nicht vorhanden !"
      DO WHILE zahl < 500
         zahl = zahl + 1
      ENDDO
      IF ISCOLOR()
         SET COLOR OF NORMAL TO R+
      ELSE
         SET COLOR OF NORMAL TO W
      ENDIF
      RELEASE kale, tday, zahl
      RELEASE WINDOW bild, eing
      RETURN
   ENDDO
ENDIF
UNLOCK
loes = " "
@ 24,0 CLEAR TO 24,79
@ 24,2 SAY "[J]ahr, [M]onat oder einen [T]ag löschen ?";
 GET loes FUNCTION "M T,M,J"
READ
SET EXCLUSIVE ON
*
* Die nachfolgenden Routinen löschen sämtliche Eintragungen
* für einen Kalender in einem Jahr.
*
IF loes = "J"
   ljhr = "  "
   ljh2 = " "
   @ 24,0 CLEAR TO 24,79
```

```
  @ 24,2 SAY "Jahreszahl eingeben {JJ} eingeben: ";
GET ljhr PICTURE "99"
  READ
  @ 24, 0 CLEAR TO 24,79
  @ 24, 2 SAY "Terminkalender - " + kale
  @ 24,21 SAY "- ALLE AUFGABEN 19" + ljhr
  @ 24,42 SAY "löschen ? " GET ljh2 FUNCTION "M N,J"
  READ
  IF ljh2 = "J"
     USE tauf ORDER stag
     IF .NOT. FLOCK()
        RETURN
     ENDIF
     LOCATE FOR SUBSTR(stag,3,2) = ljhr .AND. tkal = kale
     IF .NOT. FOUND()
        @ 24, 0 CLEAR TO 24,79
        @ 24, 2 SAY "Keine Eintragungen gefunden !!!;
[RETURN] Rückkehr zum Hauptmenü"
        SET CONSOLE OFF
        WAIT
        SET CONSOLE ON
        RETURN
     ELSE
        @ 24, 0 CLEAR TO 24,79
        @ 24, 2 SAY "Die AUFGABEN für 19" + ljhr
        @ 24,24 SAY "werden gelöscht !!!"
        DELETE ALL FOR SUBSTR(stag,3,2) = ljhr .AND.;
tkal = kale
        PACK
        lauf = " "
        @ 24, 0 CLEAR TO 24,79
        @ 24, 2 SAY "Auch die TERMINE zu diesen Aufgaben;
löschen ? " GET lauf FUNCTION "M N,J"
        READ
        IF lauf = "J"
           USE term ORDER stag
           IF .NOT. FLOCK()
              RETURN
           ENDIF
           LOCATE FOR SUBSTR(stag,3,2) = ljhr .AND.;
tkal = kale
           IF .NOT. FOUND()
              @ 24, 0 CLEAR TO 24,79
              @ 24, 2 SAY "Keine Eintragungen;
```

```
 gefunden !!! [RETURN] Rückkehr zum Hauptmenü"
               SET CONSOLE OFF
               WAIT
               SET CONSOLE ON
               RETURN
            ELSE
               @ 24, 0 CLEAR TO 24,79
               @ 24, 2 SAY "Die TERMINE für 19" + ljhr
               @ 24,23 SAY "werden gelöscht !!!"
               DELETE ALL FOR SUBSTR(stag,3,2) = ljhr .AND.;
 tkal = kale
               PACK
               RETURN
            ENDIF
         ELSE
            RETURN
         ENDIF
      ENDIF
   ELSE
      RETURN
   ENDIF
   RELEASE loes, ljhr, ljh2, lauf
ENDIF
*
* Wurde die Funktion "M" für Monat gewählt, ist
* anschließend in der Form "MMJJ" der Wert einzugeben.
* Der Löschvorgang für einen Monat regelt der nächste
* IF-Bereich.
*
IF loes = "M"
   lmon = "    "
   lmn2 = " "
   @ 24,0 CLEAR TO 24,79
   @ 24,2 SAY "Monat und Jahr eingeben {MMJJ} eingeben: ";
 GET lmon PICTURE "9999"
   READ
   @ 24, 0 CLEAR TO 24,79
   @ 24, 2 SAY "Terminkalender - " + kale
   @ 24,21 SAY "- ALLE AUFGABEN Monat " + SUBSTR(lmon,1,2)
   @ 24,45 SAY "/"
   @ 24,46 SAY SUBSTR(lmon,3,2)
   @ 24,49 SAY "löschen ? " GET lmn2 FUNCTION "M N,J"
   READ
   IF lmn2 = "J"
```

```
      lmn3 = SUBSTR(lmon,3,2) + SUBSTR(lmon,1,2)
      USE tauf ORDER stag
      IF .NOT. FLOCK()
         RETURN
      ENDIF
      LOCATE FOR SUBSTR(stag,3,4) = lmn3 .AND. tkal = kale
      IF .NOT. FOUND()
         @ 24, 0 CLEAR TO 24,79
         @ 24, 2 SAY "Keine Eintragungen gefunden !!! [RETURN];
Rückkehr zum Hauptmenü"
         SET CONSOLE OFF
         WAIT
         SET CONSOLE ON
         RETURN
      ELSE
         @ 24, 0 CLEAR TO 24,79
         @ 24, 2 SAY "Die AUFGABEN für den Monat " +;
SUBSTR(lmon,1,2)
         @ 24,31 SAY "/" + SUBSTR(lmon,3,2)
         @ 24,35 SAY "werden gelöscht !!!"
         DELETE ALL FOR SUBSTR(stag,3,4) = lmn3 .AND.;
tkal = kale
         PACK
         lauf = " "
         @ 24, 0 CLEAR TO 24,79
         @ 24, 2 SAY "Auch die TERMINE zu diesen Aufgaben;
löschen ? " GET lauf FUNCTION "M N,J"
         READ
         IF lauf = "J"
            USE term ORDER stag
            IF .NOT. FLOCK()
               RETURN
            ENDIF
            LOCATE FOR SUBSTR(stag,3,4) = lmn3 .AND.;
tkal = kale
            IF .NOT. FOUND()
               @ 24, 0 CLEAR TO 24,79
               @ 24, 2 SAY "Keine Eintragungen;
gefunden !!! [RETURN] Rückkehr zum Hauptmenü"
               SET CONSOLE OFF
               WAIT
               SET CONSOLE ON
               RETURN
            ELSE
```

```
              @ 24, 0 CLEAR TO 24,79
              @ 24, 2 SAY "Die TERMINE für den Monat " +;
 SUBSTR(lmon,1,2)
              @ 24,30 SAY "/" + SUBSTR(lmon,3,2)
              @ 24,34 SAY "werden gelöscht !!!"
              DELETE ALL FOR SUBSTR(stag,3,4) = lmn3;
 .AND. tkal = kale
              PACK
              RETURN
           ENDIF
        ELSE
           RETURN
        ENDIF
     ENDIF
  ELSE
     RETURN
  ENDIF
  RELEASE loes, lmon, lmn2, lauf
ENDIF
*
* Die folgenden Programmzeilen dienen zur gezielten
* Löschung von Aufgaben. Innerhalb dieser Option
* kann zwischen den einzelnen Tagen jederzeit
* gewechselt werden.
*
knam = name
@ 24, 0 CLEAR TO 24,79
@ 24,2 SAY "Tagesdatum übernehmen oder individuelles;
 eingeben " GET tday PICTURE "99.99.99"
READ
DO WHILE SUBSTR(tday,1,2) > "31" .OR. SUBSTR(tday,4,2) > "12"
   @ 24, 0 CLEAR TO 24,79
   @ 24,2 SAY "Tagesdatum übernehmen oder individuelles;
 eingeben " GET tday PICTURE "99.99.99"
   READ
ENDDO
tday = CTOD(tday)
twot = UPPER(SUBSTR(CDOW(tday),1,2))
tda2 = tday
das = DTOS(tday)
USE tauf ORDER stag
IF .NOT. FLOCK()
   RETURN
ENDIF
```

```
SET FILTER TO stag = das .AND. tkal = kale
SEEK das
IF .NOT. FOUND()
   @ 24, 0 CLEAR TO 24,79
   @ 24, 2 SAY "Keine Eintragungen gefunden !!! [RETURN];
 Rückkehr zum Hauptmenü"
   SET CONSOLE OFF
   WAIT
   SET CONSOLE ON
   RETURN
ENDIF
SET ORDER TO apri
ACTIVATE WINDOW bild
IF ISCOLOR()
   SET COLOR OF NORMAL TO /BG
ELSE
   SET COLOR OF NORMAL TO /W
ENDIF
@  0, 0 SAY "  TERMINKALENDER - " + tkal
@  0,20 SAY SPACE(33)
@  0,53 SAY knam
@  0,78 SAY SPACE(2)
IF ISCOLOR()
   SET COLOR OF NORMAL TO R+
ELSE
   SET COLOR OF NORMAL TO W
ENDIF
@ 1, 0 SAY REPLICATE("=",80)
IF ISCOLOR()
   SET COLOR OF NORMAL TO /BG
ELSE
   SET COLOR OF NORMAL TO /W
ENDIF
@ 2, 0 SAY "AUFGABEN LÖSCHEN"
@ 2,16 SAY SPACE(52)
@ 2,68 SAY twot
@ 2,70 SAY ", "
@ 2,72 SAY tday
IF ISCOLOR()
   SET COLOR OF NORMAL TO R+
ELSE
   SET COLOR OF NORMAL TO W
ENDIF
lit = 4
```

```
LOCATE FOR stag = das
DO WHILE .NOT. EOF()
   @ lit, 2 SAY apri
   @ lit, 6 SAY akur
   lit = lit + 1
   SKIP
ENDDO
ent2 = " "
ents = "J"
pri = " "
DO WHILE ents <> "N"
   ACTIVATE WINDOW eing
   @  1, 2 SAY "Tag:"
   @  1,20 SAY "Priorität:"
   @  3, 2 SAY "Kurztext:"
   @  1, 7 GET tday
   READ
   IF tday <> tda2
      tda2 = tday
      das = DTOS(tday)
      SET ORDER TO stag
      SEEK das
      DO WHILE .NOT. FOUND()
         @  1, 7 GET tday
         READ
         das = DTOS(tday)
         SEEK das
         SET ORDER TO apri
      ENDDO
      SET ORDER TO apri
      DEACTIVATE WINDOW eing
      twot = UPPER(SUBSTR(CDOW(tday),1,2))
      IF ISCOLOR()
         SET COLOR OF NORMAL TO /BG
      ELSE
         SET COLOR OF NORMAL TO /W
      ENDIF
      @ 2,68 SAY twot
      @ 2,70 SAY ", "
      @ 2,72 SAY tday
      IF ISCOLOR()
         SET COLOR OF NORMAL TO R+
      ELSE
         SET COLOR OF NORMAL TO W
```

```
        ENDIF
        @ 4,0 CLEAR TO 23,79
        lit = 4
        SET FILTER TO stag = das .AND. tkal = kale
        LOCATE FOR stag = das
        DO WHILE .NOT. EOF()
           @ lit, 2 SAY apri
           @ lit, 6 SAY akur
           lit = lit + 1
           SKIP
        ENDDO
        ACTIVATE WINDOW eing
        @  1, 2 SAY "Tag:"
        @  1,20 SAY "Priorität:"
        @  3, 2 SAY "Kurztext:"
        @  1, 7 SAY tday
     ENDIF
     SET FILTER TO stag = das .AND. tkal = kale
     @  1,32 GET pri PICTURE "9"
     READ
     LOCATE FOR apri = pri
     DO WHILE .NOT. FOUND()
        @  1,32 GET pri PICTURE "9"
        READ
        LOCATE FOR apri = pri
     ENDDO
     @  3,12 SAY akur
     @  5,14 SAY "Aufgabe löschen --->"
     @  5,35 GET ent2 FUNCTION "M N,J"
     READ
     IF ent2 = "J"
        DELETE
     ENDIF
     @  5, 5 SAY "Weitere Aufgaben löschen --->"
     @  5,35 GET ents FUNCTION "M N,J"
     READ
     @  5, 0 CLEAR TO 5,36
  ENDDO
  PACK
  SET EXCLUSIVE OFF
  UNLOCK
  CLOSE DATABASES
  DEACTIVATE WINDOW eing
  DEACTIVATE WINDOW bild
```

```
RELEASE kale, zahl, twot, tday, tda2, knam, lauf
RELEASE das, lit, ent2, ents, pri, loes, ljhr, ljh2
RELEASE lmn2, lmon, lmn3
RELEASE WINDOW bild, eing
IF SET("DELETED") = "ON"
   SET DELETED OFF
ENDIF
RETURN
```

6.2.4 Bereich "Übersicht"

Auskunft über die vorgenommen Eintragungen in einen Kalender geben die nächsten vier Programm-Module (Bild 6-11). Außer mit der Option "Jahresübersicht" lassen sich alle Informationen sowohl auf den Bildschirm als auch einen Drucker ausgeben. Beim Einsatz eines Laserdruckers ist der Treiber zur Sicherheit vorab über die Option "Hilfen/Druckertreiber" auszuwählen, da es sonst zu Problemen kommen kann. Bei der Aktivierung der Funktionen ist zu beachten, daß die Prozeduren die Datenbankdateien kurzfristig exklusiv sperren.

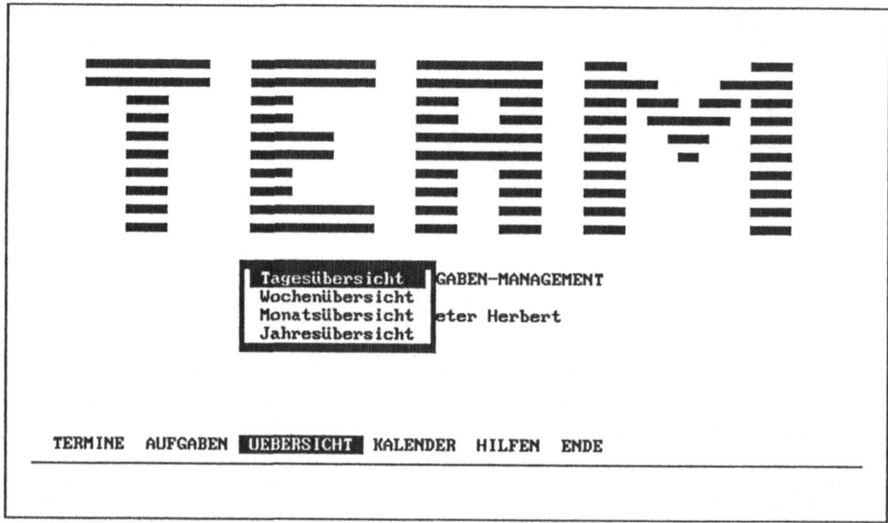

Bild 6-11: Der Bereich ÜBERSICHT

Die Definitionen für das Menüfenster des Bereichs "Übersicht" sind in der Hauptprogrammdatei abgelegt. Die Zuordnung der Optionen-Auswahlprozedur erfolgt mit der Anweisung

```
ON SELECTION POPUP ptp3 DO tpm3
```

Das Programm TPM3.PRG enthält folgende Anweisungen:

```
* T P M 3 . prg
* Programmaufruf Übersicht-Menü
PROCEDURE tpm3
DO CASE
   CASE BAR() = 1
      DO tp31
   CASE BAR() = 2
      DO tp32
   CASE BAR() = 3
      DO tp33
   CASE BAR() = 4
      DO tp34
ENDCASE
RETURN
```

6.2.4.1 Option "Tagesübersicht" (TP31.PRG)

Die "Tagesübersicht" ist die einzige Option mit der sich in einem Memo-Feld gespeicherte Informationen ausgeben lassen. Allerdings nur bei der Druckausgabe! Bei der Bildschirmdarstellung erfolgt eine detaillierte Wiedergabe der gespeicherten Termine und Aufgaben (Bild 6-12).

```
* T P 3 1 . prg
* Tagesübersicht
PROCEDURE tp31
DEFINE WINDOW bild FROM 0,0 TO 24,79 NONE
DEFINE WINDOW drck FROM 17, 2 TO 21,78 DOUBLE
kale = " "
bidr = " "
tday = "          "
zahl = 1
@ 24,0 CLEAR TO 24,79
@ 24,2 SAY "Welcher Terminkalender ist auszuwerten ? ([0];
 = Beenden) " GET kale PICTURE "9"
```

```
READ
IF kakw <> "A" .AND. kakw <> kale
   @ 24, 0 CLEAR TO 24,79
   @ 24,2 SAY "IHRE ZUGRIFFSSTUFE BERECHTIGT NICHT ZUM;
 AUFRUF !!!"
   ?? CHR(7) + CHR(7) + CHR(7) + CHR(7) + CHR(7) + CHR(7) +;
 CHR(7) + CHR(7)
   RELEASE bidr, kale, tday, zahl
   RELEASE WINDOW drck, bild
   RETURN
ENDIF
IF kale = "0"
   RELEASE bidr, kale, tday, zahl
   RELEASE WINDOW drck, bild
   RETURN
ENDIF
USE tkal ORDER tkal
IF .NOT. FLOCK()
   DO tpds
   RETURN
ELSE
   SEEK kale
   DO WHILE .NOT. FOUND()
      @ 24,0 CLEAR TO 24,79
      IF ISCOLOR()
         SET COLOR OF NORMAL TO R+*
      ELSE
         SET COLOR OF NORMAL TO W*
      ENDIF
      @ 24,2 SAY "Terminkalender nicht vorhanden !"
      DO WHILE zahl < 500
         zahl = zahl + 1
      ENDDO
      IF ISCOLOR()
         SET COLOR OF NORMAL TO R+
      ELSE
         SET COLOR OF NORMAL TO W
      ENDIF
      RELEASE bidr, kale, tday, zahl
      RELEASE WINDOW drck, bild
      RETURN
   ENDDO
ENDIF
UNLOCK
```

```
tnam = name
@ 24,0 CLEAR TO 24,79
@ 24,2 SAY "Termin eintragen [TT.MM.JJ] " GET tday;
 PICTURE "99.99.99"
READ
DO WHILE SUBSTR(tday,1,2) > "31" .OR. SUBSTR(tday,4,2) > "12"
   @ 24,0 CLEAR TO 24,79
   @ 24,2 SAY "Falsches Datum !!!"
   DO WHILE zahl < 300
      zahl = zahl + 1
   ENDDO
   @ 24,2 SAY "Termin eintragen [TT.MM.JJ] " GET tday;
 PICTURE "99.99.99"
   READ
ENDDO
wota = UPPER(SUBSTR(CDOW(CTOD(tday)),1,2))
sota = DTOS(CTOD(tday))
@ 24,0 CLEAR TO 24,79
@ 24,2 SAY "[B]ildschirm- oder [D]ruckausgabe ? ";
 GET bidr FUNCTION "M B,D"
READ
USE term ORDER szei
IF .NOT. FLOCK()
   DO tpds
   RETURN
ENDIF
SET FILTER TO tkal = kale .AND. stag = sota
IF bidr = "B"
   @ 24,0 CLEAR TO 24,79
   ACTIVATE WINDOW bild
   IF ISCOLOR()
      SET COLOR OF NORMAL TO /BG
   ELSE
      SET COLOR OF NORMAL TO /W
   ENDIF
   @  0, 0 SAY "  TERMINKALENDER - " + kale
   @  0,20 SAY SPACE(33)
   @  0,53 SAY tnam
   @  0,78 SAY SPACE(2)
   IF ISCOLOR()
      SET COLOR OF NORMAL TO R+
   ELSE
      SET COLOR OF NORMAL TO W
   ENDIF
```

```
@ 1, 0 SAY REPLICATE("=",80)
IF ISCOLOR()
   SET COLOR OF NORMAL TO /BG
ELSE
   SET COLOR OF NORMAL TO /W
ENDIF
@ 2, 0 SAY "  T E R M I N E"
@ 2,15 SAY SPACE(18)
@ 2,33 SAY wota
@ 2,35 SAY ", "
@ 2,37 SAY tday
@ 2,45 SAY SPACE(18)
@ 2,63 SAY "A U F G A B E N  "
@ 3, 0 SAY REPLICATE("-",80)
@ 3, 8 SAY "┬"
@ 3,14 SAY "┬"
@ 3,42 SAY "╥"
@ 3,44 SAY "╥"
@ 3,56 SAY "┬"
@ 4, 0 SAY "  Zeit  | Art |                            ║;
║ Priorität |                    "
@ 5, 0 SAY REPLICATE("-",80)
@ 5, 8 SAY "┼"
@ 5,14 SAY "┼"
@ 5,42 SAY "╫"
@ 5,44 SAY "╫"
@ 5,56 SAY "┼"
z = 6
DO WHILE z < 25
   @ z, 0 SAY " "
   @ z, 8 SAY "|"
   @ z,14 SAY "|"
   @ z,42 SAY "║ ║"
   @ z,56 SAY "|"
   @ z,79 SAY " "
   z = z + 1
ENDDO
IF ISCOLOR()
   SET COLOR OF NORMAL TO R+
ELSE
   SET COLOR OF NORMAL TO W
ENDIF
LOCATE FOR stag = sota
z = 6
```

```
      DO WHILE .NOT. EOF()
         @  z, 2 SAY zeit
         @  z,11 SAY tart
         @  z,16 SAY tkur
         skip
         z = z + 1
      ENDDO
      USE tauf ORDER apri
      IF .NOT. FLOCK()
         DO tpds
         SET REPROCESS TO 20
         IF .NOT. FLOCK()
            DO tpds
            DEACTIVATE WINDOW bild
            RETURN
         ENDIF
      ENDIF
      SET FILTER TO tkal = kale .AND. stag = sota
      LOCATE FOR stag = sota
      z = 6
      DO WHILE .NOT. EOF()
         @  z,50 SAY apri
         @  z,58 SAY akur
         skip
         z = z + 1
      ENDDO
      UNLOCK
      SET CONSOLE OFF
      WAIT
      SET CONSOLE ON
      DEACTIVATE WINDOW bild
   ELSE
   *
   * Damit keine Störungen auftreten, wird für die Druckausgabe
   * die Datei auf exklusiv gesetzt.
   *
      SET EXCLUSIVE ON
      @ 24, 0 CLEAR TO 24,79
      dein = " "
      @ 24, 2 SAY "Drucker einschalten oder Vorgang mit [E];
    beenden!" GET dein PICTURE "!"
      READ
      IF dein = "E"
         RELEASE bidr, kale, tday, zahl, dein, tnam
```

```
      RELEASE WINDOW drck, bild
      RETURN
   ENDIF
   @ 24, 0 CLEAR TO 24,79
   DO WHILE .NOT. PRINTSTATUS()
      @ 24,30 SAY "Drucker einschalten!"
      LOOP
   ENDDO
   @ 24, 0 CLEAR TO 24,79
   @ 24, 2 SAY "Es werden die Termine und Aufgaben für;
den " + tday
   ?? " Kalender " + kale
   ?? " ausgedruckt."
   ACTIVATE WINDOW drck
   SET PRINT ON
   ?
   ?
   ? "TERMINKALENDER -" STYLE "B" AT 10, kale, "-",;
tnam, "Tag:" AT 57, tday
   ? REPLICATE("=",60) STYLE "B" AT 10
   ?
   ? "TERMINE:" STYLE "B" AT 10
   ? "--------" STYLE "B" AT 10
   ?
   LOCATE FOR stag = sota
   DO WHILE .NOT. EOF()
      ? zeit AT 10, tart AT 17, tkur AT 20
      ?
      SKIP
   ENDDO
   ?
   ?
   ? "AUFGABEN:" STYLE "B" AT 10
   ? "---------" STYLE "B" AT 10
   ?
   USE tauf ORDER apri
   SET FILTER TO tkal = kale .AND. stag = sota
   LOCATE FOR stag = sota
   DO WHILE .NOT. EOF()
      ? apri AT 10, akur AT 14
      ?
      SKIP
   ENDDO
   EJECT
```

```
   zeil = 9
   ?
   ?
   ? "TERMINKALENDER -" STYLE "B" AT 10, kale, "-", tnam,;
  "Tag:" AT 57, tday
   ? REPLICATE("=",60) STYLE "B" AT 10
   ?
   ? "TERMINE:" STYLE "B" AT 10
   ? "--------" STYLE "B" AT 10
   ?
   USE term ORDER szei
   SET FILTER TO tkal = kale .AND. stag = sota
   LOCATE FOR stag = sota
   DO WHILE .NOT. EOF()
      ? zeit AT 10, tart AT 17, tkur AT 20
      ?
      zeil = zeil + 2
      ? tlan AT 10
*
* Mit der Funktion MEMLINES() wird die Anzahl der Zeilen
* in einem Memo-Feld ermittelt. Dieser Wert wird für die
* Seitensteuerung benötigt. Ist der Wert kleiner Eins
* wird eine Leerzeile eingefügt und mit der Ausgabe des
* nächstens Termins fortgefahren.
*
      mz = MEMLINES(tlan)
      IF mz > 1
         zeil = zeil + mz
         ?
      ELSE
         zeil = zeil + 1
         ?
      ENDIF
      SKIP
      IF zeil >= 62
         EJECT
         ?
         ?
         ? "TERMINKALENDER -" STYLE "B" AT 10, kale, "-",;
  tnam, "Tag:" AT 57, tday
         ? REPLICATE("=",60) STYLE "B" AT 10
         ?
         ? "TERMINE:" STYLE "B" AT 10
         ? "--------" STYLE "B" AT 10
```

```
        ?
        zeil = 9
      ENDIF
    ENDDO
    EJECT
    zeil = 9
    ?
    ?
    ? "TERMINKALENDER -" STYLE "B" AT 10, kale, "-",;
  tnam, "Tag:" AT 57, tday
    ? REPLICATE("=",60) STYLE "B" AT 10
    ?
    ? "AUFGABEN:" STYLE "B" AT 10
    ? "---------" STYLE "B" AT 10
    ?
    USE tauf ORDER apri
    SET FILTER TO tkal = kale .AND. stag = sota
    LOCATE FOR stag = sota
    DO WHILE .NOT. EOF()
      ? apri AT 10, akur AT 14
      ?
      zeil = zeil + 2
      ? alan AT 10
      mz = MEMLINES(alan)
      IF mz > 1
        zeil = zeil + mz
        ?
      ELSE
        zeil = zeil + 1
        ?
      ENDIF
      SKIP
      IF zeil >= 62
        EJECT
        ?
        ?
        ? "TERMINKALENDER -" STYLE "B" AT 10, kale, "-",;
  tnam, "Tag:" AT 57, tday
        ? REPLICATE("=",60) STYLE "B" AT 10
        ?
        ? "TERMINE:" STYLE "B" AT 10
        ? "--------" STYLE "B" AT 10
        ?
        zeil = 9
```

```
      ENDIF
    ENDDO
    SET EXCLUSIVE OFF
    SET PRINT OFF
    EJECT
    DEACTIVATE WINDOW drck
  ENDIF
  UNLOCK
  CLOSE DATABASES
  RELEASE bidr, kale, tday, zahl, wota, z, sota
  RELEASE dein, tnam, zeil, mz
  RELEASE WINDOW drck, bild
  RETURN
```

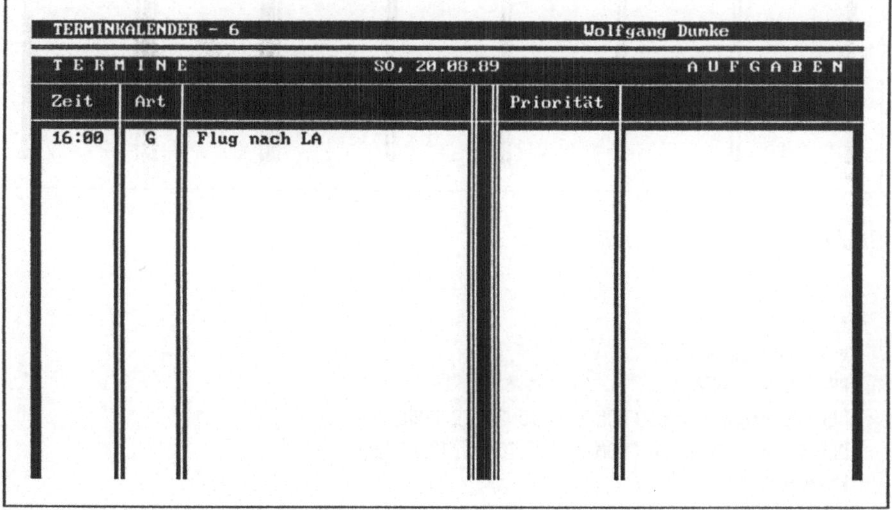

Bild 6-12: Die Tagesübersicht

6.2.4.2 Option "Wochenübersicht" (TP32.PRG)

Abhängig von der Eingabe des Datum, ermittelt das Programm den ersten und die folgenden Tage der daraus resultierenden Woche. Dargestellt wird am Bildschirm jeweils die Uhrzeit und die Art des Termins (Bild 6-13). Um die Terminbeschreibung und die Aufgaben ergänzt ist die Druckausgabe.

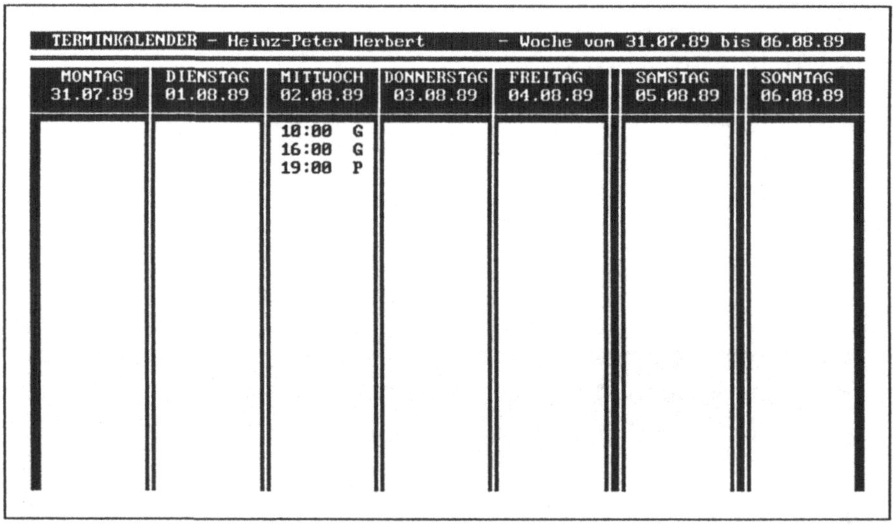

```
TERMINKALENDER - Heinz-Peter Herbert          - Woche vom 31.07.89 bis 06.08.89

MONTAG     DIENSTAG   MITTWOCH   DONNERSTAG FREITAG     SAMSTAG     SONNTAG
31.07.89   01.08.89   02.08.89   03.08.89   04.08.89    05.08.89    06.08.89

                      10:00  G
                      16:00  G
                      19:00  P
```

Bild 6-13: Die Wochenübersicht

```
* T P 3 2 . prg
* Wochenübersicht
PROCEDURE tp32
DEFINE WINDOW bild FROM 0,0 TO 24,79 NONE
DEFINE WINDOW drck FROM 17, 2 TO 21,78 DOUBLE
kale = " "
bidr = " "
twot = "        "
zahl = 1
@ 24,0 CLEAR TO 24,79
@ 24,2 SAY "Welcher Terminkalender ist auszuwerten ? ([0];
 = Beenden) " GET kale PICTURE "9"
READ
IF kakw <> "A" .AND. kakw <> kale
```

```
  @ 24, 0 CLEAR TO 24,79
  @ 24,2 SAY "IHRE ZUGRIFFSSTUFE BERECHTIGT NICHT;
ZUM AUFRUF !!!"
  ?? CHR(7) + CHR(7) + CHR(7) + CHR(7) + CHR(7) +;
CHR(7) + CHR(7) + CHR(7)
  RETURN
ENDIF
IF kale = "0"
   RELEASE bidr, kale, twot, zahl
   RELEASE WINDOW drck, bild
   RETURN
ENDIF
USE tkal ORDER tkal
IF .NOT. FLOCK()
   DO tpds
   RETURN
ELSE
   SEEK kale
   DO WHILE .NOT. FOUND()
      @ 24,0 CLEAR TO 24,79
      IF ISCOLOR()
         SET COLOR OF NORMAL TO R+*
      ELSE
         SET COLOR OF NORMAL TO W*
      ENDIF
      @ 24,2 SAY "Terminkalender nicht vorhanden !"
      DO WHILE zahl < 500
         zahl = zahl + 1
      ENDDO
      IF ISCOLOR()
         SET COLOR OF NORMAL TO R+
      ELSE
         SET COLOR OF NORMAL TO W
      ENDIF
      RELEASE bidr, kale, twot, zahl
      RELEASE WINDOW drck, bild
      RETURN
   ENDDO
ENDIF
UNLOCK
tnam = name
@ 24,0 CLEAR TO 24,79
@ 24,2 SAY "Beliebiges Datum der gewünschten Woche;
 eintragen [TT.MM.JJ] " GET twot PICTURE "99.99.99"
```

```
READ
DO WHILE SUBSTR(twot,1,2) > "31" .OR. SUBSTR(twot,4,2) > "12"
   @ 24,0 CLEAR TO 24,79
   @ 24,2 SAY "Falsches Datum !!!"
   DO WHILE zahl < 300
      zahl = zahl + 1
   ENDDO
   @ 24,2 SAY "Beliebiges Datum der gewünschten Woche;
 eintragen [TT.MM.JJ] " GET twot PICTURE "99.99.99"
   READ
ENDDO
ta = DOW(CTOD(twot)-1)
IF ta = 1
   t1 = CTOD(twot)
ELSE
   t1 = CTOD(twot)-(ta-1)
ENDIF
   t2 = t1 + 1
   t3 = t1 + 2
   t4 = t1 + 3
   t5 = t1 + 4
   t6 = t1 + 5
   t7 = t1 + 6
@ 24,0 CLEAR TO 24,79
@ 24,2 SAY "[B]ildschirm- oder [D]ruckausgabe ? " GET bidr;
 FUNCTION "M B,D"
READ
IF bidr = "B"
   @ 24,0 CLEAR TO 24,79
   ACTIVATE WINDOW bild
   IF ISCOLOR()
      SET COLOR OF NORMAL TO /BG
   ELSE
      SET COLOR OF NORMAL TO /W
   ENDIF
   @  0, 0 SAY "  TERMINKALENDER - "
   @  0,19 SAY name
   @  0,44 SAY " - "
   @  0,47 SAY "Woche vom "
   @  0,57 SAY t1
   @  0,65 SAY " bis "
   @  0,70 SAY t7
   @  0,78 SAY "  "
   IF ISCOLOR()
```

```
   SET COLOR OF NORMAL TO R+
ELSE
   SET COLOR OF NORMAL TO W
ENDIF
@  1, 0 TO  1,79 DOUBLE
IF ISCOLOR()
   SET COLOR OF NORMAL TO /BG
ELSE
   SET COLOR OF NORMAL TO /W
ENDIF
@  2,0 SAY "   MONTAG  |"
@  2,12 SAY " DIENSTAG |"
@  2,23 SAY " MITTWOCH |"
@  2,34 SAY "DONNERSTAG|"
@  2,45 SAY " FREITAG  ||"
@  2,57 SAY " SAMSTAG  ||"
@  2,69 SAY " SONNTAG   "
@  3,0 SAY SPACE(80)
@  3, 2 SAY t1
@  3,11 SAY "|"
@  3,13 SAY t2
@  3,22 SAY "|"
@  3,24 SAY t3
@  3,33 SAY "|"
@  3,35 SAY t4
@  3,44 SAY "|"
@  3,46 SAY t5
@  3,55 SAY "||"
@  3,58 SAY t6
@  3,67 SAY "||"
@  3,70 SAY t7
@  4, 0 SAY REPLICATE("-",80)
@  4,11 SAY "┼"
@  4,22 SAY "┼"
@  4,33 SAY "┼"
@  4,44 SAY "┼"
@  4,55 SAY "╫"
@  4,67 SAY "╫"
z = 5
DO WHILE z < 25
   @  z, 0 SAY " "
   @  z,11 SAY "|"
   @  z,22 SAY "|"
   @  z,33 SAY "|"
```

```
   @  z,44 SAY "|"
   @  z,55 SAY "||"
   @  z,67 SAY "||"
   @  z,79 SAY " "
   z = z + 1
ENDDO
IF ISCOLOR()
   SET COLOR OF NORMAL TO R+
ELSE
   SET COLOR OF NORMAL TO W
ENDIF
USE term ORDER szei
IF .NOT. FLOCK()
   DO tpds
   DEACTIVATE WINDOW bild
   RETURN
ENDIF
z = 5
ts = DTOS(t1)
SET FILTER TO stag = ts .AND. tkal = kale
LOCATE FOR stag = ts
DO WHILE .NOT. EOF()
   @ z,2 SAY zeit
   @ z,9 SAY tart
   z = z + 1
   SKIP
ENDDO
GO TOP
z = 5
ts = DTOS(t2)
SET FILTER TO stag = ts .AND. tkal = kale
LOCATE FOR stag = ts
DO WHILE .NOT. EOF()
   @ z,13 SAY zeit
   @ z,20 SAY tart
   z = z + 1
   SKIP
ENDDO
GO TOP
z = 5
ts = DTOS(t3)
SET FILTER TO stag = ts .AND. tkal = kale
LOCATE FOR stag = ts
DO WHILE .NOT. EOF()
```

```
      @ z,24 SAY zeit
      @ z,31 SAY tart
      z = z + 1
      SKIP
   ENDDO
   GO TOP
   z = 5
   ts = DTOS(t4)
   SET FILTER TO stag = ts .AND. tkal = kale
   LOCATE FOR stag = ts
   DO WHILE .NOT. EOF()
      @ z,35 SAY zeit
      @ z,42 SAY tart
      z = z + 1
      SKIP
   ENDDO
   GO TOP
   z = 5
   ts = DTOS(t5)
   SET FILTER TO stag = ts .AND. tkal = kale
   LOCATE FOR stag = ts
   DO WHILE .NOT. EOF()
      @ z,46 SAY zeit
      @ z,53 SAY tart
      z = z + 1
      SKIP
   ENDDO
   GO TOP
   z = 5
   ts = DTOS(t6)
   SET FILTER TO stag = ts .AND. tkal = kale
   LOCATE FOR stag = ts
   DO WHILE .NOT. EOF()
      @ z,58 SAY zeit
      @ z,65 SAY tart
      z = z + 1
      SKIP
   ENDDO
   GO TOP
   z = 5
   ts = DTOS(t7)
   SET FILTER TO stag = ts .AND. tkal = kale
   LOCATE FOR stag = ts
   DO WHILE .NOT. EOF()
```

```
        @ z,70 SAY zeit
        @ z,77 SAY tart
        z = z + 1
        SKIP
     ENDDO
     SET CONSOLE OFF
     WAIT
     SET CONSOLE ON
     DEACTIVATE WINDOW bild
  ELSE
  *
  * Die nachfolgenden Anweisungen steuern die Druckausgabe
  * der Wochendaten. Nach jedem Tag erfolgt ein Seitenvorschub,
  * wodurch eine bessere Übersicht erreicht wird.
  *
     @ 24, 0 CLEAR TO 24,79
     dein = " "
     @ 24, 2 SAY "Drucker einschalten oder Vorgang mit;
   [E] beenden!" GET dein PICTURE "!"
     READ
     IF dein = "E"
        RELEASE bidr, kale, zahl, dein, tnam
        RELEASE WINDOW drck, bild
        RETURN
     ENDIF
     @ 24, 0 CLEAR TO 24,79
     DO WHILE .NOT. PRINTSTATUS()
        @ 24,30 SAY "Drucker einschalten!"
        LOOP
     ENDDO
     @ 24, 0 CLEAR TO 24,79
     @ 24, 2 SAY "Es werden die Termine und Aufgaben für;
   Kalender " + kale
     ?? " ausgedruckt."
     SET EXCLUSIVE ON
     USE term ORDER szei IN A
     USE tauf ORDER apri IN B
     zeil = 9
     ACTIVATE WINDOW drck
     SET PRINT ON
     tx = t1
     ?
     ?
     ? "TERMINKALENDER -" STYLE "B" AT 10, tnam, t1, "-", t7
```

```
? REPLICATE("=",62) STYLE "B" AT 10
?
? tx AT 10, ":" AT 18, "Aufgaben:" AT 49
? "---------" STYLE "B" AT 10, "---------" STYLE "B" AT 49
?
DO WHILE tx <= t7
   ts = DTOS(tx)
   SELECT A
   SET FILTER TO stag = ts .AND. tkal = kale
   LOCATE FOR stag = ts
   SELECT B
   SET FILTER TO stag = ts .AND. tkal = kale
   LOCATE FOR stag = ts
   SELECT A
   DO WHILE .NOT. EOF()
      ? A->zeit AT 10, A->tart AT 17, A->tkur AT 20,;
B->apri AT 49, B->akur AT 52
      ?
      zeil = zeil + 2
      SELECT A
      IF .NOT. EOF()
         SKIP
      ENDIF
      SELECT B
      IF .NOT. EOF()
         SKIP
      ENDIF
      SELECT A
      IF EOF()
         SELECT B
      ENDIF
      IF zeil >= 62
         EJECT
         ?
         ?
         ? "TERMINKALENDER -" STYLE "B" AT 10, tnam,;
t1, "-", t7
         ? REPLICATE("=",62) STYLE "B" AT 10
         ?
         ? tx AT 10, ":" AT 18, "Aufgaben:" AT 49
         ? "---------" STYLE "B" AT 10, "---------";
STYLE "B" AT 49
         ?
         zeil = 9
```

```
            ENDIF
         ENDDO
         tx = tx + 1
         IF tx <= t7
            ? "---------" STYLE "B" AT 10
            ? tx AT 10, ":" AT 18
            ? "---------" STYLE "B" AT 10
            ?
            zeil = zeil + 4
            IF zeil >= 62
               EJECT
               ?
               ?
               ? "TERMINKALENDER -" STYLE "B" AT 10, tnam,;
    t1, "-", t7
               ? REPLICATE("=",62) STYLE "B" AT 10
               ?
               ? tx AT 10, ":" AT 18, "Aufgaben:" AT 49
               ? "---------" STYLE "B" AT 10, "---------";
    STYLE "B" AT 49
               ?
               zeil = 9
            ENDIF
         ENDIF
      ENDDO
      SET PRINT OFF
      EJECT
      DEACTIVATE WINDOW drck
      SET EXCLUSIVE OFF
   ENDIF
   UNLOCK
   CLOSE DATABASES
   RELEASE bidr, kale, twot, zahl, tnam, dein
   RELEASE ta, ts, t1, t2, t3, t4, t5, t6, t7, z, tx
   RELEASE WINDOW drck, bild
   RETURN
```

6.2.4.3 Option "Monatsübersicht" (TP33.PRG)

Mit dieser Prozedur lassen sich sämtliche Eintragungen pro Terminkalender für einen Monat auswerten. Um die umfangreichen Informationen auf einer Bildschirmseite (Bild 6-14) unterzubringen, wurde eine Matrix entwickelt. Mittels dieser lassen sich Termine, stundenweise gruppiert, Tagen zuordnen. Die Anzeige der Tage in der Tageszeile ist variabel. Dargestellt werden immer nur so viele Tage, wie ein Monat auch tatsächlich hat. Die Aufgaben werden in der letzten Zeile global einem Tag zugeordnet.

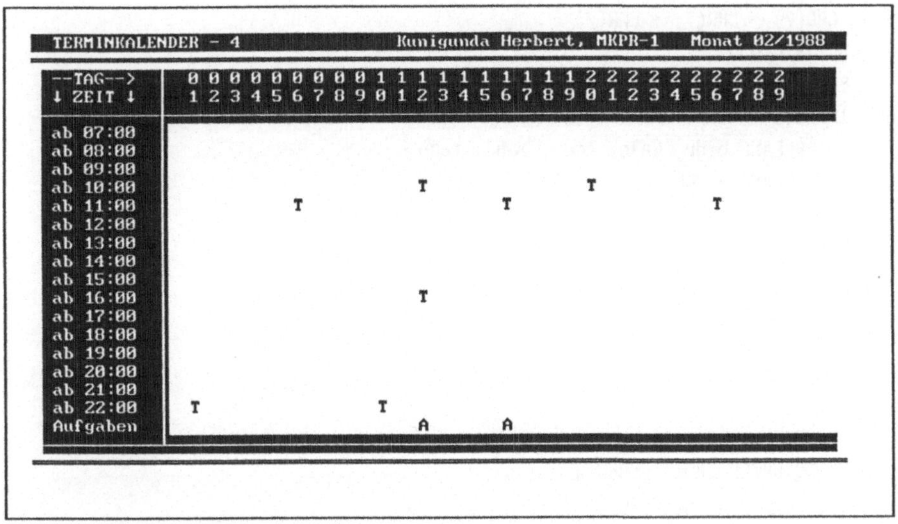

```
TERMINKALENDER - 4          Kunigunda Herbert, MKPR-1   Monat 02/1988

--TAG-->  0 0 0 0 0 0 0 0 0 1 1 1 1 1 1 1 1 1 1 2 2 2 2 2 2 2 2 2 2
↓ ZEIT ↓  1 2 3 4 5 6 7 8 9 0 1 2 3 4 5 6 7 8 9 0 1 2 3 4 5 6 7 8 9

ab 07:00
ab 08:00
ab 09:00
ab 10:00                        T               T
ab 11:00            T                   T                   T
ab 12:00
ab 13:00
ab 14:00
ab 15:00
ab 16:00                        T
ab 17:00
ab 18:00
ab 19:00
ab 20:00
ab 21:00
ab 22:00  T                 T
Aufgaben                        A       A
```

Bild 6-14: Die Monatsübersicht

Die Druckausgabe umfaßt sowohl die Ausgabe von Terminen als auch Aufgaben. Im Gegensatz zur Bildschirmdarstellung werden jeweils alle Termine und Aufgaben pro Tag nach Zeit und Priorität sortiert ausgegeben. Keine Berücksichtigung finden hier die Eintragungen in den Memo-Feldern.

```
* T P 3 3 . prg
* Monatsübersicht
PROCEDURE tp33
DEFINE WINDOW bild FROM 0,0 TO 24,79 NONE
DEFINE WINDOW drck FROM 17, 2 TO 21,78 DOUBLE
teau = " "
kale = " "
bidr = " "
tmon = "     "
zahl = 1
@ 24,0 CLEAR TO 24,79
@ 24,2 SAY "Welcher Terminkalender ist auszuwerten ? ([0];
```

```
 = Beenden) " GET kale PICTURE "9"
READ
IF kakw <> "A" .AND. kakw <> kale
   @ 24, 0 CLEAR TO 24,79
   @ 24,2 SAY "IHRE ZUGRIFFSSTUFE BERECHTIGT NICHT ZUM;
 AUFRUF !!!"
   ?? CHR(7) + CHR(7) + CHR(7) + CHR(7) + CHR(7) +;
 CHR(7) + CHR(7) + CHR(7)
   RETURN
ENDIF
IF kale = "0"
   RELEASE bidr, kale, tmon, zahl, teau
   RELEASE WINDOW drck, bild
   RETURN
ENDIF
USE tkal ORDER tkal
IF .NOT. FLOCK()
   DO tpds
   RETURN
ELSE
   SEEK kale
   DO WHILE .NOT. FOUND()
      @ 24,0 CLEAR TO 24,79
      IF ISCOLOR()
         SET COLOR OF NORMAL TO R+*
      ELSE
         SET COLOR OF NORMAL TO W*
      ENDIF
      @ 24,2 SAY "Terminkalender nicht vorhanden !"
      DO WHILE zahl < 500
         zahl = zahl + 1
      ENDDO
      IF ISCOLOR()
         SET COLOR OF NORMAL TO R+
      ELSE
         SET COLOR OF NORMAL TO W
      ENDIF
      RELEASE bidr, kale, tmon, zahl, teau
      RELEASE WINDOW drck, bild
      RETURN
   ENDDO
ENDIF
UNLOCK
tnam = name
```

```
@ 24,0 CLEAR TO 24,79
@ 24,2 SAY "Welcher Monat ? [MMJJ] " GET tmon PICTURE "9999"
READ
DO WHILE SUBSTR(tmon,1,2) > "12"
   @ 24,0 CLEAR TO 24,79
   @ 24,2 SAY "Falscher Monat !!!"
   DO WHILE zahl < 300
      zahl = zahl + 1
   ENDDO
   @ 24,2 SAY "Welcher Monat ? [MMJJ] " GET tmon;
 PICTURE "9999"
   READ
ENDDO
tsj1 = SUBSTR(tmon,3,2)
tsj2 = SUBSTR(DTOC(CTOD("01.03."+tsj1)-1),1,2)
tkjm = "19" + SUBSTR(tmon,3,2) + SUBSTR(tmon,1,2)
tmoj = tmon
tmon = SUBSTR(tmon,1,2)
@ 24,0 CLEAR TO 24,79
@ 24,2 SAY "[B]ildschirm- oder [D]ruckausgabe ? " GET bidr;
 FUNCTION "M B,D"
READ
SET EXCLUSIVE ON
IF bidr = "B"
   @ 24,0 CLEAR TO 24,79
   ACTIVATE WINDOW bild
   IF ISCOLOR()
      SET COLOR OF NORMAL TO /BG
   ELSE
      SET COLOR OF NORMAL TO /W
   ENDIF
   @  0, 0 SAY "  TERMINKALENDER - " + tkal
   @  0,20 SAY SPACE(15)
   @  0,35 SAY name
   @  0,60 SAY SPACE(3)
   @  0,63 SAY "Monat "
   @  0,69 SAY tmon
   @  0,71 SAY "/"+SUBSTR(tkjm,1,4)
   @  0,76 SAY "  "
   IF ISCOLOR()
      SET COLOR OF NORMAL TO R+
   ELSE
      SET COLOR OF NORMAL TO W
   ENDIF
```

```
   @  1, 0 TO  1,77 DOUBLE
   IF ISCOLOR()
      SET COLOR OF NORMAL TO /BG
   ELSE
      SET COLOR OF NORMAL TO /W
   ENDIF
   @  2, 1 SAY " --TAG--> | 0 0 0 0 0 0 0 0 0;
 1 1 1 1 1 1 1 1 1 1 2 2 2 2 2 2 2 2 2 2 3 3 "
   @  3, 1 SAY "  ZEIT    | 1 2 3 4 5 6 7 8 9 0;
 1 2 3 4 5 6 7 8 9 0 1 2 3 4 5 6 7 8 9 0 1 "
*
* Die nachfolgenden Anweisungen ermitteln, ob es sich um
* einen Monat mit 28, 29, 30 oder 31 Tagen handelt.
*
   IF tmon = "02" .OR. tmon = "04" .OR. tmon = "06";
 .OR. tmon = "09" .OR. tmon = "11"
      @  2,75 SAY " "
      @  3,75 SAY " "
      t = 1
   ELSE
      t = 0
   ENDIF
   IF tmon = "02"
      @  2,73 SAY " "
      @  3,73 SAY " "
      t = t + 1
   ENDIF
   IF tsj2 = "28" .AND. tmon = "02"
      @  2,71 SAY " "
      @  3,71 SAY " "
      t = t + 1
   ENDIF
   t2 = t
   @  4, 1 SAY REPLICATE("-",76)
   @  4,12 SAY "┼"
   @  5, 1 SAY " ab 07:00  |"
   @  6, 1 SAY " ab 08:00  |"
   @  7, 1 SAY " ab 09:00  |"
   @  8, 1 SAY " ab 10:00  |"
   @  9, 1 SAY " ab 11:00  |"
   @ 10, 1 SAY " ab 12:00  |"
   @ 11, 1 SAY " ab 13:00  |"
   @ 12, 1 SAY " ab 14:00  |"
   @ 13, 1 SAY " ab 15:00  |"
```

```
@ 14, 1 SAY " ab 16:00  |"
@ 15, 1 SAY " ab 17:00  |"
@ 16, 1 SAY " ab 18:00  |"
@ 17, 1 SAY " ab 19:00  |"
@ 18, 1 SAY " ab 20:00  |"
@ 19, 1 SAY " ab 21:00  |"
@ 20, 1 SAY " ab 22:00  |"
@ 21, 1 SAY " Aufgaben  |"
@ 22, 1 SAY REPLICATE("-",76)
@ 22,12 SAY "┴"
IF ISCOLOR()
   SET COLOR OF NORMAL TO R+
ELSE
   SET COLOR OF NORMAL TO W
ENDIF
@ 23, 0 SAY REPLICATE("=",78)
USE term ORDER szei
IF .NOT. FLOCK()
   DEACTIVATE WINDOW bild
   RETURN
ENDIF
SET FILTER TO tkal = kale .AND. SUBSTR(stag,1,6) = tkjm
t = (31 - t) + 1
w = 1
wc = "01"
p = 15
l = 5
h = 7
zc = "07"
x = 1
DO WHILE x < 17
   DO WHILE w < t
      LOCATE FOR SUBSTR(stag,7,2) = wc .AND. SUBSTR(szei,1,2) = zc
      IF szei = " "
         teau = " "
      ELSE
         teau = "T"
      ENDIF
      @ l,p SAY teau
      p = p + 2
      w = w + 1
      IF w < 10
         wc = "0"+RIGHT(STR(w),1)
      ELSE
```

```
            wc = RIGHT(STR(w),2)
         ENDIF
      ENDDO
      h = h + 1
      IF h < 23
         IF h < 10
            zc = "0"+RIGHT(STR(h),1)
         ELSE
            zc = RIGHT(STR(h),2)
         ENDIF
      ENDIF
      w = 1
      wc = "01"
      p = 15
      x = x + 1
      l = l + 1
   ENDDO
   USE tauf ORDER apri
   IF .NOT. FLOCK()
      DEACTIVATE WINDOW bild
      RETURN
   ENDIF
   SET FILTER TO tkal = kale .AND. SUBSTR(stag,1,6) = tkjm
   t = (31 - t2) + 1
   w = 1
   wc = "01"
   p = 15
   DO WHILE w < t
      LOCATE FOR SUBSTR(stag,7,2) = wc
      IF apri = " "
         teau = " "
      ELSE
         teau = "A"
      ENDIF
      @ 21,p SAY teau
      p = p + 2
      w = w + 1
      IF w < 10
         wc = "0"+RIGHT(STR(w),1)
      ELSE
         wc = RIGHT(STR(w),2)
      ENDIF
   ENDDO
   SET CONSOLE OFF
```

```
      WAIT
      SET CONSOLE ON
      DEACTIVATE WINDOW bild
   ELSE
   *
   * Der zweite Bereich der IF-Verzweigung enthält die
   * Definitionen für die Druckausgabe der Monatsdaten.
   * Zur exakten Positionierung der Daten wurde die erweiterte
   * AT-Funktion verwendet. Außerdem sind Texte, leider keine
   * Daten, mittels der STYLE-Funktion "fett" oder
   * "unterstrichen" darzustellen.
   *
      tday = CTOD("01."+SUBSTR(tmoj,1,2)+"."+SUBSTR(tmoj,3,2))
      tmo2 = SUBSTR(tmoj,1,2)
      tda2 = tday + 31
      tmo3 = SUBSTR(DTOC(tda2),4,2)
      @ 24, 0 CLEAR TO 24,79
      dein = " "
      @ 24, 2 SAY "Drucker einschalten oder Vorgang mit;
    [E] beenden!" GET dein PICTURE "!"
      READ
      IF dein = "E"
         RELEASE bidr, kale, zahl, dein, tnam
         RELEASE WINDOW drck, bild
         RETURN
      ENDIF
      @ 24, 0 CLEAR TO 24,79
      DO WHILE .NOT. PRINTSTATUS()
         @ 24,30 SAY "Drucker einschalten!"
         LOOP
      ENDDO
      @ 24, 0 CLEAR TO 24,79
      @ 24, 2 SAY "Es werden die Termine/Aufgaben für;
    Kalender " + kale
      ?? " Monat " + tmoj
      ?? " gedruckt."
      USE term ORDER szei IN A
      USE tauf ORDER apri IN B
      IF .NOT. FLOCK()
         DO tpds
         RETURN
      ENDIF
      zeil = 9
      ACTIVATE WINDOW drck
```

```
   SET PRINT ON
   ?
   ?
   ? "TERMINKALENDER -" STYLE "B" AT 10, tnam, "Monat",;
"       ", SUBSTR(tmoj,1,2), "/", SUBSTR(tmoj,3,2)
   ? REPLICATE("=",62) STYLE "B" AT 10
   ?
   ? tday AT 10, ":" AT 18, "Aufgaben:" AT 49
   ? "---------" STYLE "B" AT 10, "---------" STYLE "B" AT 49
   ?
   DO WHILE tmo2 <> tmo3
      ts = DTOS(tday)
      SELECT A
      SET FILTER TO stag = ts .AND. tkal = kale
      LOCATE FOR stag = ts
      SELECT B
      SET FILTER TO stag = ts .AND. tkal = kale
      LOCATE FOR stag = ts
      SELECT A
      DO WHILE .NOT. EOF()
         ? A->zeit AT 10, A->tart AT 17, A->tkur AT 20,;
B->apri AT 49, B->akur AT 52
         ?
         zeil = zeil + 2
         SELECT A
         IF .NOT. EOF()
            SKIP
         ENDIF
         SELECT B
         IF .NOT. EOF()
            SKIP
         ENDIF
         SELECT A
         IF EOF()
            SELECT B
         ENDIF
         IF zeil > 61
            EJECT
            ?
            ?
            ? "TERMINKALENDER -" STYLE "B" AT 10, tnam,;
"Monat", "       ", SUBSTR(tmoj,1,2), "/", SUBSTR(tmoj,3,2)
            ? REPLICATE("=",62) STYLE "B" AT 10
            ?
```

```
            ? tday AT 10, ":" AT 18, "Aufgaben:" AT 49
            ? "---------" STYLE "B" AT 10, "---------";
STYLE "B" AT 49
            ?
            zeil = 9
         ENDIF
      ENDDO
      tday = tday + 1
      ts = DTOS(tday)
      tmo2 = SUBSTR(DTOC(tday),4,2)
      IF tmo2 <> tmo3
         ? "---------" STYLE "B" AT 10
         ? tday AT 10, ":" AT 18
         ? "---------" STYLE "B" AT 10
         ?
         zeil = zeil + 4
         IF zeil > 61
            EJECT
            ?
            ?
            ? "TERMINKALENDER -" STYLE "B" AT 10, tnam,;
"Monat", "       ", SUBSTR(tmoj,1,2), "/", SUBSTR(tmoj,3,2)
            ? REPLICATE("=",62) STYLE "B" AT 10
            ?
            ? tday AT 10, ":" AT 18, "Aufgaben:" AT 49
            ? "---------" STYLE "B" AT 10, "---------";
STYLE "B" AT 49
            ?
            zeil = 9
         ENDIF
      ENDIF
   ENDDO
   SET PRINT OFF
   EJECT
   DEACTIVATE WINDOW drck
ENDIF
UNLOCK
SET EXCLUSIVE OFF
CLOSE DATABASES
RELEASE bidr, kale, tmon, zahl, tkjm, tsj1, tsj2, teau
RELEASE t, w, wc, p, l, h, zc, x, tday, tnam, dein, ts
RELEASE tda2, tmoj, tmo2, tmo3
RELEASE WINDOW drck, bild
RETURN
```

6.2.4.4 Option "Jahresübersicht" (TP34.PRG)

Mit über 1000 Programmzeilen ist dies die mit Abstand umfangreichste Prozedur. Der Programmcode beinhaltet die zahlreichen Definitionen für die Bildschirmmaske (Bild 6-15) und für die Zwischenspeicherung der Informationen in den Arrays. Sicherlich gibt es immer mehrere Wege um bestimmte Aufgaben mit einem Programm zu realisieren. In diesem Fall wurde besonders darauf geachtet, daß trotz der komplexen Auswertung die Ausführgeschwindigkeit nicht zu sehr leidet. Außerdem darf die Sperre der Datenbankdateien nicht zu lange sein, da ansonsten die anderen Teilnehmer zu lange von dem Zugriff auf das System ausgeschlossen würden.

TERMINKALENDER - 1 Ina S. Herbert, Abt.Sales 1989

JANUAR			FEBRUAR			MÄRZ			APRIL		
-10	-20	21-	-10	-20	21-	-10	-20	21-	-10	-20	21-
			A				T				
M A I			**JUNI**			**JULI**			**AUGUST**		
-10	-20	21-	-10	-20	21-	-10	-20	21-	-10	-20	21-
								T A	T	T A	T A
SEPTEMBER			**OKTOBER**			**NOVEMBER**			**DEZEMBER**		
-10	-20	21-	-10	-20	21-	-10	-20	21-	-10	-20	21-
	T										

Bild 6-15: Die Jahresübersicht

Das Programm wertet jeweils für eine Periode von dreimal zehn Tagen pro Monat die Termine und Aufgaben aus. Mittels Darstellung eines "T" für Termine und "A" für Aufgaben wird in der entsprechenden Rubrik angezeigt, wenn ein Termin oder eine Aufgabe in dem Zeitraum gefunden wird. Auf diese Weise kann man sich einen globalen Überblick über die Eintragungen verschaffen.

```
* T P 3 4 . prg
* Jahresübersicht
PROCEDURE tp34
DEFINE WINDOW bild FROM  0, 0 TO 24,79 NONE
DECLARE teau[12,6]
kale = " "
tjah = "    "
@ 24,0 CLEAR TO 24,79
@ 24,2 SAY "Welcher Terminkalender ist auszuwerten ? ([0];
 = Beenden) " GET kale PICTURE "9"
READ
IF kakw <> "A" .AND. kakw <> kale
   @ 24, 0 CLEAR TO 24,79
   @ 24,2 SAY "IHRE ZUGRIFFSSTUFE BERECHTIGT NICHT;
 ZUM AUFRUF !!!"
   ?? CHR(7) + CHR(7) + CHR(7) + CHR(7) + CHR(7) +;
 CHR(7) + CHR(7) + CHR(7)
   RETURN
ENDIF
IF kale = "0"
   RELEASE kale, tjah, teau
   RELEASE WINDOW drck, bild
   RETURN
ENDIF
USE tkal ORDER tkal
IF .NOT. FLOCK()
   DO tpds
   RETURN
ELSE
   SEEK kale
   DO WHILE .NOT. FOUND()
      @ 24,0 CLEAR TO 24,79
      IF ISCOLOR()
         SET COLOR OF NORMAL TO R+*
      ELSE
         SET COLOR OF NORMAL TO W*
      ENDIF
      @ 24,2 SAY "Terminkalender nicht vorhanden !"
      zahl = 1
      DO WHILE zahl < 500
         zahl = zahl + 1
      ENDDO
      IF ISCOLOR()
```

```
          SET COLOR OF NORMAL TO R+
       ELSE
          SET COLOR OF NORMAL TO W
       ENDIF
       RELEASE zahl, kale, tjah, teau
       RELEASE WINDOW bild
       RETURN
    ENDDO
ENDIF
UNLOCK
*
* Mittels der Function-Option lassen sich Werte bereits
* vorgeben. Durch Betätigung der Leertaste werden diese
* ausgewählt. Die Jahreswerte sind jederzeit durch
* direkte Eintragungen zu verändern.
*
mnam = name
@ 24,0 CLEAR TO 24,79
@ 24,2 SAY "Für welches Jahr ? " GET tjah FUNCTION;
 "M 1989, 1990, 1991, 1992, 1993"
READ
*
* Im nachfolgenden Programmbereich erfolgt die
* Auswertung der Datenbankeintragungen. Sämtliche
* ermittelten Daten werden in einem Array
* zwischengespeichert.
*
SET EXCLUSIVE ON
USE term ORDER stag
IF .NOT. FLOCK()
   RETURN
ENDIF
SET FILTER TO tkal = kale .AND. SUBSTR(stag,1,4) = tjah
LOCATE FOR SUBSTR(stag,5,2) = "01" .AND.;
 SUBSTR(stag,7,2) < "11"
IF FOUND()
   teau[1,1] = "T"
ELSE
   teau[1,1] = " "
ENDIF
GO TOP
LOCATE FOR SUBSTR(stag,5,2) = "01" .AND. (SUBSTR(stag,7,2);
 > "10" .AND. SUBSTR(stag,7,2) < "21")
IF FOUND()
```

```
   teau[1,3] = "T"
ELSE
   teau[1,3] = " "
ENDIF
GO TOP
LOCATE FOR SUBSTR(stag,5,2) = "01" .AND.;
 SUBSTR(stag,7,2) > "20"
IF FOUND()
   teau[1,5] = "T"
ELSE
   teau[1,5] = " "
ENDIF
GO TOP
LOCATE FOR SUBSTR(stag,5,2) = "02" .AND.;
 SUBSTR(stag,7,2) < "11"
IF FOUND()
   teau[2,1] = "T"
ELSE
   teau[2,1] = " "
ENDIF
GO TOP
LOCATE FOR SUBSTR(stag,5,2) = "02" .AND. (SUBSTR(stag,7,2);
 > "10" .AND. SUBSTR(stag,7,2) < "21")
IF FOUND()
   teau[2,3] = "T"
ELSE
   teau[2,3] = " "
ENDIF
GO TOP
LOCATE FOR SUBSTR(stag,5,2) = "02" .AND.;
 SUBSTR(stag,7,2) > "20"
IF FOUND()
   teau[2,5] = "T"
ELSE
   teau[2,5] = " "
ENDIF
GO TOP
LOCATE FOR SUBSTR(stag,5,2) = "03" .AND.;
 SUBSTR(stag,7,2) < "11"
IF FOUND()
   teau[3,1] = "T"
ELSE
   teau[3,1] = " "
ENDIF
```

```
GO TOP
LOCATE FOR SUBSTR(stag,5,2) = "03" .AND. (SUBSTR(stag,7,2);
 > "10" .AND. SUBSTR(stag,7,2) < "21")
IF FOUND()
   teau[3,3] = "T"
ELSE
   teau[3,3] = " "
ENDIF
GO TOP
LOCATE FOR SUBSTR(stag,5,2) = "03" .AND.;
 SUBSTR(stag,7,2) > "20"
IF FOUND()
   teau[3,5] = "T"
ELSE
   teau[3,5] = " "
ENDIF
GO TOP
LOCATE FOR SUBSTR(stag,5,2) = "04" .AND.;
 SUBSTR(stag,7,2) < "11"
IF FOUND()
   teau[4,1] = "T"
ELSE
   teau[4,1] = " "
ENDIF
GO TOP
LOCATE FOR SUBSTR(stag,5,2) = "04" .AND. (SUBSTR(stag,7,2);
 > "10" .AND. SUBSTR(stag,7,2) < "21")
IF FOUND()
   teau[4,3] = "T"
ELSE
   teau[4,3] = " "
ENDIF
GO TOP
LOCATE FOR SUBSTR(stag,5,2) = "04" .AND.;
 SUBSTR(stag,7,2) > "21"
IF FOUND()
   teau[4,5] = "T"
ELSE
   teau[4,5] = " "
ENDIF
GO TOP
LOCATE FOR SUBSTR(stag,5,2) = "05" .AND.;
 SUBSTR(stag,7,2) < "11"
IF FOUND()
```

```
   teau[5,1] = "T"
ELSE
   teau[5,1] = " "
ENDIF
GO TOP
LOCATE FOR SUBSTR(stag,5,2) = "05" .AND. (SUBSTR(stag,7,2);
 > "10" .AND. SUBSTR(stag,7,2) < "21")
IF FOUND()
   teau[5,3] = "T"
ELSE
   teau[5,3] = " "
ENDIF
GO TOP
LOCATE FOR SUBSTR(stag,5,2) = "05" .AND.;
 SUBSTR(stag,7,2) > "20"
IF FOUND()
   teau[5,5] = "T"
ELSE
   teau[5,5] = " "
ENDIF
GO TOP
LOCATE FOR SUBSTR(stag,5,2) = "06" .AND. SUBSTR(stag,7,2);
 < "11"
IF FOUND()
   teau[6,1] = "T"
ELSE
   teau[6,1] = " "
ENDIF
GO TOP
LOCATE FOR SUBSTR(stag,5,2) = "06" .AND. (SUBSTR(stag,7,2);
 > "10" .AND. SUBSTR(stag,7,2) < "21")
IF FOUND()
   teau[6,3] = "T"
ELSE
   teau[6,3] = " "
ENDIF
GO TOP
LOCATE FOR SUBSTR(stag,5,2) = "06" .AND. SUBSTR(stag,7,2);
 > "20"
IF FOUND()
   teau[6,5] = "T"
ELSE
   teau[6,5] = " "
ENDIF
```

```
GO TOP
LOCATE FOR SUBSTR(stag,5,2) = "07" .AND. SUBSTR(stag,7,2);
 < "11"
IF FOUND()
   teau[7,1] = "T"
ELSE
   teau[7,1] = " "
ENDIF
GO TOP
LOCATE FOR SUBSTR(stag,5,2) = "07" .AND. (SUBSTR(stag,7,2);
 > "10" .AND. SUBSTR(stag,7,2) < "21")
IF FOUND()
   teau[7,3] = "T"
ELSE
   teau[7,3] = " "
ENDIF
GO TOP
LOCATE FOR SUBSTR(stag,5,2) = "07" .AND. SUBSTR(stag,7,2);
 > "20"
IF FOUND()
   teau[7,5] = "T"
ELSE
   teau[7,5] = " "
ENDIF
GO TOP
LOCATE FOR SUBSTR(stag,5,2) = "08" .AND. SUBSTR(stag,7,2);
 < "11"
IF FOUND()
   teau[8,1] = "T"
ELSE
   teau[8,1] = " "
ENDIF
GO TOP
LOCATE FOR SUBSTR(stag,5,2) = "08" .AND. (SUBSTR(stag,7,2);
 > "10" .AND. SUBSTR(stag,7,2) < "21")
IF FOUND()
   teau[8,3] = "T"
ELSE
   teau[8,3] = " "
ENDIF
GO TOP
LOCATE FOR SUBSTR(stag,5,2) = "08" .AND. SUBSTR(stag,7,2);
 > "21"
IF FOUND()
```

```
   teau[8,5] = "T"
ELSE
   teau[8,5] = " "
ENDIF
GO TOP
LOCATE FOR SUBSTR(stag,5,2) = "09" .AND. SUBSTR(stag,7,2);
 < "11"
IF FOUND()
   teau[9,1] = "T"
ELSE
   teau[9,1] = " "
ENDIF
GO TOP
LOCATE FOR SUBSTR(stag,5,2) = "09" .AND. (SUBSTR(stag,7,2);
 > "10" .AND. SUBSTR(stag,7,2) < "21")
IF FOUND()
   teau[9,3] = "T"
ELSE
   teau[9,3] = " "
ENDIF
GO TOP
LOCATE FOR SUBSTR(stag,5,2) = "09" .AND. SUBSTR(stag,7,2);
 > "20"
IF FOUND()
   teau[9,5] = "T"
ELSE
   teau[9,5] = " "
ENDIF
GO TOP
LOCATE FOR SUBSTR(stag,5,2) = "10" .AND. SUBSTR(stag,7,2);
 < "11"
IF FOUND()
   teau[10,1] = "T"
ELSE
   teau[10,1] = " "
ENDIF
GO TOP
LOCATE FOR SUBSTR(stag,5,2) = "10" .AND. (SUBSTR(stag,7,2);
 > "10" .AND. SUBSTR(stag,7,2) < "21")
IF FOUND()
   teau[10,3] = "T"
ELSE
   teau[10,3] = " "
ENDIF
```

```
GO TOP
LOCATE FOR SUBSTR(stag,5,2) = "10" .AND. SUBSTR(stag,7,2);
 > "20"
IF FOUND()
   teau[10,5] = "T"
ELSE
   teau[10,5] = " "
ENDIF
GO TOP
LOCATE FOR SUBSTR(stag,5,2) = "11" .AND. SUBSTR(stag,7,2);
 < "11"
IF FOUND()
   teau[11,1] = "T"
ELSE
   teau[11,1] = " "
ENDIF
GO TOP
LOCATE FOR SUBSTR(stag,5,2) = "11" .AND. (SUBSTR(stag,7,2);
 > "10" .AND. SUBSTR(stag,7,2) < "21")
IF FOUND()
   teau[11,3] = "T"
ELSE
   teau[11,3] = " "
ENDIF
GO TOP
LOCATE FOR SUBSTR(stag,5,2) = "11" .AND. SUBSTR(stag,7,2);
 > "20"
IF FOUND()
   teau[11,5] = "T"
ELSE
   teau[11,5] = " "
ENDIF
GO TOP
LOCATE FOR SUBSTR(stag,5,2) = "12" .AND. SUBSTR(stag,7,2);
 < "11"
IF FOUND()
   teau[12,1] = "T"
ELSE
   teau[12,1] = " "
ENDIF
GO TOP
LOCATE FOR SUBSTR(stag,5,2) = "12" .AND. (SUBSTR(stag,7,2);
 > "10" .AND. SUBSTR(stag,7,2) < "21")
IF FOUND()
```

```
   teau[12,3] = "T"
ELSE
   teau[12,3] = " "
ENDIF
GO TOP
LOCATE FOR SUBSTR(stag,5,2) = "12" .AND. SUBSTR(stag,7,2);
 > "21"
IF FOUND()
   teau[12,5] = "T"
ELSE
   teau[12,5] = " "
ENDIF
SET EXCLUSIVE OFF
SET EXCLUSIVE ON
USE tauf ORDER stag
IF .NOT. FLOCK()
   RETURN
ENDIF
SET FILTER TO tkal = kale .AND. SUBSTR(stag,1,4) = tjah
LOCATE FOR SUBSTR(stag,5,2) = "01" .AND. SUBSTR(stag,7,2);
 < "11"
IF FOUND()
   teau[1,2] = "A"
ELSE
   teau[1,2] = " "
ENDIF
GO TOP
LOCATE FOR SUBSTR(stag,5,2) = "01" .AND. (SUBSTR(stag,7,2);
 > "10" .AND. SUBSTR(stag,7,2) < "21")
IF FOUND()
   teau[1,4] = "A"
ELSE
   teau[1,4] = " "
ENDIF
GO TOP
LOCATE FOR SUBSTR(stag,5,2) = "01" .AND. SUBSTR(stag,7,2);
 > "20"
IF FOUND()
   teau[1,6] = "A"
ELSE
   teau[1,6] = " "
ENDIF
GO TOP
LOCATE FOR SUBSTR(stag,5,2) = "02" .AND. SUBSTR(stag,7,2);
```

```
 < "11"
IF FOUND()
   teau[2,2] = "A"
ELSE
   teau[2,2] = " "
ENDIF
GO TOP
LOCATE FOR SUBSTR(stag,5,2) = "02" .AND. (SUBSTR(stag,7,2);
 > "10" .AND. SUBSTR(stag,7,2) < "21")
IF FOUND()
   teau[2,4] = "A"
ELSE
   teau[2,4] = " "
ENDIF
GO TOP
LOCATE FOR SUBSTR(stag,5,2) = "02" .AND. SUBSTR(stag,7,2);
 > "20"
IF FOUND()
   teau[2,6] = "A"
ELSE
   teau[2,6] = " "
ENDIF
GO TOP
LOCATE FOR SUBSTR(stag,5,2) = "03" .AND. SUBSTR(stag,7,2);
 < "11"
IF FOUND()
   teau[3,2] = "A"
ELSE
   teau[3,2] = " "
ENDIF
GO TOP
LOCATE FOR SUBSTR(stag,5,2) = "03" .AND. (SUBSTR(stag,7,2);
 > "10" .AND. SUBSTR(stag,7,2) < "21")
IF FOUND()
   teau[3,4] = "A"
ELSE
   teau[3,4] = " "
ENDIF
GO TOP
LOCATE FOR SUBSTR(stag,5,2) = "03" .AND. SUBSTR(stag,7,2);
 > "20"
IF FOUND()
   teau[3,6] = "A"
ELSE
```

```
   teau[3,6] = " "
ENDIF
GO TOP
LOCATE FOR SUBSTR(stag,5,2) = "04" .AND. SUBSTR(stag,7,2);
 < "11"
IF FOUND()
   teau[4,2] = "A"
ELSE
   teau[4,2] = " "
ENDIF
GO TOP
LOCATE FOR SUBSTR(stag,5,2) = "04" .AND. (SUBSTR(stag,7,2);
 > "10" .AND. SUBSTR(stag,7,2) < "21")
IF FOUND()
   teau[4,4] = "A"
ELSE
   teau[4,4] = " "
ENDIF
GO TOP
LOCATE FOR SUBSTR(stag,5,2) = "04" .AND. SUBSTR(stag,7,2);
 > "21"
IF FOUND()
   teau[4,6] = "A"
ELSE
   teau[4,6] = " "
ENDIF
GO TOP
LOCATE FOR SUBSTR(stag,5,2) = "05" .AND. SUBSTR(stag,7,2);
 < "11"
IF FOUND()
   teau[5,2] = "A"
ELSE
   teau[5,2] = " "
ENDIF
GO TOP
LOCATE FOR SUBSTR(stag,5,2) = "05" .AND. (SUBSTR(stag,7,2);
 > "10" .AND. SUBSTR(stag,7,2) < "21")
IF FOUND()
   teau[5,4] = "A"
ELSE
   teau[5,4] = " "
ENDIF
GO TOP
LOCATE FOR SUBSTR(stag,5,2) = "05" .AND. SUBSTR(stag,7,2);
```

```
 > "20"
IF FOUND()
   teau[5,6] = "A"
ELSE
   teau[5,6] = " "
ENDIF
GO TOP
LOCATE FOR SUBSTR(stag,5,2) = "06" .AND. SUBSTR(stag,7,2);
 < "11"
IF FOUND()
   teau[6,2] = "A"
ELSE
   teau[6,2] = " "
ENDIF
GO TOP
LOCATE FOR SUBSTR(stag,5,2) = "06" .AND. (SUBSTR(stag,7,2);
 > "10" .AND. SUBSTR(stag,7,2) < "21")
IF FOUND()
   teau[6,4] = "A"
ELSE
   teau[6,4] = " "
ENDIF
GO TOP
LOCATE FOR SUBSTR(stag,5,2) = "06" .AND. SUBSTR(stag,7,2);
 > "20"
IF FOUND()
   teau[6,6] = "A"
ELSE
   teau[6,6] = " "
ENDIF
GO TOP
LOCATE FOR SUBSTR(stag,5,2) = "07" .AND. SUBSTR(stag,7,2);
 < "11"
IF FOUND()
   teau[7,2] = "A"
ELSE
   teau[7,2] = " "
ENDIF
GO TOP
LOCATE FOR SUBSTR(stag,5,2) = "07" .AND. (SUBSTR(stag,7,2);
 > "10" .AND. SUBSTR(stag,7,2) < "21")
IF FOUND()
   teau[7,4] = "A"
ELSE
```

```
    teau[7,4] = " "
ENDIF
GO TOP
LOCATE FOR SUBSTR(stag,5,2) = "07" .AND. SUBSTR(stag,7,2);
 > "20"
IF FOUND()
    teau[7,6] = "A"
ELSE
    teau[7,6] = " "
ENDIF
GO TOP
LOCATE FOR SUBSTR(stag,5,2) = "08" .AND. SUBSTR(stag,7,2);
 < "11"
IF FOUND()
    teau[8,2] = "A"
ELSE
    teau[8,2] = " "
ENDIF
GO TOP
LOCATE FOR SUBSTR(stag,5,2) = "08" .AND. (SUBSTR(stag,7,2);
 > "10" .AND. SUBSTR(stag,7,2) < "21")
IF FOUND()
    teau[8,4] = "A"
ELSE
    teau[8,4] = " "
ENDIF
GO TOP
LOCATE FOR SUBSTR(stag,5,2) = "08" .AND. SUBSTR(stag,7,2);
 > "21"
IF FOUND()
    teau[8,6] = "A"
ELSE
    teau[8,6] = " "
ENDIF
GO TOP
LOCATE FOR SUBSTR(stag,5,2) = "09" .AND. SUBSTR(stag,7,2);
 < "11"
IF FOUND()
    teau[9,2] = "A"
ELSE
    teau[9,2] = " "
ENDIF
GO TOP
LOCATE FOR SUBSTR(stag,5,2) = "09" .AND. (SUBSTR(stag,7,2);
```

```
 > "10" .AND. SUBSTR(stag,7,2) < "21")
IF FOUND()
   teau[9,4] = "A"
ELSE
   teau[9,4] = " "
ENDIF
GO TOP
LOCATE FOR SUBSTR(stag,5,2) = "09" .AND. SUBSTR(stag,7,2);
 > "20"
IF FOUND()
   teau[9,6] = "A"
ELSE
   teau[9,6] = " "
ENDIF
GO TOP
LOCATE FOR SUBSTR(stag,5,2) = "10" .AND. SUBSTR(stag,7,2);
 < "11"
IF FOUND()
   teau[10,2] = "A"
ELSE
   teau[10,2] = " "
ENDIF
GO TOP
LOCATE FOR SUBSTR(stag,5,2) = "10" .AND. (SUBSTR(stag,7,2);
 > "10" .AND. SUBSTR(stag,7,2) < "21")
IF FOUND()
   teau[10,4] = "A"
ELSE
   teau[10,4] = " "
ENDIF
GO TOP
LOCATE FOR SUBSTR(stag,5,2) = "10" .AND. SUBSTR(stag,7,2);
 > "20"
IF FOUND()
   teau[10,6] = "A"
ELSE
   teau[10,6] = " "
ENDIF
GO TOP
LOCATE FOR SUBSTR(stag,5,2) = "11" .AND. SUBSTR(stag,7,2);
 < "11"
IF FOUND()
   teau[11,2] = "A"
ELSE
```

```
   teau[11,2] = " "
ENDIF
GO TOP
LOCATE FOR SUBSTR(stag,5,2) = "11" .AND. (SUBSTR(stag,7,2);
 > "10" .AND. SUBSTR(stag,7,2) < "21")
IF FOUND()
   teau[11,4] = "A"
ELSE
   teau[11,4] = " "
ENDIF
GO TOP
LOCATE FOR SUBSTR(stag,5,2) = "11" .AND. SUBSTR(stag,7,2);
 > "20"
IF FOUND()
   teau[11,6] = "A"
ELSE
   teau[11,6] = " "
ENDIF
GO TOP
LOCATE FOR SUBSTR(stag,5,2) = "12" .AND. SUBSTR(stag,7,2);
 < "11"
IF FOUND()
   teau[12,2] = "A"
ELSE
   teau[12,2] = " "
ENDIF
GO TOP
LOCATE FOR SUBSTR(stag,5,2) = "12" .AND. (SUBSTR(stag,7,2);
 > "10" .AND. SUBSTR(stag,7,2) < "21")
IF FOUND()
   teau[12,4] = "A"
ELSE
   teau[12,4] = " "
ENDIF
GO TOP
LOCATE FOR SUBSTR(stag,5,2) = "12" .AND. SUBSTR(stag,7,2);
 > "21"
IF FOUND()
   teau[12,6] = "A"
ELSE
   teau[12,6] = " "
ENDIF
SET EXCLUSIVE OFF
UNLOCK
```

```
*
* Hier gibt das Programm die beiden Dateien TERM.DBF und
* TAUF.DBF wieder frei. Die nachfolgenden Anweisungen
* definieren die Bildschirmmaske.
*
ACTIVATE WINDOW bild
IF ISCOLOR()
   SET COLOR OF NORMAL TO /BG
ELSE
   SET COLOR OF NORMAL TO /W
ENDIF
@  0, 0 SAY "  TERMINKALENDER - " + kale
@  0,20 SAY SPACE(21)
@  0,41 SAY mnam
@  0,66 SAY SPACE(6)
@  0,72 SAY tjah
@  0,76 SAY "  "
IF ISCOLOR()
   SET COLOR OF NORMAL TO R+
ELSE
   SET COLOR OF NORMAL TO W
ENDIF
@  1, 0 TO 22,77 DOUBLE
IF ISCOLOR()
   SET COLOR OF NORMAL TO /BG
ELSE
   SET COLOR OF NORMAL TO /W
ENDIF
@  2, 1 SAY "      JANUAR      "
IF ISCOLOR()
   SET COLOR OF NORMAL TO R+
ELSE
   SET COLOR OF NORMAL TO W
ENDIF
@  2,19 SAY "║"
IF ISCOLOR()
   SET COLOR OF NORMAL TO /BG
ELSE
   SET COLOR OF NORMAL TO /W
ENDIF
@  2,20 SAY "      FEBRUAR      "
IF ISCOLOR()
   SET COLOR OF NORMAL TO R+
ELSE
```

```
   SET COLOR OF NORMAL TO W
ENDIF
@ 2,39 SAY "║"
IF ISCOLOR()
   SET COLOR OF NORMAL TO /BG
ELSE
   SET COLOR OF NORMAL TO /W
ENDIF
@ 2,40 SAY "       MÄRZ        "
IF ISCOLOR()
   SET COLOR OF NORMAL TO R+
ELSE
   SET COLOR OF NORMAL TO W
ENDIF
@ 2,58 SAY "║"
IF ISCOLOR()
   SET COLOR OF NORMAL TO /BG
ELSE
   SET COLOR OF NORMAL TO /W
ENDIF
@ 2,59 SAY "      APRIL        "
IF ISCOLOR()
   SET COLOR OF NORMAL TO R+
ELSE
   SET COLOR OF NORMAL TO W
ENDIF
@ 3, 1 SAY REPLICATE("-",5)
@ 3, 6 SAY "┬"
@ 3, 7 SAY REPLICATE("-",6)
@ 3,13 SAY "┬"
@ 3,14 SAY REPLICATE("-",5)
@ 3,19 SAY "╫"
@ 3,20 SAY REPLICATE("-",6)
@ 3,26 SAY "┬"
@ 3,27 SAY REPLICATE("-",5)
@ 3,32 SAY "┬"
@ 3,33 SAY REPLICATE("-",6)
@ 3,39 SAY "╫"
@ 3,40 SAY REPLICATE("-",5)
@ 3,45 SAY "┬"
@ 3,46 SAY REPLICATE("-",6)
@ 3,52 SAY "┬"
@ 3,53 SAY REPLICATE("-",5)
@ 3,58 SAY "╫"
```

```
@  3,59 SAY REPLICATE("-",5)
@  3,64 SAY "┬"
@  3,65 SAY REPLICATE("-",6)
@  3,71 SAY "┬"
@  3,72 SAY REPLICATE("-",5)
@  4, 2 SAY "-10"
@  4, 6 SAY "|"
@  4, 9 SAY "-20"
@  4,13 SAY "|"
@  4,15 SAY "21-"
@  4,19 SAY "║"
@  4,22 SAY "-10"
@  4,26 SAY "|"
@  4,28 SAY "-20"
@  4,32 SAY "|"
@  4,34 SAY "21-"
@  4,39 SAY "║"
@  4,41 SAY "-10"
@  4,45 SAY "|"
@  4,48 SAY "-20"
@  4,52 SAY "|"
@  4,54 SAY "21-"
@  4,58 SAY "║"
@  4,60 SAY "-10"
@  4,64 SAY "|"
@  4,67 SAY "-20"
@  4,71 SAY "|"
@  4,73 SAY "21-"
@  5, 1 SAY REPLICATE("-",5)
@  5, 6 SAY "┼"
@  5, 7 SAY REPLICATE("-",6)
@  5,13 SAY "┼"
@  5,14 SAY REPLICATE("-",5)
@  5,19 SAY "╫"
@  5,20 SAY REPLICATE("-",6)
@  5,26 SAY "┼"
@  5,27 SAY REPLICATE("-",5)
@  5,32 SAY "┼"
@  5,33 SAY REPLICATE("-",6)
@  5,39 SAY "╫"
@  5,40 SAY REPLICATE("-",5)
@  5,45 SAY "┼"
@  5,46 SAY REPLICATE("-",6)
@  5,52 SAY "┼"
```

```
@ 5,53 SAY REPLICATE("-",5)
@ 5,58 SAY "╫"
@ 5,59 SAY REPLICATE("-",5)
@ 5,64 SAY "┼"
@ 5,65 SAY REPLICATE("-",6)
@ 5,71 SAY "┼"
@ 5,72 SAY REPLICATE("-",5)
@ 6, 2 SAY teau[1,1]
@ 6, 4 SAY teau[1,2]
@ 6, 6 SAY "│"
@ 6, 9 SAY teau[1,3]
@ 6,11 SAY teau[1,4]
@ 6,13 SAY "│"
@ 6,15 SAY teau[1,5]
@ 6,17 SAY teau[1,6]
@ 6,19 SAY "║"
@ 6,22 SAY teau[2,1]
@ 6,24 SAY teau[2,2]
@ 6,26 SAY "│"
@ 6,28 SAY teau[2,3]
@ 6,30 SAY teau[2,4]
@ 6,32 SAY "│"
@ 6,34 SAY teau[2,5]
@ 6,36 SAY teau[2,6]
@ 6,39 SAY "║"
@ 6,41 SAY teau[3,1]
@ 6,43 SAY teau[3,2]
@ 6,45 SAY "│"
@ 6,48 SAY teau[3,3]
@ 6,50 SAY teau[3,4]
@ 6,52 SAY "│"
@ 6,54 SAY teau[3,5]
@ 6,56 SAY teau[3,6]
@ 6,58 SAY "║"
@ 6,60 SAY teau[4,1]
@ 6,62 SAY teau[4,2]
@ 6,64 SAY "│"
@ 6,67 SAY teau[4,3]
@ 6,69 SAY teau[4,4]
@ 6,71 SAY "│"
@ 6,73 SAY teau[4,5]
@ 6,75 SAY teau[4,6]
@ 7, 1 SAY REPLICATE("-",5)
@ 7, 6 SAY "┴"
```

```
@  7, 7 SAY REPLICATE("-",6)
@  7,13 SAY "┴"
@  7,14 SAY REPLICATE("-",5)
@  7,19 SAY "╨"
@  7,20 SAY REPLICATE("-",6)
@  7,26 SAY "┴"
@  7,27 SAY REPLICATE("-",5)
@  7,32 SAY "┴"
@  7,33 SAY REPLICATE("-",6)
@  7,39 SAY "╨"
@  7,40 SAY REPLICATE("-",5)
@  7,45 SAY "┴"
@  7,46 SAY REPLICATE("-",6)
@  7,52 SAY "┴"
@  7,53 SAY REPLICATE("-",5)
@  7,58 SAY "╨"
@  7,59 SAY REPLICATE("-",5)
@  7,64 SAY "┴"
@  7,65 SAY REPLICATE("-",6)
@  7,71 SAY "┴"
@  7,72 SAY REPLICATE("-",5)
@  8, 0 SAY "╟"
@  8, 1 SAY REPLICATE("=",76)
@  8,77 SAY "╢"
IF ISCOLOR()
   SET COLOR OF NORMAL TO /BG
ELSE
   SET COLOR OF NORMAL TO /W
ENDIF
@  9, 1 SAY "       M A I      "
IF ISCOLOR()
   SET COLOR OF NORMAL TO R+
ELSE
   SET COLOR OF NORMAL TO W
ENDIF
@  9,19 SAY "║"
IF ISCOLOR()
   SET COLOR OF NORMAL TO /BG
ELSE
   SET COLOR OF NORMAL TO /W
ENDIF
@  9,20 SAY "       JUNI        "
IF ISCOLOR()
   SET COLOR OF NORMAL TO R+
```

```
ELSE
   SET COLOR OF NORMAL TO W
ENDIF
@  9,39 SAY "║"
IF ISCOLOR()
   SET COLOR OF NORMAL TO /BG
ELSE
   SET COLOR OF NORMAL TO /W
ENDIF
@  9,40 SAY "       JULI        "
IF ISCOLOR()
   SET COLOR OF NORMAL TO R+
ELSE
   SET COLOR OF NORMAL TO W
ENDIF
@  9,58 SAY "║"
IF ISCOLOR()
   SET COLOR OF NORMAL TO /BG
ELSE
   SET COLOR OF NORMAL TO /W
ENDIF
@  9,59 SAY "      AUGUST       "
IF ISCOLOR()
   SET COLOR OF NORMAL TO R+
ELSE
   SET COLOR OF NORMAL TO W
ENDIF
@ 10, 1 SAY REPLICATE("-",5)
@ 10, 6 SAY "┬"
@ 10, 7 SAY REPLICATE("-",6)
@ 10,13 SAY "┬"
@ 10,14 SAY REPLICATE("-",5)
@ 10,19 SAY "╫"
@ 10,20 SAY REPLICATE("-",6)
@ 10,26 SAY "┬"
@ 10,27 SAY REPLICATE("-",5)
@ 10,32 SAY "┬"
@ 10,33 SAY REPLICATE("-",6)
@ 10,39 SAY "╫"
@ 10,40 SAY REPLICATE("-",5)
@ 10,45 SAY "┬"
@ 10,46 SAY REPLICATE("-",6)
@ 10,52 SAY "┬"
@ 10,53 SAY REPLICATE("-",5)
```

```
@ 10,58 SAY "╫"
@ 10,59 SAY REPLICATE("-",5)
@ 10,64 SAY "┬"
@ 10,65 SAY REPLICATE("-",6)
@ 10,71 SAY "┬"
@ 10,72 SAY REPLICATE("-",5)
@ 11, 2 SAY "-10"
@ 11, 6 SAY "|"
@ 11, 9 SAY "-20"
@ 11,13 SAY "|"
@ 11,15 SAY "21-"
@ 11,19 SAY "║"
@ 11,22 SAY "-10"
@ 11,26 SAY "|"
@ 11,28 SAY "-20"
@ 11,32 SAY "|"
@ 11,34 SAY "21-"
@ 11,39 SAY "║"
@ 11,41 SAY "-10"
@ 11,45 SAY "|"
@ 11,48 SAY "-20"
@ 11,52 SAY "|"
@ 11,54 SAY "21-"
@ 11,58 SAY "║"
@ 11,60 SAY "-10"
@ 11,64 SAY "|"
@ 11,67 SAY "-20"
@ 11,71 SAY "|"
@ 11,73 SAY "21-"
@ 12, 1 SAY REPLICATE("-",5)
@ 12, 6 SAY "┼"
@ 12, 7 SAY REPLICATE("-",6)
@ 12,13 SAY "┼"
@ 12,14 SAY REPLICATE("-",5)
@ 12,19 SAY "╫"
@ 12,20 SAY REPLICATE("-",6)
@ 12,26 SAY "┼"
@ 12,27 SAY REPLICATE("-",5)
@ 12,32 SAY "┼"
@ 12,33 SAY REPLICATE("-",6)
@ 12,39 SAY "╫"
@ 12,40 SAY REPLICATE("-",5)
@ 12,45 SAY "┼"
@ 12,46 SAY REPLICATE("-",6)
```

```
@ 12,52 SAY "┼"
@ 12,53 SAY REPLICATE("-",5)
@ 12,58 SAY "╫"
@ 12,59 SAY REPLICATE("-",5)
@ 12,64 SAY "┼"
@ 12,65 SAY REPLICATE("-",6)
@ 12,71 SAY "┼"
@ 12,72 SAY REPLICATE("-",5)
@ 13, 2 SAY teau[5,1]
@ 13, 4 SAY teau[5,2]
@ 13, 6 SAY "│"
@ 13, 9 SAY teau[5,3]
@ 13,11 SAY teau[5,4]
@ 13,13 SAY "│"
@ 13,15 SAY teau[5,5]
@ 13,17 SAY teau[5,6]
@ 13,19 SAY "║"
@ 13,22 SAY teau[6,1]
@ 13,24 SAY teau[6,2]
@ 13,26 SAY "│"
@ 13,28 SAY teau[6,3]
@ 13,30 SAY teau[6,4]
@ 13,32 SAY "│"
@ 13,34 SAY teau[6,5]
@ 13,36 SAY teau[6,6]
@ 13,39 SAY "║"
@ 13,41 SAY teau[7,1]
@ 13,43 SAY teau[7,2]
@ 13,45 SAY "│"
@ 13,48 SAY teau[7,3]
@ 13,50 SAY teau[7,4]
@ 13,52 SAY "│"
@ 13,54 SAY teau[7,5]
@ 13,56 SAY teau[7,6]
@ 13,58 SAY "║"
@ 13,60 SAY teau[8,1]
@ 13,62 SAY teau[8,2]
@ 13,64 SAY "│"
@ 13,67 SAY teau[8,3]
@ 13,69 SAY teau[8,4]
@ 13,71 SAY "│"
@ 13,73 SAY teau[8,5]
@ 13,75 SAY teau[8,6]
@ 14, 1 SAY REPLICATE("-",5)
```

```
@ 14, 6 SAY "┴"
@ 14, 7 SAY REPLICATE("-",6)
@ 14,13 SAY "┴"
@ 14,14 SAY REPLICATE("-",5)
@ 14,19 SAY "╨"
@ 14,20 SAY REPLICATE("-",6)
@ 14,26 SAY "┴"
@ 14,27 SAY REPLICATE("-",5)
@ 14,32 SAY "┴"
@ 14,33 SAY REPLICATE("-",6)
@ 14,39 SAY "╨"
@ 14,40 SAY REPLICATE("-",5)
@ 14,45 SAY "┴"
@ 14,46 SAY REPLICATE("-",6)
@ 14,52 SAY "┴"
@ 14,53 SAY REPLICATE("-",5)
@ 14,58 SAY "╨"
@ 14,59 SAY REPLICATE("-",5)
@ 14,64 SAY "┴"
@ 14,65 SAY REPLICATE("-",6)
@ 14,71 SAY "┴"
@ 14,72 SAY REPLICATE("-",5)
@ 15, 0 SAY "╟"
@ 15, 1 SAY REPLICATE("=",76)
@ 15,77 SAY "╢"
IF ISCOLOR()
   SET COLOR OF NORMAL TO /BG
ELSE
   SET COLOR OF NORMAL TO /W
ENDIF
@ 16, 1 SAY "    SEPTEMBER      "
IF ISCOLOR()
   SET COLOR OF NORMAL TO R+
ELSE
   SET COLOR OF NORMAL TO W
ENDIF
@ 16,19 SAY "║"
IF ISCOLOR()
   SET COLOR OF NORMAL TO /BG
ELSE
   SET COLOR OF NORMAL TO /W
ENDIF
@ 16,20 SAY "     OKTOBER        "
IF ISCOLOR()
```

```
   SET COLOR OF NORMAL TO R+
ELSE
   SET COLOR OF NORMAL TO W
ENDIF
@ 16,39 SAY "║"
IF ISCOLOR()
   SET COLOR OF NORMAL TO /BG
ELSE
   SET COLOR OF NORMAL TO /W
ENDIF
@ 16,40 SAY "     NOVEMBER      "
IF ISCOLOR()
   SET COLOR OF NORMAL TO R+
ELSE
   SET COLOR OF NORMAL TO W
ENDIF
@ 16,58 SAY "║"
IF ISCOLOR()
   SET COLOR OF NORMAL TO /BG
ELSE
   SET COLOR OF NORMAL TO /W
ENDIF
@ 16,59 SAY "     DEZEMBER      "
IF ISCOLOR()
   SET COLOR OF NORMAL TO R+
ELSE
   SET COLOR OF NORMAL TO W
ENDIF
@ 17, 1 SAY REPLICATE("-",5)
@ 17, 6 SAY "┬"
@ 17, 7 SAY REPLICATE("-",6)
@ 17,13 SAY "┬"
@ 17,14 SAY REPLICATE("-",5)
@ 17,19 SAY "╫"
@ 17,20 SAY REPLICATE("-",6)
@ 17,26 SAY "┬"
@ 17,27 SAY REPLICATE("-",5)
@ 17,32 SAY "┬"
@ 17,33 SAY REPLICATE("-",6)
@ 17,39 SAY "╫"
@ 17,40 SAY REPLICATE("-",5)
@ 17,45 SAY "┬"
@ 17,46 SAY REPLICATE("-",6)
@ 17,52 SAY "┬"
```

```
@ 17,53 SAY REPLICATE("-",5)
@ 17,58 SAY "╫"
@ 17,59 SAY REPLICATE("-",5)
@ 17,64 SAY "┬"
@ 17,65 SAY REPLICATE("-",6)
@ 17,71 SAY "┬"
@ 17,72 SAY REPLICATE("-",5)
@ 18, 2 SAY "-10"
@ 18, 6 SAY "│"
@ 18, 9 SAY "-20"
@ 18,13 SAY "│"
@ 18,15 SAY "21-"
@ 18,19 SAY "║"
@ 18,22 SAY "-10"
@ 18,26 SAY "│"
@ 18,28 SAY "-20"
@ 18,32 SAY "│"
@ 18,34 SAY "21-"
@ 18,39 SAY "║"
@ 18,41 SAY "-10"
@ 18,45 SAY "│"
@ 18,48 SAY "-20"
@ 18,52 SAY "│"
@ 18,54 SAY "21-"
@ 18,58 SAY "║"
@ 18,60 SAY "-10"
@ 18,64 SAY "│"
@ 18,67 SAY "-20"
@ 18,71 SAY "│"
@ 18,73 SAY "21-"
@ 19, 1 SAY REPLICATE("-",5)
@ 19, 6 SAY "┼"
@ 19, 7 SAY REPLICATE("-",6)
@ 19,13 SAY "┼"
@ 19,14 SAY REPLICATE("-",5)
@ 19,19 SAY "╫"
@ 19,20 SAY REPLICATE("-",6)
@ 19,26 SAY "┼"
@ 19,27 SAY REPLICATE("-",5)
@ 19,32 SAY "┼"
@ 19,33 SAY REPLICATE("-",6)
@ 19,39 SAY "╫"
@ 19,40 SAY REPLICATE("-",5)
@ 19,45 SAY "┼"
```

```
@ 19,46 SAY REPLICATE("-",6)
@ 19,52 SAY "┼"
@ 19,53 SAY REPLICATE("-",5)
@ 19,58 SAY "╫"
@ 19,59 SAY REPLICATE("-",5)
@ 19,64 SAY "┼"
@ 19,65 SAY REPLICATE("-",6)
@ 19,71 SAY "┼"
@ 19,72 SAY REPLICATE("-",5)
@ 20, 2 SAY teau[9,1]
@ 20, 4 SAY teau[9,2]
@ 20, 6 SAY "│"
@ 20, 9 SAY teau[9,3]
@ 20,11 SAY teau[9,4]
@ 20,13 SAY "│"
@ 20,15 SAY teau[9,5]
@ 20,17 SAY teau[9,6]
@ 20,19 SAY "║"
@ 20,22 SAY teau[10,1]
@ 20,24 SAY teau[10,2]
@ 20,26 SAY "│"
@ 20,28 SAY teau[10,3]
@ 20,30 SAY teau[10,4]
@ 20,32 SAY "│"
@ 20,34 SAY teau[10,5]
@ 20,36 SAY teau[10,6]
@ 20,39 SAY "║"
@ 20,41 SAY teau[11,1]
@ 20,43 SAY teau[11,2]
@ 20,45 SAY "│"
@ 20,48 SAY teau[11,3]
@ 20,50 SAY teau[11,4]
@ 20,52 SAY "│"
@ 20,54 SAY teau[11,5]
@ 20,56 SAY teau[11,6]
@ 20,58 SAY "║"
@ 20,60 SAY teau[12,1]
@ 20,62 SAY teau[12,2]
@ 20,64 SAY "│"
@ 20,67 SAY teau[12,3]
@ 20,69 SAY teau[12,4]
@ 20,71 SAY "│"
@ 20,73 SAY teau[12,5]
@ 20,75 SAY teau[12,6]
```

```
@ 21, 1 SAY REPLICATE("-",5)
@ 21, 6 SAY "┴"
@ 21, 7 SAY REPLICATE("-",6)
@ 21,13 SAY "┴"
@ 21,14 SAY REPLICATE("-",5)
@ 21,19 SAY "╨"
@ 21,20 SAY REPLICATE("-",6)
@ 21,26 SAY "┴"
@ 21,27 SAY REPLICATE("-",5)
@ 21,32 SAY "┴"
@ 21,33 SAY REPLICATE("-",6)
@ 21,39 SAY "╨"
@ 21,40 SAY REPLICATE("-",5)
@ 21,45 SAY "┴"
@ 21,46 SAY REPLICATE("-",6)
@ 21,52 SAY "┴"
@ 21,53 SAY REPLICATE("-",5)
@ 21,58 SAY "╨"
@ 21,59 SAY REPLICATE("-",5)
@ 21,64 SAY "┴"
@ 21,65 SAY REPLICATE("-",6)
@ 21,71 SAY "┴"
@ 21,72 SAY REPLICATE("-",5)
SET CONSOLE OFF
WAIT
SET CONSOLE ON
CLOSE DATABASES
DEACTIVATE WINDOW bild
RELEASE mnam, kale, tjah, teau
RELEASE WINDOW bild
RETURN
```

6.2.5 Bereich "Kalender" (TPM4.PRG)

Mit der TEAM-Applikation lassen sich maximal neun Terminkalender verwalten. Dieser Wert kann aber jederzeit auf 99 oder mehr Kalender erhöht werden. Hierzu ist lediglich das Datenfeld "TKAL" in der "Kalenderstammdatei" und die Variable "KALE" auf zwei oder mehr Stellen zu erweitern.

Die Auswahl der einzelnen Arbeitsbereiche (Bild 6-16) erfolgt wie bei den anderen Funktionen über ein Popup-Fenster. Die Koordinaten und Menüoptionen enthält das Programm TP.PRG. Die Zuordnung der einzelnen Unterprogramme erfolgt durch das Modul TPM4.PRG mit der Anweisung

```
ON SELECTION POPUP ptp4 DO tpm4
```

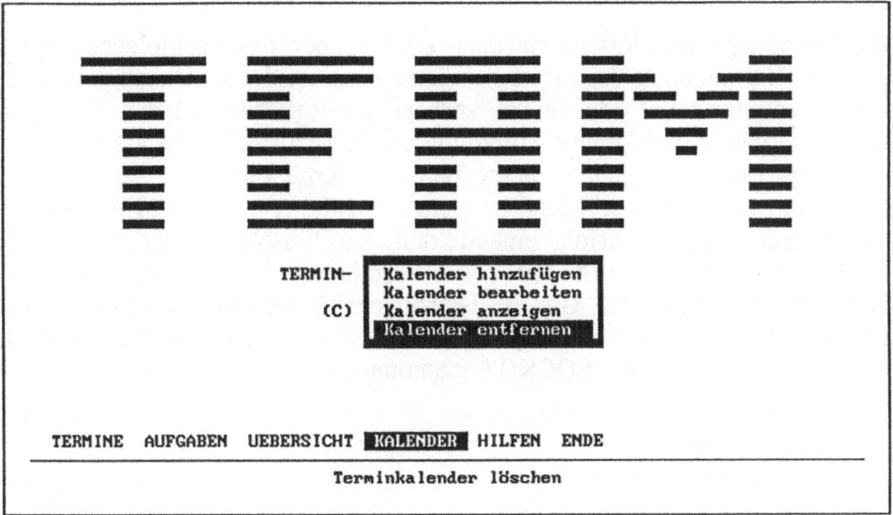

Bild 6-16: Der Bereich KALENDER

Zugriff auf die Unterprogramme haben nur die Benutzer mit einer allgemeinen Kalenderzugriffsberechtigung (= TEAMkal). Die Berechtigung wird automatisch beim Aufruf einer der Optionen geprüft.

Das Programm-Modul TPM4.PRG umfaßt folgende Anweisungen:

```
* T P M 4 . prg
* Programmaufruf Kalender-Menü
PROCEDURE tpm4
DO CASE
   CASE BAR() = 1
      DO tp41
   CASE BAR() = 2
      DO tp42
```

```
      CASE BAR() = 3
         DO tp43
      CASE BAR() = 4
         DO tp44
   ENDCASE
   RETURN
```

6.2.5.1 Option "Kalender hinzufügen" (TP41.PRG)

Die Neuanlage der Kalenderinhaber erfolgt über das nachfolgende Programm. Um Doppelbelegungen zu vermeiden, wird die neu eingegebene Kalendernummer mit den bereits vorhanden verglichen. Ist der Kalender bereits vergeben, erfolgt eine Mitteilung am Bildschirm. Zu verlassen ist das Programm wie alle anderen dieses Bereichs durch Eingabe einer Null im Feld "Kalender-Nummer". Sind bereits neun Eintragungen beim Aktivieren der Prozedur angelegt, erfolgt eine Meldung am Bildschirm und der Vorgang ist abzubrechen. Geprüft wird die Anzahl der Teilnehmer mit der RECCOUNT()-Funktion. Um die Datenintegrität zu sichern, kann jeweils nur ein Teilnehmer gleichzeitig auf die Datenbank zugreifen. Hierzu wird eine Dateisperre mittels FLOCK() vorgenommen.

```
*T P 4 1 . prg
* Neuen Kalender anlegen
PROCEDURE tp41
IF kakw <> "A"
   @ 24, 0 CLEAR TO 24,79
   @ 24,2 SAY "IHRE ZUGRIFFSSTUFE BERECHTIGT NICHT;
 ZUM AUFRUF !!!"
   ?? CHR(7) + CHR(7) + CHR(7) + CHR(7) + CHR(7) + CHR(7);
 + CHR(7) + CHR(7)
   RETURN
ENDIF
DEFINE WINDOW voll FROM 12,22 TO 16,56 DOUBLE
DEFINE WINDOW aufn FROM 12,11 TO 18,71 DOUBLE
USE tkal ORDER tkal
IF FLOCK()
   IF RECCOUNT() >= 9
      ACTIVATE WINDOW voll
      @ 1,5 SAY "KEIN KALENDER MEHR FREI"
      SET CONSOLE OFF
      WAIT
      SET CONSOLE ON
      DEACTIVATE WINDOW voll
```

```
      RELEASE WINDOW voll, aufn
      RETURN
   ENDIF
   ACTIVATE WINDOW aufn
   kale = " "
   knam = "                              "
   @ 1,3 SAY "Kalender-Nummer: " GET kale RANGE "1","9"
   READ
   SEEK kale
   DO WHILE kale <> "0"
      DO WHILE FOUND()
         DEACTIVATE WINDOW aufn
         @ 24,0 CLEAR TO 24,79
         @ 24,32 SAY "Mit  [0]  beenden !"
         ACTIVATE WINDOW aufn
         @ 1,3 SAY "Kalender vorhanden !"
         zahl = 1
         DO WHILE zahl < 200
            zahl = zahl + 1
         ENDDO
         kale = " "
         knam = "                              "
         @ 1,0 CLEAR TO 3,55
         @ 1,3 SAY "Kalender-Nummer: " GET kale RANGE "0","9"
         READ
         IF kale = "0"
            RELEASE zahl, kale, anza, knam
            RELEASE WINDOW voll, aufn
            RETURN
         ENDIF
         SEEK kale
      ENDDO
      @ 3,3 SAY "Name des Kalenderinhabers: " GET knam
      READ
      IF TRIM(knam) <> "  "
         APPEND BLANK
         REPLACE tkal WITH kale
         REPLACE name WITH knam
      ENDIF
      kale = " "
      knam = "                              "
      @ 1,0 CLEAR TO 3,55
      @ 1,3 SAY "Kalender-Nummer: " GET kale RANGE "0","9"
      READ
```

```
      SEEK kale
    ENDDO
ELSE
  DO tpds
  RETURN
ENDIF
UNLOCK
USE
DEACTIVATE WINDOW aufn
RELEASE zahl, kale, anza, knam
RELEASE WINDOW voll, aufn
RETURN
```

6.2.5.2 Option "Kalender bearbeiten" (TP42.PRG)

Auch der Name von Kalenderinhabern, beispielsweise durch Heirat, kann sich ebenso wie eine eventuell zugeordnete Abteilung ändern. Mit dem nachfolgenden Programm sind diese Änderungen durchzuführen. Zu beachten ist, daß in diesem Fall die TKAL.DBF-Datei kurzfristig für andere Benutzer gesperrt wird.

```
* T P 4 2 . prg
* Namen des Kalenderinhabers ändern
PROCEDURE tp42
IF kakw <> "A"
   @ 24, 0 CLEAR TO 24,79
   @ 24,2 SAY "IHRE ZUGRIFFSSTUFE BERECHTIGT NICHT ZUM;
 AUFRUF !!!"
   ?? CHR(7) + CHR(7) + CHR(7) + CHR(7) + CHR(7) + CHR(7);
 + CHR(7) + CHR(7)
   RETURN
ENDIF
USE tkal ORDER tkal
IF .NOT. FLOCK()
   DO tpds
   RETURN
ENDIF
DEFINE WINDOW entf FROM 12,11 TO 20,71 DOUBLE
kale = " "
ents = " "
@ 24,0 CLEAR TO 24,79
@ 24,32 SAY "Mit  [0]  beenden !"
ACTIVATE WINDOW entf
```

```
@ 1,3 SAY "Kalender-Nummer: " GET kale PICTURE "9"
READ
IF kale = "0"
   DEACTIVATE WINDOW entf
   RELEASE kale, ents
   RELEASE WINDOW entf
   RETURN
ENDIF
SEEK kale
DO WHILE kale <> "0"
   DO WHILE .NOT. FOUND()
      @ 1,3 SAY "Kalender nicht vorhanden !"
      zahl = 1
      DO WHILE zahl < 200
         zahl = zahl + 1
      ENDDO
      kale = " "
      @ 1,0 CLEAR TO 5,55
      @ 1,3 SAY "Kalender-Nummer: " GET kale PICTURE "9"
      READ
      IF kale = "0"
         RELEASE zahl, kale, ents
         RELEASE WINDOW entf
         RETURN
      ENDIF
      SEEK kale
   ENDDO
   UNLOCK
   @ 3,3 SAY "Name des Kalenderinhabers: " + name
   @ 5,3 SAY "Soll der Name geändert werden ?" GET ents;
  FUNCTION "M N,J"
   READ
   IF ents = "J"
      SEEK kale
      IF RLOCK()
         @ 5,0 CLEAR TO 5,35
         @ 5,30 GET name
         READ
         UNLOCK
      ELSE
         DO tpss
      ENDIF
   ENDIF
   @ 1,0 CLEAR TO 5,55
```

```
   kale = " "
   @ 1,3 SAY "Kalender-Nummer: " GET kale PICTURE "9"
   READ
   SEEK kale
ENDDO
UNLOCK
USE
DEACTIVATE WINDOW entf
RELEASE zahl, kale, ents
RELEASE WINDOW entf
RETURN
```

6.2.5.3 Option "Kalender anzeigen" (TP43.PRG)

Für einen schnellen Überblick über die Kalenderinhaber sorgt die nächste Option. Zur besseren Übersicht erfolgt die Darstellung von fünf und weniger Kalenderinhabern zweizeilig, in den anderen Fällen einzeilig über ein Window. Hierzu wird, im Gegensatz zur Prozedur TP41.PRG, die Anzahl der Eintragungen mittels COUNT ermittelt. Auch für die Anwendung von COUNT bedarf es einer exklusiven Sperre der Datenbank-Datei. Diese erfolgt in diesem Beispiel mittels FLOCK().

```
* T P 4 3 . prg
* Terminkalender anzeigen
PROCEDURE tp43
IF kakw <> "A"
   @ 24, 0 CLEAR TO 24,79
   @ 24,2 SAY "IHRE ZUGRIFFSSTUFE BERECHTIGT NICHT ZUM;
 AUFRUF !!!"
   ?? CHR(7) + CHR(7) + CHR(7) + CHR(7) + CHR(7) + CHR(7);
 + CHR(7) + CHR(7)
   RETURN
ENDIF
DEFINE WINDOW uebe FROM  3,16 TO 20,66
USE tkal ORDER tkal
IF FLOCK()
   COUNT TO anza
ELSE
   RETURN
ENDIF
GO TOP
ACTIVATE WINDOW uebe
? SPACE(8), "Geführte Terminkalender"
```

```
? SPACE(8), "----------------------"
?
DO WHILE .NOT. EOF()
   IF anza > 5
      ? SPACE(8), tkal, SPACE(2), name
   ELSE
      ? SPACE(8), tkal, SPACE(2), name
      ?
   ENDIF
   SKIP
ENDDO
?
UNLOCK
USE
WAIT "   Taste betätigen zur Rückkehr ins Hauptmenü"
DEACTIVATE WINDOW uebe
RELEASE anza
RELEASE WINDOW uebe
RETURN
```

6.2.5.4 Option "Kalender entfernen" (TP44.PRG)

Sämtliche Eintragungen in die Kalenderstammdatei sind jederzeit zu löschen. Die Auswahl des zu entfernenden Kalenders erfolgt über ein Popup-Window mittels der Kalendernummer. Zur Sicherheit wird der Name des Kalenderinhabers eingeblendet. Zusätzlich erfolgt vor dem Start des Löschvorgangs außerdem die Abfrage, ob dieser Kalender auch tatsächlich gelöscht werden soll (Bild 6-17).

Außer den Eintragungen in der Stammdatei TKAL, löscht das Programm auch die entsprechenden Kalenderdaten in der Termin- und der Aufgabendatenbank. Für diesen Vorgang wird das Kommando PACK benötigt. Dieses Kommando fordert exklusiv geöffnete Dateien. Hierzu ist der Parameter auf SET EXCLUSIVE ON gesetzt worden. Das hat jedoch den Nachteil, daß während des Löschvorgangs kein Benutzer Zugriff auf seinen Kalender erhält. Zur Vermeidung von langen Wartezeiten, sollte der Vorgang deshalb möglichst außerhalb der Hauptgeschäftszeiten durchgeführt werden.

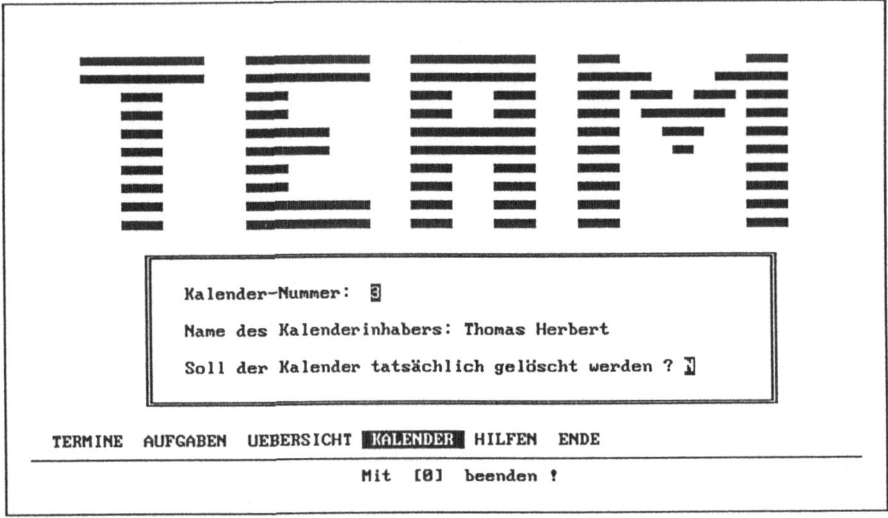

Bild 6-17: Löschen eines Terminkalenders

```
* T P 4 4 . prg
* Kalender entfernen
PROCEDURE tp44
IF kakw <> "A"
   @ 24, 0 CLEAR TO 24,79
   @ 24,2 SAY "IHRE ZUGRIFFSSTUFE BERECHTIGT NICHT ZUM;
 AUFRUF !!!"
   ?? CHR(7) + CHR(7) + CHR(7) + CHR(7) + CHR(7) + CHR(7);
 + CHR(7) + CHR(7)
   RETURN
ENDIF
SET EXCLUSIVE ON
USE tkal ORDER tkal IN A
USE term ORDER tkal IN B
USE tauf ORDER tkal IN C
IF .NOT. FLOCK()
   SET EXCLUSIVE OFF
   RETURN
ENDIF
```

```
SELECT B
IF .NOT. FLOCK()
   SET EXCLUSIVE OFF
   RETURN
ENDIF
SELECT C
IF .NOT. FLOCK()
   SET EXCLUSIVE OFF
   RETURN
ENDIF
SELECT A
DEFINE WINDOW entf FROM 12,11 TO 20,71 DOUBLE
kale = " "
ents = " "
@ 24,0 CLEAR TO 24,79
@ 24,32 SAY "Mit  [0]  beenden !"
ACTIVATE WINDOW entf
@ 1,3 SAY "Kalender-Nummer: " GET kale PICTURE "9"
READ
IF kale = "0"
   DEACTIVATE WINDOW entf
   RELEASE kale, ents
   RELEASE WINDOW entf
   RETURN
ENDIF
SEEK kale
DO WHILE kale <> "0"
   DO WHILE .NOT. FOUND()
      @ 1,3 SAY "Kalender nicht vorhanden !"
      zahl = 1
      DO WHILE zahl < 200
         zahl = zahl + 1
      ENDDO
      kale = " "
      @ 1,0 CLEAR TO 5,55
      @ 1,3 SAY "Kalender-Nummer: " GET kale PICTURE "9"
      READ
      IF kale = "0"
         RELEASE zahl, kale, ents
         RELEASE WINDOW entf
         RETURN
      ENDIF
      SEEK kale
   ENDDO
```

```
    @ 3,3 SAY "Name des Kalenderinhabers: " + name
    @ 5,3 SAY "Soll der Kalender tatsächlich gelöscht;
  werden ?" GET ents FUNCTION "M N,J"
    READ
    IF ents = "J"
       SEEK kale
       DELETE
       SELECT B
       DELETE ALL FOR B->tkal = kale
       SELECT C
       DELETE ALL FOR C->tkal = kale
       SELECT A
    ENDIF
    @ 1,0 CLEAR TO 5,55
    kale = " "
    @ 1,3 SAY "Kalender-Nummer: " GET kale PICTURE "9"
    READ
    SEEK kale
 ENDDO
 SELECT A
 PACK
 SELECT B
 PACK
 SELECT C
 PACK
 SET EXCLUSIVE OFF
 UNLOCK
 CLOSE DATABASES
 DEACTIVATE WINDOW entf
 RELEASE zahl, kale, ents
 RELEASE WINDOW entf
 RETURN
```

6.2.6 Bereich "Hilfen" (TPM5.PRG)

Die beiden letzten Programm-Module sind vollkommen applikationsunabhängig. Sie lassen sich in anderen Anwendungslösungen unverändert einsetzen. Die Prozeduren dienen zur Sicherung des Datenbestandes und individuellen Auswahl des benötigten Druckertreibers.

Die Verbindung zwischen dem Hauptprogramm (TP.PRG) und den beiden Anwendungsmodulen stellt die Prozedur TPM5.PRG her. Sie wird vom Hauptprogramm aus mit der Anweisung

```
ON SELECTION POPUP ptp5 DO tpm5
```

aktiviert. Das Programm hat folgenden Aufbau:

```
* T P M 5 . prg
* Programmaufruf Hilfen-Menü
PROCEDURE tpm5
DO CASE
   CASE BAR() = 1
      DO tp51
   CASE BAR() = 3
      DO tp52
ENDCASE
RETURN
```

6.2.6.1 Option "Datensicherung" (TP51.PRG)

Gerade der Einsatz in einem lokalen Netzwerk erfordert von einem Anwendungsprogramm höchste Flexibilität bei der Nutzung der Ressourcen. Im Gegensatz zu einer Single-User-Applikation, bei der die Datensicherung in den meisten Fällen auf das Laufwerk "A" erfolgt, können das beim Arbeiten in einer Mehrbenutzerumgebung die unterschiedlichsten Laufwerke sein.

Das nachfolgende Back-up-Programm entspricht dieser Anforderung und erlaubt die individuelle Zuordnung des Laufwerks und der zu sichernden Datei. Außerdem stellt die Prozedur fest, ob auch genügend Speicherplatz auf dem Zielmedium vorhanden ist. Programmtechnisch wurde das im wesentlichen durch Einbeziehung der dBASE IV-Makro-Funktion realisiert.

```
* T P 5 1 . prg
* Datensicherung
PROCEDURE tp51
data = "        "
lauw = "  "
@ 24,2 SAY "Welche Datei soll kopiert werden ? " GET;
 data PICTURE "!!!!!!!!"
READ
@ 24,48 SAY "und wohin ? " GET lauw FUNCTION "M A:,B:,C:,D:"
READ
data = TRIM(data)
USE &data
lauf = SUBSTR(DBF(),1,2)
lang = RECSIZE()
```

```
kopf = 32 * (RECCOUNT() + 35)
raum = (RECSIZE() * RECCOUNT()) + kopf
SET DEFAULT TO &lauw
IF DISKSPACE() > raum
   SET DEFAULT TO &lauf
   COPY TO &lauw&data
   @ 24,0 CLEAR TO 24,79
   @ 24,18 SAY "Datei erfolgreich auf Laufwerk " + lauw
   ?? " kopiert !"
   zahl = 1
   DO WHILE zahl < 1000
      zahl = zahl + 1
   ENDDO
ELSE
   SET DEFAULT TO &lauf
   @ 24,0 CLEAR TO 24,79
   @ 24,8 SAY "Nicht genügend Speicherplatz;
 vorhanden - Datenträger wechseln !"
   zahl = 1
   DO WHILE zahl < 1000
      zahl = zahl + 1
   ENDDO
ENDIF
RELEASE lauf, lang, kopf, raum, data, lauw, zahl
RETURN
```

6.2.6.2 Option "Druckerauswahl" (TP52.PRG)

Statt in der Regel auf einen Drucker beim Einzelplatzbetrieb, kann in einem LAN meist auf mehrere verschiedene Drucker zugegriffen werden. Beispielsweise für den Schriftverkehr auf einen Laserdrucker und für interne Ausdrucke auf einen konventionellen Matrixdrucker. Um beide Drucker jedoch ansprechen und deren spezifischen Vorteile nutzen zu können, bedarf es jeweils eines anderen Druckertreibers. Im Gegensatz zu dBASE III Plus stellt dBASE IV zahlreiche Standardtreiber zur Verfügung. Diese lassen sich mittels der neuen Systemspeichervariable _PDRIVER innerhalb einer Prozedur individuell zuordnen. Für die Auswahl des Treibers wird ebenfalls eine neue Technik einbezogen: das Mehrfunktionsfeld. Gekennzeichnet ist ein Mehrfunktionsfeld durch das führende "M" am Definitionsanfang. In der Regel erfolgt die Zuordnung mit der GET-Option FUNCTION. In diesem Beispiel ist das führende "M" um das dBASE-Makrozeichen ergänzt. Ausgewählt wird der benötigte Treiber durch Betätigen der Leertaste. Die Anzeige des jeweiligen Treibers erfolgt über eine mit SPACE definierte Variable (Bild 6-18). Es ist unbedingt darauf zu achten, daß die entsprechenden Druckertreiber auch auf den File Server überspielt wurden. Bei der menügesteuerten Installation der dBASE IV-Mehrbenutzerversion lassen sich spezielle Treiber nicht auswählen und automatisch übertragen.

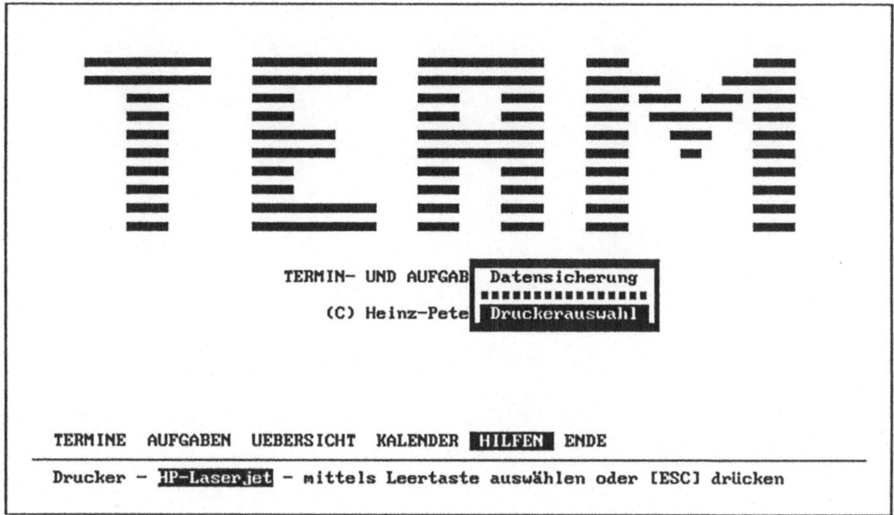

Bild 6-18: Die Auswahl eines Druckers im Bereich HILFEN

```
* T P 5 2 . prg
* Druckerauswahl
PROCEDURE tp52
drut = SPACE(11)
@ 24, 2 SAY "Drucker -" GET drut PICTURE "@M HP-Laserjet, IBM-Grafik"
@ 24,24 SAY "- mittels Leertaste auswählen oder [ESC] drücken"
READ
IF drut = "HP-Laserjet"
   _pdriver = "HPLAS100.PR2"
ENDIF
IF drut = "IBM-Grafik"
   _pdriver = "IBMGP.PR2"
ENDIF
RELEASE drut
RETURN
```

Sachwortverzeichnis